진실을 배반한

과학자들

진실을 배반한 과학자들

되풀이되는 연구 부정과 '자기검증'이라는 환상

1판 1쇄 발행 2007년 2월 28일
1판 6쇄 발행 2021년 12월 10일

지은이 윌리엄 브로드, 니콜라스 웨이드 | 옮긴이 김동광
펴낸이 김민지 | 펴낸곳 미래M&B
책임편집 황인석 | 디자인 서정민 | 영업관리 장동환, 김하연
등록 1993년 1월 8일(제10-772호) | 주소 마포구 동교로134(서교동 464-41) 미진빌딩 2층
전화 (02) 562-1800(대표) | 팩스 (02) 562-1885(대표) | 전자우편 mirae@miraemnb.com
홈페이지 www.miraeinbooks.com | 인스타그램 @mirae_inbooks
ISBN 978-89-8394-325-5 03400

* 잘못 만들어진 책은 구입처에서 바꾸어 드립니다.
* 미래인은 미래M&B가 만든 단행본 브랜드입니다.

BETRAYERS OF THE TRUTH
by William Broad and Nicholas Wade

되풀이되는 연구 부정과 '자기검증'이라는 환상

BETRAYERS OF THE TRUTH

진실을 배반한 과학자들

윌리엄 브로드 · 니콜라스 웨이드 지음 | 김동광 옮김

미래인

한국의 독자들에게

과학은 특수한 종류의 지식이다. 그것은 세상에 대한 객관적 지식을 추구한다는 점에서 특수하다. 그리고 출간 전후에 과학자 사회가 서로의 연구결과를 엄격하게 점검한 확증된 지식이기 때문에 특수하다.

따라서 과학 기만행위가 드러났을 때 사람들은 무척 당황하게 된다. 사람 환자로부터 줄기세포를 복제하는 데 성공했다는 서울대 황우석 박사의 주장이 거짓임이 밝혀진 사건은 특히 그러하다. 자연의 진리를 추구하는 데 헌신하는 과학자가 어떻게 거짓 결과를 발표할 수 있을까? 출간 전에 논문을 심사하는 전문가들에 의해 왜 그 잘못이 밝혀지지 않았을까? 그 실험을 반복한 다른 과학자들이 같은 결과를 얻는 데 실패했을 때 왜 문제점을 보고하지 않았을까?

수년 전부터 미국을 비롯한 여러 나라에서 경악스러운 과학 기만행위가 밝혀진 후 우리는 이런 의문을 풀기 위해 본격적인 연구에 착수했다. 그동안 우리가 얻은 결론의 상당 부분이 황우석 사건에도 역시 적용되리라고 믿는다. 특히 우리는 과학의 공식적인 검증

기구들이 생각보다 허술하다는 사실을 발견했다.

과학 저널의 편집자들은 자신들의 학술지가 "동료평가를 받기(peer-reviewed)" 때문에 높은 질의 연구를 발간한다고 떠벌이기를 좋아한다. 동료평가란 전문가로 이루어진 심사위원회가 출간 전에 모든 논문을 검토한다는 뜻이다. 그러나 기만행위가 밝혀지면 같은 편집자들은 황급히 자신들의 견해를 철회하고, 심사자들이 교묘하게 이루어진 조작을 찾아내기 힘들다고 말을 바꾼다.

흔히 과학의 가장 중요한 검증은 재연(replication)으로 알려져 있다. 다른 과학자들은 재연이라는 과정을 통해 자신들의 실험실에서 중요한 실험을 반복하려고 시도할 것이다. 그러나 기만행위는 이런 방식으로는 절대 드러나지 않는다. 왜냐하면 다른 사람의 실험을 재연할 수 없는 여러 가지 이유가 있기 때문이다. 설령 기만행위 가능성이 매우 높다고 생각하는 사람이 있더라도 기만행위를 공개적으로 비난하기 꺼려할 것이다.

두 가지 중요한 검증기구인 동료평가와 재연이 밝혀내지 못한다면 과학 기만행위는 어떻게 드러날 수 있는가? 기만행위는 십중팔구 같은 실험실 내부인에 의해 처음 발각된다. 내부인은 어떤 일이 벌어지고 있는지 직접 볼 수 있고, 연구의 신빙성에 의구심을 품게 된다. 이처럼 내부에서 문제를 고발하는 사람을 "내부 고발자(whistle-blowers)"라고 한다.

최근 들어 공익 제보자는 이름으로 불리는 내부 고발자는 매우 용감해야 할뿐더러 철저한 준비를 갖추어야 한다. 대부분의 행정당국이 제보에 대해 나타내는 일차적인 반응은 정작 제보자가 비판했던 과학자가 아니라 제보자를 비난하는 것이기 때문이다.

이상이 우리가 워싱턴에서 과학 저널 《사이언스》의 기자로 있는 동안 과학 기만행위에 대해 내렸던 일반적인 결론이다(현재는 우리

둘 다 《뉴욕 타임스》의 과학 담당 기자이다). 우리는 황우석 사건도 이러한 유형에 속하지만 몇 가지 특징이 있다고 생각한다.

황 박사의 사기행위는 사람 세포의 핵 이식을 다룬 유명한 논문 두 편을 《사이언스》에 제출했을 때 심사자들에 의해 발각되지 않았다는 점에서 다른 사례와 비슷하다. 이처럼 중요성을 주장하는 연구에 대해서는 특히 세심한 심사가 필요하다. 그러나 《사이언스》의 심사자와 편집자들은 기만행위의 어떤 징후도 찾아내지 못했다. 가령 출처가 서로 다르다고 주장되는 세포에서 나온 DNA 지문이 일치하는 현상이 그런 예이다.

둘째, 줄기세포 연구가 격렬한 경쟁이 벌어지는 분야이기는 하지만, 황 박사가 주장한 업적을 아무도 재연할 수 없었는데도 전 세계의 어떤 연구자도 그 연구결과에 공공연하게 의구심을 제기하지 않았다.

따라서 과거의 숱한 과학 기만행위 사례들과 마찬가지로 황 박사의 날조는 과학철학자들이 강조한 검증 장치인 동료평가와 재연 그 어느 것에 의해서도 밝혀지지 않았다. 오히려 동료평가와 재연이라는 두 가지 메커니즘은 철학자들이 간과했던 방식으로 빛을 보았다. 그것은 실험에 직접 참여하는 사람들의 사적인 지식을 통해서 작동했다. 과학 기만행위의 많은 사례들처럼 황 박사 실험실 내부의 공익 제보자가 텔레비전 프로그램인 〈PD 수첩〉에 황 박사 연구에 심각한 문제가 있다는 사실을 알린 것이다.

황우석 사건에는 그 밖에도 우리의 관심을 끄는 두드러진 특징이 여럿 있다. 우리 관점에서 가장 주목할 점은 국내외에서 보여준 한국 젊은 과학자들의 활발한 역할이다. 그들은 다른 과학자들과 대중을 설득하여 황 박사가 기만행위를 저질렀다는 것을 깨닫게 했다. 〈PD 수첩〉이 의구심을 제기하자 한국의 젊은 생물학자들은 황 박사의 여러 논문들을 비판적으로 검토했고, 《사이언스》의 심사자들과 독자들이 밝혀내지 못했던 똑같은 DNA 지문을 찾아냈다. 그리고 그들은 괄목할 만한 조각 그림 맞추기를 통해서 황 박사가 보고한 줄기세포 사진들이 단 두 개의 원본을 이리저리 잘라 붙여 조작한 것이라는 사실을 입증했다. 이 중요한 고비가 지난 후, 오랫동안 황 박사의 대규모 연구실과 저명한 대중적 지위를 뒷받침해 왔던 정부도 황 박사의 대담하기 짝이 없는 과학 사기 행각을 인정할 수밖에 없었다.

한국의 젊은 과학도들의 탁월한 분석, 그리고 그들이 진실을 알리기 위해 벌인 집요한 노력은 활발하고 건강한 과학자 사회가 존재한다는 징후이다. 기만행위는 어느 나라에서나 일어날 수 있다. 그리고 대부분은 밝혀지지 않고 그냥 넘어갈 것이다. 과학자 사회에 대한 검증은 그 공동체가 이처럼 고통스러운 문제를 얼마나 신속하고 철저하게 처리하느냐에 달려 있다.

황우석 사건의 또 다른 특징은 과학적 중요성이다. 과학을 두 가지로 구분해보면 이해에 도움이 될 것이다. 하나는 교과서의 과학이고, 다른 하나는 언론의 과학이다. 교과서 과학은 여러 차례 검증을 거친 사실을 다루며 일반적으로 참으로 간주된다. 이 과학은 매우 신뢰할 만하고 거짓인 경우가 드물다. 반면, 언론에 실린 보고서는 과학의 최전선에서 나온 새로운 결과를 다룬다. 그런데 그중 상당 부분은 그리 중요하지 않으며 쉽게 잊혀진다.

과학 기만행위 사례들이 밝혀졌을 때, 흔히 과학자들은 기만행위가 대수롭지 않게 여겨진다는 사실을 발견하곤 한다. 왜냐하면 곧 그 사건이 지나가면 숱한 과학 저널에 실린 대부분의 논문들이 그러하듯이 쉽게 잊혀진다고 생각하기 때문이다. 따라서 과학 저널에서 쏟아져 나오는 엄청난 논문들 속에서 한줌의 과학 날조를 찾아내기 위해 특별한 노력을 경주하는 것은 별 의미가 없다.

이것이 세련화된 관점이며, 대체로 옳다. 그러나 황우석 사건은 이러한 입장이 정말 안전한지에 대해 심각한 의문을 제기했다. 그 이유는 황 박사의 주장이 완벽하게 그럴듯하고, 만약 내부 고발자가 제보하지 않았다면 결코 밝혀지지 않았을 것이기 때문이다. 황 박사는 자신이 사람 세포의 핵 이식에 성공했다고 주장했다. 이 실험은 사람이 아닌 여러 포유류 종에서 이미 성공했고 사람이 특별히 예외가 될 이유가 없기 때문에, 과학자들은 조만간 황 박사의 연구와 같은 결과가 나오리라고 믿고 있었다.

가령 황 박사가 연구 결과를 출간한 몇 개월 후에 다른 실험실에서 체세포 핵 이식에 성공했다고 가정해보자. 과연 무슨 일이 벌어졌을까? 세계는 황 박사의 연구 결과를 검증해서 두 번째로 경주를 끝낸 그 과학자들에게 축하를 아끼지 않았을 것이다. 그러나 모든 상은 황 박사에게만 쏟아졌을 것이다. 그리고 황 박사의 연구에 누군가가 의문을 제기하는 일이 설령 일어난다 해도 오랜 시간이 지난 뒤였을 것이다.

과학의 역사에서 이러한 사기가 얼마나 자주 일어났을까? 과학 기만행위가 장기적으로 결코 중요한 현상이 아니라고 생각하는 사람들은 이 가능성을 고려할 필요가 있다.

우리 두 사람은 과학 기만행위에 대한 우리의 책이 한국 독자들에게 읽히게 되었다는 사실이 무척 기쁘다. 이 책이 빛을 볼 수 있게 해준 미래M&B와 번역자인 김동광 씨에게 감사드린다.

윌리엄 브로드와 니콜라스 웨이드

서문

이 책은 과학이 실제로 어떻게 작동되고 있는가를 다룬다. 이것은 서양 사회에서 궁극적인 진리의 심판자로 간주되고 있는 과학의 지식 체계를 좀더 잘 이해하기 위한 시도이기도 하다. 우리는 과학자와 일반 대중 모두가 과학의 본질을 크게 오해하고 있다는 생각에서 이 책을 썼다.

전통적인 과학관에 따르면, 과학은 엄격하게 논리적인 과정이고 객관성이야말로 과학 연구의 기본적 태도이며, 과학자의 주장은 동료들의 엄격한 검증과 실험의 재연을 통해 점검된다. 그리고 자기검증 체계를 통해 모든 오류는 신속하게 그리고 가차없이 추방된다.

그렇지만 최근 우리는 과학자들이 거짓 결과를 발표했다는 몇 가지 사례들을 접하면서 이러한 전통적 견해에 의문을 품기 시작했다. 처음에 우리는 개인의 심리적 측면에서 이러한 과학 기만행위[1)]의 일화들을 검토했다. 즉 진리 발견에 헌신하는 과학자로서 과연 자기 직업의 기본 원칙에 위배되는 거짓 데이터를 발표할 수 있는가 하는 관점이었다. 이 문제에 대해 우리는 그동안 인습적인 과학

이념을 대변하는 사람들의 영향을 받아온 것이 사실이다. 그들은 이러한 범죄가 그 성격상 개인적인 것이라고 시종일관 강조하면서 데이터 변조는 제정신이 아닌 사람의 산물이라고 주장했다. 그러한 오류는 과학의 자기규찰(self-policing) 메커니즘에 의해 발각될 수밖에 없기 때문에 전혀 걱정할 필요가 없다는 것이다.

더 많은 기만행위 사례들이 폭로되고, 또한 그보다 훨씬 많은 사건들이 조용히 처리되었다는 수근거림이 여기저기서 들려오면서, 우리는 기만행위가 과학의 지평에서 극히 예외적인 사건이 아닐지 모른다는 의구심을 품게 되었다. 면밀한 조사를 통해 우리는 이러한 사례들이 전통적인 과학의 모형에 부합하지 않는다는 것을 깨달았다. 과학의 날조자들은 오랫동안 논리, 재연, 동료 평가, 객관성 등을 무시해왔다. 그들은 어떻게 그토록 오랫동안 사람들을 속일 수 있었을까? 그리고 만약 과학의 공식적인 대변인들이 공공연히 말하는 것처럼 과학 기만행위가 실패할 수밖에 없는 것이라면, 왜 그토록 많은 사람들이 계속 기만행위를 시도하는 것일까?

우리가 연구한 기만행위 사례는 그 하나 하나가 인간 행동의 매혹적인 일화이자 종종 인간 비극의 소품이기도 하다. 그러나 우리는 곧 이들 개별 사건의 배후에 좀더 심각하고 일반적인 문제가 도사리고 있다는 사실을 깨달았다. 기만행위는 전통적인 과학관으로는 적절하게 설명할 수 없는 현상이었다. 따라서 그 개념 자체가 결함이 있거나 아니면 심각할 정도로 불완전한 것이 틀림없다.

1) 기만행위는 'fraud'를 번역한 것이다. 비슷한 용어로는 부정행위(misconduct)가 있으며, 구체적으로는 데이터나 실험 결과를 거짓으로 지어내는 날조(fabrication), 원 데이터나 실험 과정을 조작하거나 생략하는 변조(falsification), 그리고 다른 사람의 아이디어, 과정, 연구 결과 등을 정당한 출전 표시 없이 몰래 가져다 쓰는 표절(plagiarism)을 가리킨다. 이 세 가지 부정행위를 한데 묶어서 FFP라고 한다.

과학 기만행위가 전통적인 과학관에 의문을 품게 했기 때문에 우리는 그것이 과학을 바라보는 유용한 대안적 관점을 제공해줄 수 있을 것이라고 믿었다. 전통적인 과학관은 역사가, 철학자, 그리고 사회학자들이 과학을 자신들의 학문적 관점에서 행한 연구에서 비롯된 것이지, 과학 그 자체의 관점에서 비롯된 것이 아니었다. 하지만 이러한 과학의 전문적인 관찰자들은 여행객이 다른 나라에 가서 자신들에 대해 더 잘 알게 되듯이 그들 자신에 대해 더 많은 것을 알게 되었을 뿐이다.

우리는 기만행위 사건들이 과학을 이해하는 또 다른 경로를 제공해준다고 믿는다. 의학 역시 병리학 연구를 통해 몸의 정상적인 기능에 대해 더 유용한 지식을 끌어냈다. 마찬가지로 예견된 기준에 의거하기보다 과학 자체의 병리적 현상을 연구함으로써 과학은 이러해야 한다(ought to be)는 당위와 구별되는 '있는 그대로의(as it is)' 실체를 더 쉽게 볼 수 있다. 기만행위 사례들은 과학의 점검 체계가 실제로 어떻게 작동하는가뿐 아니라 과학의 본질, 즉 과학적 방법, 사실과 이론의 관계, 과학자들의 동기와 태도에 대해 많은 근거를 마련해줄 것이다. 이 책은 과학 기만행위라는 관점에서 과학이 어떤 모습으로 보일 수 있는지를 분석한다.

요약하자면, 우리의 결론은 과학이 종전에 생각했던 것과는 전혀 다른 모습을 하고 있다는 것이다. 우리는 과학 지식에서 찾을 수 있는 논리 구조가, 그 구조가 구축되는 과정이나 그것을 수립한 사람들의 정신성과는 아무런 관련이 없다고 믿는다. 새로운 지식을 획득하는 과정에서 과학자들은 논리나 객관성의 인도만 받는 것이 아니라 수사(修辭), 선전, 그리고 개인적 편견 같은 비합리적인 요인들에 의해서도 영향을 받는다. 과학자들은 합리적 사고에만 의존하지 않으며, 그것에 대한 독점권을 갖고 있지도 않다. 과학은 사회 속에서 합리성의 수호자로 간주되어서는 안되며, 단지 그 문화적 표현의 중요한 형태 중 하나일 뿐이다.

이 책의 일부는 주간 과학잡지인 《사이언스(*Science*)》와 런던에서 발간되는 《뉴 사이언티스트(*New Scientist*)》에 게재했던 기사이다. 우리는 이 책의 초고를 읽고 논평해준 분들에게 많은 도움을 받았다. 여기에 그분들의 이름을 밝혀둔다. 카렌 암스, 스티븐 브러시, 토머스 캘런, 조너선 콜, 로버트 에크바르트, 콜린 노먼, 레슬리 로버츠. 또한 다음 분들에게도 많은 도움을 받고, 조언을 들었다. 필립 보피, 로스마리 초크, 유진 시타디노, 린다 가몬, 제리 가스통, 노리스 헤서링턴, 히긴스, 제럴드 홀튼, 제임스 젠센, 피터 매트슨, 데니스 로린스, 보이스 렌스버거, 할 사이더, 마셀로 트루치가 그분들이다.

윌리엄 브로드와 니콜라스 웨이드

차례

※ 일러두기

1. 본문 중 괄호 안의 설명은 옮긴이가 추가한 것이다.

2. 독자의 이해를 돕기 위해 원서에는 없는 소제목을 달았다.

3. 각주는 1), 2), 3) 등으로 표시하였으며 '지은이 주' 라는 표시가 없는 한 옮긴이가 붙인 것이다. 지은이가 단 후주는 1, 2, 3으로 표시했다.

4. 이 책은 소련이 해체되기 전에 출간되었음을 고려하여 원서의 표현 그대로 '소련', '러시아' 라는 국명을 사용하였다.

1장 __ 잘못된 이상

청문회에 출석한 과학자들

테네시 출신의 젊은 하원의원 앨버트 고어 2세는 의사봉을 두드려 위엄 있는 청문회장의 소음을 가라앉혔다. 그는 이렇게 말했다. "나는 이런 종류의 문제가 계속 일어나는 이유가, 과학계의 고위 인사들이 이런 문제를 진지하게 받아들이기를 꺼리기 때문이라고 결론 내리지 않을 수 없습니다."

과학 연구에서 일어나는 기만행위는 미국 하원 과학기술위원회 위원인 고어가 우려하는 문제였고, 그는 최근 잇달아 밝혀지고 있는 심각한 사건들 때문에 골치아파하고 있었다. 조사 및 감독 소위원회 위원장으로서 그는 기필코 이 문제에 대해 모종의 조치를 내려야겠다는 결심을 굳혔다. 1981년 3월 31일에서 4월 1일까지 그가 개최한 청문회는 의회가 과학 기만행위 문제를 조사한 첫 사례였다. 고어와 동료 의원들은 사태를 파악하면서 무척 놀랐고, 다른 한편으로는 증인으로 출석한 원로 과학자들의 태도에 분노했다.

첫 번째 증인은 당시 국립과학아카데미(National Academy of Sciences) 원장이자 과학계의 대표적 대변인 격인 필립 핸들러(Philip Handler)였다. 그는 조사위원회에 출석해달라는 요청에 감사한다는 형식적인 인사말도 없이, 자신이 과학적 기만행위라는 주제에 대해 증언하게 된 것이 "불쾌하고 불만스럽다"며 운을 뗐다. 그는 그 문제가 언론에 의해 "터무니없이 과장되었다"고 말했다. 더구나 위원회에서 그 문제를 거론하는 것 자체가 시간낭비에 불과하다고 주장했다. 핸들러는 과학 기만행위는 거의 일어나지 않으며, 설령 그런 일이 있더라도 "매우 효율적이고, 민주적이며, 자기교정적인(self-correcting) 방식으로 작동하는 시스템 속에서 일어나기" 때문에 발각될 수밖에 없다고 공언했다. 그의 발언 요지는 명백했다. 기만행위는 전혀 문젯거리가 아니며, 기존의 과학 메커니즘이 그 문제를 완벽하고 적절하게 처리할 수 있으므로 의회는 자신들의 일이나 잘 하라는 것이었다.

다른 때라면 핸들러의 공격적인 발언이 성공을 거두었을지도 모른다. 그러나 그는 이번 사태를 잘못 판단하고 있었다. 최근 가장 큰 기만행위 사건 중에서 두 건은 미국 최고의 명문으로 알려진 하버드 대학과 예일 대학에서 발생한 것으로, 언론의 과장으로 치부해 넘어갈 수 있는 성질의 것이 아니었다. 한편, 의원들 자신들도 최근 압스캠 뇌물수수 사건(Abscam bribery)[1]으로 인해 자기규찰이라는 의미에서라도 내키지 않는 이 일에 열의를 다할 수밖에 없었다. 그것은 여섯 명의 하원의원들이 돈을 받고 정치적인 청탁을 들

1) 1980년 2월에 아랍의 실업가 압둘로 가장한 FBI의 함정 수사를 통해 전모가 드러난 미국 뉴저지 주 캠든 시 정치인들의 뇌물수수 사건. 압둘(Abdul)의 'Ab'와 속임수라는 뜻의 'scam'을 합성하여 '압스캠 스캔들'로 불렸고, 한 명의 상원의원과 6명의 하원의원, 12명의 다른 부서 공무원들이 체포되었다.

어주려 했던 사건이다. 과학자들은 그들 자신의 직업과 이해가 얽혀 있는 문제임에도 적극적으로 대처하기를 꺼렸으므로 하원 조사감독소위원회 위원들과 사이좋게 앉아 있을 수가 없었다.[1]

또한 당시 과학자들은 잘 이해하지 못하는 듯했지만, 의원들은 과학 기만행위에 대한 한 가지 중요한 사실을 인식하고 있었다. 그것은 데이터를 조작한 과학자들이 아무리 소수라 해도 이 같은 사건이 몇 달 사이에 단 한 건이라도 일어난다면 과학에 대한 대중들의 신뢰가 깨진다는 점이었다. 핸들러에 이어 여러 증인들이 잇달아 기존의 과학 메커니즘이 그 문제를 처리하고 있다는 말을 반복하자 의원들은 더욱 분노했다. 오하이오 주의 밥 샤먼스키는 "애당초 청문회를 연 것 자체가 주제넘은 짓이었다는 식으로 증인들의 질책이 이어지자 정말 당황스러웠다"고 솔직한 심정을 피력했다. 펜실베이니아 주 출신의 로버트 워커는 격앙된 어조로 이렇게 말했다. "오늘 이 청문회에서 수많은 증언을 듣고 있자니 과학계에 상당한 오만함이 만연해 있다는 사실이 걱정스럽습니다. 우리는 누구보다 그 사실을 잘 알고 있었습니다. 그래서 우리가 질문을 했던 것입니다. 우리가 아니라면 과연 누가 질문을 하겠습니까?"

의원들의 질의가 있을 때마다 과학자들은 매번 얼버무리며 그 문제를 회피했다. 청문회가 난항을 겪게 된 것은 근본적인 견해 차이 때문이었다. 양편은 같은 현상을 전혀 다른 방식으로 보고 있었다. 의원들은 과학자들이 눈앞에 엄연히 존재하는 문제를 직시하기보다 문제의 존재 자체를 부정하고 있다고 보았다. 이에 비해 과학자들은 자신들의 자기교정 메커니즘이 기만행위를 승산 없는 투기(no-win venture)로 만든다고 확신하면서, 그것을 몇몇 개인의 정신착란 이상의 심각한 문제로 받아들이려 하지 않았다.

이런 과학자들의 태도는 누구든 과학 데이터 조작을 시도하는 사람은 분명히 정신이상자라는 뜻을 함축하고 있었다. 그러나 이 같은 도도한 태도는 그날 실험 조작을 고백했던 하버드 의대의 존 롱(John Long) 연구원의 지극히 합리적인 증언으로 기세가 한풀 꺾였다.[2] 롱은 죄를 깊이 뉘우치고 있었으며, 자제력을 잃지 않고 자신의 생각을 분명하고 품위 있게 밝혔다. 따라서 그가 비이성적이라는 과학자들의 주장은 사실이 아님이 자명했다. 게다가 롱의 상사였던 매사추세츠 종합병원의 연구 책임자는 나중에 청문회에서, 롱이 조작을 시인했던 실험 이외에도 많은 실험들을 날조했다고 증언했다. 그러자 의원들은 롱 연구원보다 그 상황에 안이하게 대처한 과학계에 더 분노를 느꼈다. "불과 한 시간도 안 되는 짧은 시간 동안, 소위원회는 아무런 결점도 없다는 당당한 자세에서 위증죄가 적용될 수도 있는 깊은 나락으로 굴러 떨어졌습니다." 앨버트 고어는 이렇게 말하고, 다음과 같이 덧붙였다. "이런 류의 경험이 과학의 분열증(scientific schizophrenia)을 일으킬 수 있습니다." 고어의 이 말은, 만약 어떤 식으로든 정신적 문제가 개입될 여지가 있다면, 그것은 바로 '기만'에 대한 과학계의 '이중적 태도'를 가리킨다는 뜻으로 해석된다.

하버드 대학 연구원 존 다시의 조작 사건

고어 의원의 청문회가 끝난 지 불과 몇 주일이 지나지 않아 또 다른 중요한 과학 기만행위 사건이 드러나기 시작했다. 이번에는 미국 생의학계의 심장부라고 할 수 있는 하버드 의대에서 벌어진 사건이었다.[3] 가장 최근에 터진 이 사건은 마치 고어 의원이 말했던 과학적 정신분열증을 실증하기 위해 일부러 짜맞춘 것처럼 보일 정도였다. 과학의 자기규찰 메커니즘을 확신하고 있던 하버드 대학 당국은 눈앞에서 벌어진 문제의 심각성을 알지 못했다.

하버드 사건의 핵심은, 미국에서 가장 권위 있는 심장병 학자이자 저명한 하버드 대학병원 두 곳에서 내과 과장을 맡고 있던 유진 브론월드(Eugene Braunwald)가 제자 존 롤랜드 다시(John Roland Darsee)에게 과도한 기대를 걸었다는 점에 있었다. 훤칠한 키에 붙임성이 있는 다시는 심혈관 질환에 대한 최신 연구에 몰두하고 있었다. 하버드에서 지난 2년 동안 이 젊은 내과의는 거의 백 편의 논문과 초록을 발표했다. 이 숫자는 어떤 기준에서 봐도 엄청난 것이었고, 그중 많은 논문에 그의 지도교수인 브론월드가 공동 저자로 들어가 있었다. 두 개의 실험실을 관할하며 국립보건원(NIH)에서 받는 3백만 달러 이상의 연구비를 관리하던 브론월드는, 하버드 의대 베스 이스라엘 병원에 다시를 위해 따로 실험실을 마련해줄 계획까지 세워두고 있었다. 경쟁이 치열한 보스턴 생의학계에서 다시처럼 젊은 나이에 이렇게 파격적인 대우를 받는다면 앞으로 찬란한 미래가 보장되는 셈이었다.

그렇지만 다시는 브론월드의 실험실에 있는 다른 젊은 연구자들로부터는 그다지 높은 평가를 받지 못했다. 다시가 연구를 열심히 한 것은 사실이었지만, 과학 논문의 토대가 된 그 모든 연구를 다시가 어떻게 해낼 수 있었는지 다른 연구자들은 이해할 수 없었다. 1981년 5월, 다시의 연구를 몰래 관찰하던 연구원들은, 곧 발표 예정이던 실험 논문을 위해 다시가 원 데이터(raw data)를 위조하는 광경을 목격했다. 다시는 동료들이 추궁하자 조작한 사실을 고백했다. 그러나 이번 한 번이 전부라고 주장했다. 동료들은 그의 말을 받아들이기 힘들었다. 그가 발표를 위해 작성했던 결과와 실제 이루어진 실험을 비교해본 결과, 동료들은 연구의 대부분이 처음부터 끝까지 조작되었다는 결론에 도달했다. "그런 일을 하룻밤에 해치울 수는 없습니다. 아마 몇 달에 걸쳐 손을 봤을 것입니다." 다시의 동료는 이렇게 주장했다. 그들은 브론월드에게 다시의 연구가 조직적으로 날조된 것 같다고 보고했다고 말했다.

그러나 브론월드는 그 골치 아픈 사건이 한 차례의 우발적 사건이 아니라 훨씬 심각한 사태라는 것을 믿으려 하지 않았다. 그는 당시를 이렇게 술회했다. "우리는 한 유능한 젊은이를 데리고 있었다. 그 당시 나는 130명의 연구원과 함께 작업하는 특권을 누리고 있었는데, 그는 연구원 중에서 눈에 띄는, 아니 가장 뛰어난 젊은이였다. 공개적인 폭로는 그의 인생을 송두리째 망칠 수 있었다." 그후 다시는 하버드 대학의 연구원직을 박탈당했지만, 실험실에서 연구를 계속하는 것은 허용되었다. 다른 연구자들에게는 조작된 실험에 대한 이야기가 전해지지 않았을 뿐만 아니라, 다시의 수많은 논문 결과에 의존해서 실험을 해야 할지도 모르는 과학자들에게 그 논문들이 의문투성이로 변해버렸다는 사실을 알리는 후속 조치도 전혀 취해지지 않았다.

조작 사건이 있고 난 후 처음 다섯 달 동안 하버드 대학 당국이 취한 조치는 의회 청문회에서 핸들러가 주장했던 말에 이미 예견되었던 것 같다. 과학 기만행위는 아주 드물게 일어나지만, 일단 발생하면 "효율적이고 민주적이고, 자기교정적인 방식으로 작동하는 시스템 속에서 일어나며", 그러한 방식에서는 조작이 발각될 수밖에 없다는 것이다. 이 주장에 따르면, 과학 데이터를 조작하려는 사람은 누구나 제정신이 아닌 것이 분명하다. 다시가 장래가 촉망되는 이성적인 인물이었기 때문에, 하버드 대학 관계자들은 그가 시인한 조작 행위를 보편적 양상이 아니라 단편적이고 고립적인 일시적 탈선으로 보았을 수도 있다. 브론월드도 다시가 이미 한 차례 발각되었기 때문에 조작을 되풀이할 가능성은 "극히 희박하다"고 말했다.

다시는 실험실에 머물면서 마치 아무 일도 없었던 것처럼 연구와 논문 발표를 계속했다. 그가 했던 실험 중에는 국립보건원이 72만 4,154달러를 지원한 프로젝트가 포함되어 있었다. 다섯 달 동안은 모든 것이 전처럼 진행되었다. 그러나 1981년 10월에 하버드 대학 측은 국립보건원으로부터 다시가 제출한 데이터에 문제가 있다는 보고를 받았다. 그제서야 대학 당국은 한 번 실험 조작을 한 연구자는 다른 실험에서도 날조의 유혹에 빠지기 쉽다는 사실을 깨달았다.

하버드 의대 학장이 선임한 특별위원회는 3개월 후에 국립보건원이 지원한 실험 연구에 '매우 의심스러운 이상한 결과들'이 포함되어 있다는 사실을 확인했다. 게다가 다른 연구자와 함께 수행한 다시의 한 연구도 '조작된 것처럼' 보였다. 다시는 5월에 발각된 최초의 속임수를 제외하고는 어떤 부정행위도 부인했다. 대부분 고참 의료 관계자들로 구성된 특별위원회는 하버드 대학의 동료들이 이 사건을 처리한 방식에 대해 잘못을 지적하지 않았다. 그러나 국립보건원의 한 고위 관계자는 전국 텔레비전 방송에서 하버드 대학이 기만행위 사건을 보고하는 데 늑장을 부렸다고 비난했다.[4] 다시가 데이터를 조작하는 현장에서 발각된 지 1년이 지난 시점인, 이 책이 출간될 때까지도 하버드 대학 당국은 이미 발표된 그의 연구에서 어느 정도의 부정이 있었는지 검토하지 않았으며, 따라서 그 결과도 발표하지 않았다.

과학자들이 신봉하는 전통적인 과학관

고어 위원회에서 증언했던 과학자들이 전혀 상반되는 확고한 증거 앞에서조차 지키고 싶어했던 과학관은 과연 무엇인가? 전통적인 과학관은 과학이 어떻게 작동해야 하는가라는 매력적인 이상에 토대를 두고 있기 때문에 막강한 영향력을 행사한다. 좀더 정확하게 말하자면 그것은 하나의 이념(idealogy)이라 할 수 있으며, 사실 그 이념에는 과학에 대한 진실이 상당히 포함되어 있기 때문에 과학자들에게 보편적인 동의를 얻고 있다.

전통적인 과학관은 다음의 세 가지 제목으로 요약할 수 있다. 과학의 인지 구조, 과학적 주장의 검증 가능성(verifiability), 그리고 동료 평가(peer review) 과정이다.

1. 과학의 인지 구조

과학지식은 계층적인 체계 속에서 생성된다. 철학자들은 이것을 과학의 '인지 구조(cognitive structure)'라고 부른다. 먼저 사실들(facts)이 있다. 그것은 식물학자가 식물 교배 실험에서 태어난 후손을 관찰하거나 물리학자가 아원자입자(亞原子粒子)의 특성을 측정하는 과정에서 수집되는 종류의 것이다. 이런 사실을 기초로 과학자는 사실들의 일부 특징을 설명하는 추측이나 가설을 수립하려 할 것이다. 이 가설은 실험으로 검증되어야 하고, 이때 분명한 확증이나 반증을 주는 실험이 흔히 채택된다. 이처럼 가설과 실험 사이를 오가는 과정, 즉 착상을 얻고 확인하는 것은 오늘날 가장 중요하게 여겨지는 과학적 방법이다.

가설이 충분히 입증되면 중력법칙이나 멘델의 유전법칙처럼 법칙(law)의 성격을 띠게 된다. 법칙은 많은 사실들을 예견하고 설명하기 때문에 과학에서 가치있는 원리이다. 법칙은 자연에서 나타나는 중요한 규칙성을 기술하지만, 반드시 기술한 사실을 설명하는 것은 아니다. 화학물질들이 일정 비율로 서로 결합한다는 법칙은 그런 사실을 설명하지 않고, 단순히 규칙만을 진술할 뿐이다. 설명을 위해서는 '이론(theory)'이라는 좀더 깊은 수준의 구조로 들어갈 필요가 있다.

과학에서 사용하는 이론이라는 말은 일상 언어에서보다 더 깊은 의미를 가진다. 이론은 법칙이나 그 법칙에 의존하는 사실들을 포함해서 많은 과학 지식을 이해시키고 설명해준다. 물론 이론은 사실과 법칙에 의해 뒷받침되지만, 동시에 당장 증명하지 못하는 요소들을 포함하기도 한다. 이러한 요소들, 즉 추론적인 측면은 검증되지 않은 상태이지만 이론에서 매우 중요한 영역을 차지한다. 물질의 원자론은 돌턴의 일정성분비의 법칙(law of fixed proportions)[2]을 설명할 수 있다. 그러나 원자가 존재한다는 직접적 증거가 밝혀진 것은 그 법칙이 수립되고 한참 뒤의 일이다. 유전자 역시 그 물리적인 성질이 발견되기 오래전에 유전학 이론에서 처음 가정되었다. 한편 진화론은 방대한 사실을 설명할 수 있는 이론이기 때문에 과학자들에게 높은 평가를 받고 있지만, 이론의 수준이 너무 심층적이어서 직접적인 증명이나 반증이 불가능하다.

과학의 인지 구조는 관찰 가능한 수많은 사실들에서부터 그것들을 설명하는 내재적인 법칙들, 그리고 법칙을 설명해주는 이론들로 확장된다. 그 구조의 중요한 특징 중 하나는 유연성이다. 법칙은 새로운 사실이 밝혀지면 바뀌거나 수정될 수 있다. 그리고 이론은 사고의 혁명에 따라 뒤집히거나 좀더 나은, 또는 포괄적인 이론으로 대체될 수 있다. 과학 지식의 구조는 끝없이 확대되고 있다. 이 구조는 새로운 가설들을 생성하고, 이론을 토대로 예측하고, 그리고

2) 돌턴은 화합물을 조성하는 원소의 비율이 항상 일정하다는 이 일정성분비의 법칙을 기초로 원자론을 제기했다.

새로운 사실들을 이 설명 체계의 영역으로 끌어들이면서 성장한다.

2. 과학적 주장의 검증 가능성

과학은 공적인 활동이다. 이 활동은 서로의 연구를 면밀히 조사하고 검증하는 학자들의 공동체에서 수행한다. 과학자는 일련의 테스트를 통과해야 하며, 이는 프로그램을 수행하는 데 필요한 연구비를 신청할 때 거치는 '동료 평가 제도'에서부터 시작된다. 그 다음, 과학자는 자신의 연구 결과를 과학 학술지에 발표해야 한다. 학술지 편집자는 그 논문을 학술지에 싣기 전에 과학 논문 심사위원에게 보내 해당 연구가 새로운 것인지, 그 연구가 기반하고 있는 다른 연구자의 논문을 제대로 인정하고 출전을 밝혔는지, 그리고 가장 중요한 사항으로 실험 수행에서 올바른 방법이 사용되고 그 결과에 대한 결론이 바르게 도출되었는지에 대한 조언을 구한다.

이처럼 과학적 주장은 발표되기까지 그 신빙성을 인정받기 위해 두 가지 검증을 거친다. 일단 과학 문헌의 형태로 공개되면, 세 번째로 더 엄밀한 검증을 받게 된다. 그것은 재연이다. 새로운 발견을 했다고 주장하는 과학자는 다른 사람들이 재연을 통해 자신의 주장을 검증할 수 있게 해야 한다. 따라서 연구자는 그 실험을 기술하는 과정에서 사용된 도구 목록과 절차를 요리법 못지않게 자세히 열거해야 한다. 새로운 발견이 중요할수록 그 연구를 서둘러 재연해보려는 연구자들이 많기 때문이다.

이와 같이 과학 지식은 검증 가능성이라는 점에서 다른 지식과 다르다. 과학 지식은 끊임없이 서로의 연구를 점검하고, 신뢰할 수 없는 연구를 솎아내어, 확증된 결과만을 가려내어 축적하는 공동체에 의해 생산된다. 과학은 증명 가능한 지식을 생산하는 데 참여하는 학자들의 공동체이다.

3. 동료 평가 과정

대부분의 대학에서 이루어지는 과학 연구는 정부에서 연구비를 지원받는다. 이런 정부 지원금은 기초 연구의 가장 중요한 후원자이다. 정부가 각 분야별 지원금 총액을 정하지만, 정작 누가 그 돈을 받을지 결정하는 주체는 과학자들로 이루어진 위원회이다. 정부 기관에 자문을 제공하는 이 '동료 평가 위원회'는 해당 분야의 동료 전문가들로 구성된다. 그들은 동료 과학자들이 제출한 상세한 신청서를 검토하고 가장 우수한 아이디어와 착실한 연구수행능력을 보여주는 과학자를 선정하여 연구비를 지급한다.

이처럼 과학의 지배적인 이념을 형성하는 것은 아이디어와 가치의 복합체이다. 이것이 과학이 작동해야 하는 방식이고, 실제로 그렇게 진행되기도 한다. 과학자들은 대체로 이러한 이념에 강하게 집착하기 때문에 그것에서 벗어나는 일탈은 대수롭지 않게 여긴다. 그러나 이 이념은 과학이 실제로 어떻게 작동하는지 보여주기에는 너무도 불완전한 설명이다. 이 이념은 특히 철학자들이 수행했고 역사학자와 사회학자들도 참여한 과학학(studies of science)에서 유래했다. 이 전문가들은, 각기 자기 학문의 안경을 쓰고 있기 때문에 자기 학문과 연관하여 과학의 특징을 파악할 수밖에 없었으며, 그 안경 밖에 존재하는 과학은 무시했다. 간단하게 말하면, 철학자들은 과학의 논리에 대해서만 썼고, 사회학자들은 과학 행위의 '규범'에 대해서, 역사가들은 과학의 진보와 미신을 타파한 이성의 감격스런 승리에 관심을 가졌다.

전통적인 과학관은 이 세 분야에서 이루어진 발견을 토대로 그려진 몽타주다. 이렇게 다른 학문의 이상적인 관점과 이념으로 그려진 그림은 당연히 불완전했고, 이상적인 관념화가 될 수밖에 없었다.

이런 그림에서는 과학적 기만과 과학적 절차의 주요 측면들이 들어설 자리가 전혀 없다.

전통적 과학관이 잘못된 길에 들어선 가장 큰 이유는 과학자들의 동기나 요구 대신 과학적 절차에 중점을 두었기 때문이다. 과학자들도 다른 사람들과 다르지 않다. 이들이 실험실에서 흰 가운을 걸치고 있다고 해서 삶의 다른 영역에서 그들에게 활기를 불어 넣어주는 열정, 야망, 좌절에 초연한 것은 아니다. 오늘날 과학은 직업이다. 그리고 이 직업에서 경력을 쌓고 출세하기 위한 수단은 과학문헌 형태로 발간된 논문이다. 성공을 거두려면, 연구자는 가능한 한 많은 논문과 정부 지원금을 확보하고, 대학원생을 고용할 수 있는 실험실과 재원을 구축하고, 논문 발표로 성과를 높이고, 과학상을 수여하는 위원회의 관심을 끌 수 있어야 하고, 국립과학아카데미 회원으로 선정되고, 훗날 스톡홀름으로 초대받는 희망을 가져야 한다.

현대 과학에는 직업적 출세에 대한 압력만 존재하는 것이 아니다. 이 시스템은 순수한 업적뿐만 아니라 외형적인 성공에 대해서도 보상을 한다. 대학은 논문의 질과 무관하게 발표 논문 숫자에 기초해서 교수 정년을 보장해준다. 젊고 재능 있는 학자들을 거느리는 연구소 소장은 그들의 연구 결과를 자신이 한 것인 양 보상을 받기도 한다. 이처럼 잘못된 공적 인정이 일상적이지 않을 수도 있지만 냉소주의를 조장하기에는 충분할 만큼 일상적이다.

이러한 냉소주의의 풍토 속에서 과학자들은 과거에 생각할 수조차 없었던 일을 처음 고려하게 된다. 그것은 자신이 보고하는 연구결과를 윤색하는 행위이다. 물론 과학 기만행위는 연구자의 가장 근본적 목적인 진리 추구를 포기하는 일이다. 따라서 어지간한 상황이 아니면, 그리고 실험실 사회에 만연한 관행이나 태도, 그리고 적발

가능성을 주도면밀하게 고려하지 않고는 그렇게 행동할 수 없다.

흔히 '과학 기만행위'라고 하면 데이터의 완전한 날조를 뜻하는 것으로 생각한다. 그러나 그런 종류의 조작은 아주 드물다. 과학 데이터를 조작하는 사람들은 기존의 결과를 개량하는 좀더 사소한 범죄에서 출발하는 경우가 많으며, 이러한 시도는 대개 성공한다. 사소하고 얼핏 보면 대수롭지 않은 데이터 변조의 사례들, 즉 결과를 실제보다 조금 더 분명하게 만들고 결정적으로 보이게 하거나, 맞지 않는 사례들을 버리고 '최고의' 데이터만을 선별해서 발표하는 등은 실제 과학에서 흔히 볼 수 있는 일이다. 그러나 데이터의 변조와 실험을 완전히 조작하는 날조는 단지 정도의 차이일 뿐이다.

크고 작은 조작에서부터, 과학의 모든 분야에서 매우 중요한 현상으로 간주되는 자기기만(self-deception)에 이르기까지 연속적인 스펙트럼을 그릴 수 있을 것이다. 물론 기만행위는 의도적으로 행해지는 것이며, 자기기만은 자신도 모르게 저질러지는 행위이다. 그러나 그 사이에는 동기가 모호한 상태에서 행해지는 것들도 있다. 이 책에 자기기만의 사례들을 포함시킨 까닭은 그것들이 의도적으로 자행된 오류와 마찬가지로 과학의 자정 메커니즘을 테스트하는 검증이기 때문이다.

이 책에서 과학은 하나의 통합체로 간주된다. 다시 말해서 과학에 속하는 서로 다른 학문 분야들을 형식적으로 구분하지 않는다. 우리는 물리학자, 생물학자, 사회학자들이 연구를 수행하는 방식에 커다란 차이가 있다고 생각지 않는다. 모두 과학적 방법을 따르며, 같은 목표를 공유한다. 단지 각각 관심 대상이 다를 뿐이다. 기만행위에 대한 연구는 모든 과학자들이 어떻게 행동하는지 밝혀줄 것이다. 그럼에도 불구하고 그 빛은 물리학처럼 상당한 수학적 내용을 포함하는 '견고한' 과학에 대해서는 그다지 많은 것을 밝혀주지 못한다. 수학의 엄격한 논리 구조는 실질적으로 위조를 미리 배제하기 때문에 고도로 수학화된 과학은 기만행위를 방지하는 보호장치를 내장하고 있는 셈이다. 견고한 과학에서 부드러운 과학, 즉 물리학에서 사회학에 이르는 스펙트럼에서 그 중심은 생물학이 차지할 것이다. 이 영역에서 기만행위는 결코 드물지 않다. 또한 생물학과 의학은 기만행위가 공공복지에 가장 직접적인 영향을 미칠 수 있는 분야이기도 하다.

기만행위를 가능하게 하는 과학의 구조란 무엇인가? 기만행위의 유혹에 빠뜨리고, 종종 그로 인해 이익을 얻게 하는 과학사회학의 특성은 무엇인가? 과학자가 되기까지 그토록 오랫동안 학문적 훈련을 받은 사람이 어떻게 데이터를 날조할 수 있을까? 이러한 물음에 대한 답은 과학의 실상이 전통적인 과학관과 크게 다르다는 것을 시사한다.

2장 __ 역사 속의 기만행위 사례들

위대한 과학자들의 속임수

“실험과학을 통해 우리는 자연계에 관한 모든 사실들을 알아낼 수 있었다. 어둠과 무지를 헤치고 항성들을 분류할 수 있게 되었고, 그 질량, 조성, 거리, 속도를 추정할 수 있었다. 생물 종들을 분류하고, 그 유전적 연관까지도 밝힐 수 있었다. …… 실험과학의 이 위대한 업적을 이룬 사람들의 공통점은 다음 몇 가지로 압축될 수 있다. 그들은 정직하고, 자신들이 기록한 사실을 실제로 관찰했고, 그 실험이나 관찰을 다른 사람들이 재연할 수 있는 형식으로 연구 결과를 발표했다.”

위 인용문은 미국 전역에서 교과서로 사용되어 대학생들에게 현대 물리학의 전통과 내용의 양 측면에서 상당한 감명을 준 《버클리 물리학 강좌(*The Berkeley Physics Course*)》라는 책의 한 부분이다.[1] 그러나 비과학적 신념체계에서와 마찬가지로 위의 글에서 강하게 강조되는 요소들은 실제에 기반한 것이라 보기 힘들다. 과거의 위대한 과학자들도 모두 정직했던 것은 아니며, 항상 자신들이 보고한 실험 결과들을 얻지도 못했다. 몇 가지 예를 들어보자.

- 고대의 가장 위대한 천문학자로 알려진 클로디우스 프톨레마이오스(Claudius Ptolemmaeus, 85?~165?, 그리스의 천문학자 · 지리학자)는 밤에 이집트 해안에서 별을 관찰한 것이 아니다. 대부분 낮에 알렉산드리아의 대규모 도서관에서 일하면서 그리스 천문학자들의 연구 결과를 자신의 것으로 도용했고, 그 후에도 자신의 연구인 양 주장했다.

- 갈릴레오 갈릴레이(Galileo Galilei, 1564~1642)는 아리스토텔레스(Aristotle)의 연구가 아니라 실험이 진리의 심판자가 되어야 한다고 주장해 근대의 과학적 방법의 창시자로 추앙받는다. 그러나 17세기의 동료 이탈리아 물리학자들은 그의 연구 결과를 재연하는 데 어려움을 겪었고, 그가 실험을 했는지에 대해 의구심을 품었다.

- 중력 법칙을 공식화한 천재 소년 아이작 뉴턴(Isaac Newton, 1642~1727)은 그의 대작 《프린키피아》에서 자신이 한 연구의 예측력을 실제 이상 높이기 위해서 부적절한 조작을 저질렀다.

- 화학결합의 법칙을 발견했고 서로 다른 유형의 원자들의 존재를 입증한 19세기의 위대한 화학자 존 돌턴(John Dalton, 1766~1844)은 오늘날 어떤 화학자도 재연할 수 없는 교묘한 결과를 발표했다.

- 유전학의 기초를 닦은 오스트리아의 수도사 그레고르 멘델(Gregor J. Mendel, 1822~1884)은 사실이라고 보기에는 통계적인 수치가 너

무도 정확한 완두콩에 대한 연구 논문을 발표했다.

- 미국의 물리학자 로버트 밀리컨(Robert A. Millikan, 1868~1953)은 전자의 전하를 처음 측정한 공로로 노벨상을 수상했다. 그러나 밀리컨은 실험 결과가 실제보다 더 그럴듯하게 보이도록 자신의 연구를 광범위하게 허위로 기술했다.

실험과학은 역설 위에 서 있다. 그것은 객관적으로 확인 가능한 사실을 진리의 기준으로 삼는다고 주장한다. 그러나 과학에 지적 즐거움을 주는 것은 따분한 사실들이 아니라 그 사실들에 의미를 부여하는 개념과 이론들이다. 교과서가 사실의 우선성에 호소할 때 거기에는 수사적 요소가 포함된다. 실제로 어떤 사실을 찾아내서 받는 보상은 그 사실들을 설명하는 이론이나 법칙을 개발했을 때 주어지는 것보다 적다. 그리고 바로 이 대목에 유혹이 도사리고 있다. 제멋대로인 자연의 소재들 속에서 의미를 찾아내고 그곳에 가장 먼저 도달하려는 시도에서, 과학자는 때로 그 이론이 실제보다 설득력 있게 보이도록 사실들을 조작하고 싶은 유혹에 빠진다.

과학자가 아닌 사람들은 연구자들이 발견의 선취권(先取權)에 얼마나 큰 중요성을 부여하는지 이해하기 어렵다. 과학에서의 인정(認定)은 그 연구가 얼마나 독창적인지, 그리고 특정 사실을 누가 먼저 발견했는지에 따라 주어진다. 가끔 예외가 있기는 하지만, 2등에게는 보상이 거의 없다. 선취권을 얻지 못한 발견은 쓰라린 결실일 뿐이다. 서로 경쟁하는 주장과 이론들이 상충할 때, 과학자는 자신의 아이디어가 주목받도록 그리고 새로운 발견이 자신의 이름으로 불리도록 적극적인 수단을 강구한다.

인정을 받고 동료들로부터 존경을 얻으려는 열망은 거의 모든 과학자들에게 강력한 동인이다. 과학의 초기 시절부터, 인정에 대한 갈망은 과학자들을 진리를 향해 데이터를 조금 더 '다듬으려는' 유혹, 심지어는 자신의 이론을 설득력 있게 보이도록 처음부터 끝까지 데이터를 날조하려는 유혹에 빠뜨렸다.

히파르코스의 연구를 차용한 프톨레마이오스

2세기에 이집트 알렉산드리아에 살았던 프톨레마이오스는 역사상 가장 영향력 있는 과학자 중 한 사람이었다. 그는 고대 천문학 개념을 집대성해서 행성들의 위치를 예측하는 체계를 수립했다. 프톨레마이오스 체계의 중심 가정은 지구가 정지해 있고, 태양을 비롯한 다른 항성들이 원형인 궤도를 따라 돌고 있다는 것이다.

뉴턴과 아인슈타인의 이론이 지배했던 기간보다 훨씬 긴, 거의 1천 5백 년 동안 프톨레마이오스의 사상은 우주의 구조에 관한 인간의 생각을 형성했다. 프톨레마이오스 체계는 로마 제국 초기부터 르네상스 말기에 이르는 암흑 시대에 어떤 도전도 받지 않은 채 널리 보급되었다. 중세 시대에 그리스 과학을 보존했던 아라비아의 철학자들은 프톨레마이오스의 저작에 《알마게스트(*Almagest*)》라는 이름을 붙여주었다. 그것은 '위대하다'는 뜻의 그리스어다. 덕분에 그는 고대의 가장 저명한 천문학자로 간주되었다. 천문학자의 왕으로 1천 5백년 동안 계속되었던 프톨레마이오스의 지배가 종말을 고한 것은 1543년에 코페르니쿠스가 행성계의 중심에 지구가 아닌 태양을 올려놓은 후의 일이었다. 그러나 이 하늘의 거인은 뜻밖에도 중대한 인격상의 결점을 갖고 있었다.

19세기에 프톨레마이오스의 데이터를 재검토하던 천문학자들은 기이한 현상에 주목하기 시작했다. 오늘날의 행성 위치에서 역산을 해나가는 과정에서 프톨레마이오스의 관찰이 상당 부분 잘못되었다는 사실이 드러났다. 이 오류는 고대 천문학의 기준으로 볼 때도 매우 큰 것이었다. 샌디에이고에 있는 캘리포니아 대학의 천문학자 데니스 롤린스(Dennis Rawlins)는 내재적 증거를 토대로 프톨레마이오스 본인이 관찰한 것이 아니라고 믿고 있다. 그의 주장에 따르면, 정작 그보다 앞선 시대의 천문학자인 로도스 섬 출신의 히파르코스(Hipparchos, ?~B.C 127?)의 연구 결과를 모조리 표절했다는 것이다. 히파르코스는 고대의 훌륭한 항성 목록 중 하나를 집대성한 인물이다.

히파르코스가 별을 관측했던 로도스 섬은 알렉산드리아보다 위도상 북쪽으로 5도 위에 위치한다. 따라서 자연스럽게 로도스 섬에서는 보이지 않지만, 알렉산드리아에서는 5도분만큼 많은 남쪽 하늘 항성들의 띠가 생긴다. 프톨레마이오스의 목록에 등장하는 1천 25개의 항성들 중에서 이 5도 대역에 포함되는 것은 단 하나도 없다. 또한《알마게스트》에 나오는 천체 천문학의 문제를 푸는 방법에 대한 모든 사례들도 로도스 섬과 같은 위도에 국한되어 있다. 롤린스는 비꼬는 듯 이렇게 말했다. "만약 잘 모르는 사람이라면, (4세기의 가장 침착하고 한결같은 프톨레마이오스 숭배자였던 알렉산드리아의 수학자 테온까지도 그랬듯이) 그가 히파르코스의 사례들을 채택했다고 생각할지 모릅니다."[2]

그러나 이 고대의 위대한 천문학자에게 내려진 죄목은 도용에 그치지 않았다. 프톨레마이오스는 좀더 현대적인 과학 범죄로도 고발되었다. 그가 자기 이론의 근거가 되는 데이터를 자연 관측에서 얻는 대신, 이론 자체에서 끌어냈다는 점이다. 고발자는 존스 홉킨스 대학 응용 물리학 실험실의 연구원인 로버트 뉴턴(Robert Newton)

이다. 뉴턴은 《클로디우스 프톨레마이오스의 범죄(*The Crime of Claudius Ptolemy*)》에서 프톨레마이오스가 보고한 결과가 이 알렉산드리아의 현자가 원했던 것과 거의 일치했지만 실제로 그가 관찰했어야 했던 것과는 큰 차이가 나는 수십 가지 예를 주도면밀하게 수집했다.[3] 그중에서 가장 두드러진 사례는 프톨레마이오스가 132년 9월 25일 오후 2시에 추분점을 관찰했다고 주장했던 사실이다. 그는 자신이 이 현상을 '최대한 주의를 기울여' 관찰했다고 강조했다. 그러나 뉴턴이 오늘날의 천문도표에서 역추산해본 결과, 프톨레마이오스는 문제의 추분을 하루 전인 9월 24일 오전 9시 54분에 관찰했어야 했다는 사실을 입증했다.

프톨레마이오스는 자신이 관찰한 추분점의 날짜를 제시함으로써, 히파르코스가 결정한 1년의 길이가 얼마나 정확한지 입증하려고 했다. 히파르코스 역시 그보다 278년 전인 기원전 146년 9월 27일에 추분을 측정했다. 뉴턴은 히파르코스가 추정했던 1년의 길이에(그것은 매우 훌륭한 추정이었지만 실제와는 상당한 거리가 있었다) 278을 곱하면 프톨레마이오스가 보고했던 시간에 거의 분 단위까지 일치한다는 것을 보여주었다. 다시 말해서 프톨레마이오스는 독자적인 관측을 하는 대신, 자신이 입증하려고 시도했던 결과로부터 역산해 관측을 이끌어낸 셈이다.

과학사가 오언 징거리치(Owen Gingerich) 같은 프톨레마이오스 옹호자들은, 현대의 과학자들이 과학 절차에 대한 현대적인 기준을 프톨레마이오스에게 적용하는 것은 불공정한 처사라고 비난한다. 그러나 프톨레마이오스를 '고대의 가장 위대한 천문학자'라고 불렀던 징거리치마저도 《알마게스트》가 매우 의심스러운 수치들을 다소 포함하고 있다는 사실을 인정했다.[4] 그러나 그는 프톨레마이오스가 자신의 이론을 가장 잘 뒷받침하는 데이터를 발표했을 뿐이며 결코 날조하려는 의도가 없었다고 주장했다. 프톨레마이오스의 의도가 무엇이었든 간에, 그는 히파르코스의 연구를 차용한 덕택에 그 사실이 발각되기까지 거의 2천 년 동안 영예를 누릴 수 있었다.

관찰자의 임무를 방기한 갈릴레오

과학을 다른 종류의 지식과 구분 짓는 특성이라면 과학 지식이 경험 증거에 의존하며, 자연 속의 사실들에 비추어 아이디어를 검증한다는 점이다. 그런데 관찰자의 임무에 태만한 과학자가 프톨레마이오스만은 아니었다. 근대 경험주의의 창시자로 꼽히는 갈릴레오도 자신의 주장과 맞지 않는 실험들을 보고했다는 의혹을 사고 있다.

갈릴레오 갈릴레이는 피사의 사탑에서 돌을 떨어뜨린 연구자로 유명하다. 사실 이 이야기는 진위가 의심스러운데, 갈릴레오를 중세 시대의 동시대인들과 달리 아리스토텔레스의 연구(무거운 것은 가벼운 것보다 빨리 떨어진다는, 속도와 무게에 관한 아리스토텔레스의 비례 이론)에서가 아닌 자연 속에서 해답을 찾으려 했던 인물로 묘사하기 위해 나온 근거 없는 주장인 듯하다. 갈릴레오는 코페르니쿠스의 이론을 옹호한 죄로 교회의 박해를 받았고, 그의 재판은 미신과 이성의 싸움에서 승리한 영웅적인 교훈으로 오늘날 과학 교과서에서 칭송되고 있다. 이들 교과서는 당연히 갈릴레오의 경험주의를 그와 맞섰던 적들의 교조주의와 대조해 강조하는 경향이 있다. "갈릴레오 이후, 어떤 이론의 궁극적인 증명은 실재하는 세계에서 증거를 찾게 되었다"고까지 기록한다.[5] 그리고 이 교과서는 갈릴레오가 자신의 낙체(落體) 이론을 뒷받침하려고 긴 널빤지에 홈을 파고,

이 홈을 따라 청동으로 만든 공이 굴러내려오는 시간을 측정한 사례를 실었다. '백 번 가까이 반복된 실험을 통해' 갈릴레오는 낙하 시간이 자신의 법칙에 부합하며, 오차는 발견되지 않았다고 했다.

그러나 과학사가 버나드 코헨(I. Bernard Cohen)에 따르면 갈릴레오가 얻은 결과는, 사전에 그가 얼마나 확고한 결론을 내렸는지 보여줄 뿐이다. 왜냐하면 당시 조잡한 실험 조건에서는 정확한 법칙을 얻을 수 없었을 것이기 때문이다. 실제로 당대에 페르 메르센(Père Mersenne, 가톨릭 신부이자 프랑스의 철학자 · 과학자)은 실험 결과 그 차이가 너무 커서 갈릴레오가 기술한 결과를 얻을 수 없었을 뿐 아니라, 과연 갈릴레오가 그 실험을 했는지조차 의심할 정도였다.[6] 갈릴레오의 실험은 그의 실험 기술과 아울러 선전가로서의 탁월한 재능에 의한 것이었다고 할 수 있다.[7]

갈릴레오는 실제 관찰보다는 결과를 머릿속에서 상상하는 '사고실험(thought experiments)'을 더 좋아했다. 《두 개의 주된 우주체계에 관한 대화(*Dialogue on the Two Great Systems of the World*)》라는 저서에서 갈릴레오는 항해하는 배의 돛대에서 떨어뜨린 공의 운동에 대해 기술하고 있다. 이에 관하여 아리스토텔레스학파인 심플리시오(Simplicio)가 직접 실험을 했냐고 묻자 갈릴레오는 "아니다"라고 대답했다. 그는 "굳이 그럴 필요가 없었다. 경험이 없이도 그렇게 되리라는 것을 확신했기 때문이다. 왜냐하면 그 외에 다른 방식이란 있을 수 없기 때문이다"라고 말했다.

교과서에 묘사된 엄밀한 실험주의자로서의 갈릴레오 이미지는 학자들에 의해 더욱 강화되었다. 그의 저작을 번역한 어느 책에는 갈릴레오가 이렇게 말했다고 씌어 있다. "자연에서 운동보다 오래된 것은 없을 것이다. 그 문제에 대해 철학자들이 쓴 책들은 전무할 정도이다. 그럼에도 나는 '실험을 통해(by experiment)', 알 만한 가치가 있고 지금까지 한번도 관찰되거나 입증되지 않은 운동의 일부 특성을 발견했다."[8] 그런데 '실험을 통해'라는 말은 이탈리아어로 된 원서에 나오지 않는다. 그 말은 번역자가 추가한 것이다. 분명히 그 번역자는 갈릴레오가 그런 식으로 연구를 했으리라 확신했을 것이다.

교과서 저자들과 달리 알렉상드르 꼬아레(Alexandre Koyré) 같은 일부 과학사가들은 갈릴레오를 실험물리학자라기보다 관념론자로 보았다. 즉 자신의 이론이 사실임을 주장하기 위해서 논증과 수사를 더 자주 사용했다는 것이다.[9] 갈릴레오는 자신의 생각을 널리 확산시키기 위해 실험을 보고했음이 분명하지만, 기술된 방법과 똑같은 방식으로 그 실험을 재연하는 것은 불가능했다. 이처럼 서구 실험과학은 그 출발에서부터 데이터를 다루는 태도가 불분명했다. 한편으로 실험 데이터는 진리의 궁극적인 심판자로 옹호되었지만 다른 한편에서는 필요한 경우 실험 사실이 이론에 종속되거나 심지어 이론과 잘 맞지 않을 경우 왜곡되기까지 했다. 르네상스는 서양 실험과학을 꽃피웠다. 그러나 갈릴레오처럼 사실을 조작하려는 성향은 그 꽃봉오리 속의 벌레와 같이 존재했다.

데이터를 조작한 뉴턴

데이터에 대한 모호한 태도의 두 가지 측면은 아이작 뉴턴의 연구에서 절정에 이르렀다. 물리학의 창시자이자 역사상 가장 위대한 과학자로 인정받는 뉴턴은 1687년에 출판된 그의 주저 《프린키피아(*Principia*)》[1)]에서 근대 과학의 목표와 방법, 그리고 경계를 수립했다. 그러나 과학적 방법의 전범(典範)이 된 이 저서는, 사실상 실제 결과가 그의 이론을 뒷받침하지 못하자 거짓 데이터로 자신의 주장을 보강한 것에 지나지 않았다. 유럽에서 《프린키피아》는 상당한 저항에 직면했다. 특히 독일에서 뉴턴의 경쟁자인 라이프니츠(Leibniz, 1646~1716, 독일의 철학자 · 자연과학자 · 신학자 · 언어학자 · 역사가)가 강하게 반발했다. 라이프니츠의 철학 체계는 뉴턴의 만유인력 이론과 갈등을 빚었다. 뉴턴은 《자연철학의 수학적 원리》의 설득력을 높이기 위해, 자신의 이론을 뒷받침해주는 측정 결과의 정확도를 향상시켜 후속판을 출간했다. 역사가 리처드 웨스트팔(Richard S. Westfall)에 따르면 뉴턴은 음속과 춘분점의 세차(歲差, 춘분점이 황도상을 동에서 서로 해마다 50초 가량식 이동하는 현상 또는 그 차)에 대한 계산 결과를 '보정(補正)'했고, 이론과 정확히 일치시키기 위해 자신의 중력 이론에 포함된 변수의 상관관계를 고쳤다. 그는 《프린키피아》 최종판에서 오차가 천 분의 일 이하(정확도 99.9퍼센트 이상)라고 주장했다. 이제까지 천문학 분야에서만 가능했던 정확도를 과감히 내세운 것이었다. 이 날조된 인수(因數)는 진지한 표정의 뉴턴이 전대미문의 솜씨로 조작한 것이라고 웨스트팔은 말했다.

고결한 원칙과 저열한 관행 사이의 단절이 이보다 더 극명할 수는 없다. 뉴턴 같은 지위의 인물이 수치를 무릅쓰고 데이터를 날조했다는 사실도 놀랍지만, 더욱 이해하기 힘든 것은 당대의 그 누구도 그의 기만행위 전모를 파악하지 못했다는 사실이다. 자신이 조작한 데이터를 화려한 수사적 무기로 활용하면서, 뉴턴은 자기 이론의 정확성에 의혹을 품는 사람들까지 제압했다. 조작이 완전히 폭로되기까지는 무려 250년이 넘는 시간이 흘러야 했다. 웨스트팔

1) 코페르니쿠스에서 시작해서 갈릴레오와 케플러, 뉴턴에 이르는 역학체계를 집대성한 이 책은 근대과학의 출발점을 이루는 것으로 간주된다. 원제는 ≪자연철학의 수학적 원리(*Philosophiae Naturalis Principia Mathematica*≫이다.

은 다음과 같이 지적했다. "진리의 근거로 정확한 상관관계를 주장함으로써, 뉴턴은 그것이 올바르게 달성된 것인지 여부와는 무관하게 정확한 상관관계가 잘 성립되었는지에만 주의를 기울였다. 《프린키피아》가 설득력을 갖는 이유는, 그의 주장을 뒷받침하고도 남을 만큼 교묘하게 고의적으로 조작한 수치의 정확도 때문이다. 《프린키피아》는 근대 과학의 계량화 방식을 확립했지만 그와 함께 고상하지 못한 진리도 덤으로 따라붙었다. 뉴턴 같은 수학의 대가가 아니면 날조된 인수를 그처럼 조작할 수 없다는 뜻이다."[10]

뉴턴의 능란한 손재주는 단지 데이터 조작에만 국한되지 않았다. 그는 미적분법의 최초 발견자 지위를 놓고 라이프니츠와 다투는 과정에서, 영국 최고의 과학자 단체인 왕립학회(Royal Society) 회장이라는 자신의 지위를 이용했다. 뉴턴의 가장 치졸한 행동은 입으로는 공정한 절차를 떠벌이면서도 실상은 그렇지 않았다는 사실이다.[11] 미적분법의 선취권 문제를 심사한 왕립학회는, 1712년 발표한 보고서 서문에서 '그 자신이 연류된 소송에서 직접 증인을 결정한' 것은 불공정한 행위라고 기술하고 있다. 외견상으로는 어느 쪽으로도 치우치지 않는 과학자들로 구성된 위원회의 조사 결과였지만, 이 보고서는 뉴턴의 주장을 일방적으로 옹호했으며 심지어는 라이프니츠의 연구를 표절이라고까지 비난했다. 실제로 공정한 척하는 서문을 포함해서 보고서 전체가 뉴턴 자신이 작성한 것이었다. 오늘날 역사가들은 라이프니츠가 뉴턴과 무관하게 독립적으로 미적분법을 창안한 것으로 믿고 있다.

뉴턴이 그런 전형을 수립했으니, 다른 과학자들이 자신의 이론을 뒷받침하기 위해 과학적 방법을 우롱하면서 진리를 이용했다는 사실을 발견한들 놀랄 일이 아니다. 역사가들은 19세기 초 걸출한 화학자이자 물질의 원자 이론을 창시한 존 돌턴의 실험에 대해서도 여러 가지 의문을 제기했다. 모든 원소가 고유한 종류의 원자로 이루어진다는 믿음을 토대로, 돌턴은 배수비례(倍數比例)의 법칙을 발전시켰다. 이 법칙은 두 원소가 화학적 합성물(화합물)을 만들 때 일정 비율로 결합이 일어난다고 주장한다. 즉, 한 원소로 된 원자와 다른 원소로 된 원자가 결합할 때, 한 원자의 일정량과 결합하는 다른 원소의 질량비는 늘 간단한 정수비(整數比)로 나타난다는 것이다. 돌턴은 이 법칙을 뒷받침하는 중요한 근거로 질소 산화물에 대한 자신의 연구를 제시했다. 산소가 일정 비율로만 질소와 결합한다는 것을 보여주는 연구였다.

그런데 현대에 이루어진 조사는 돌턴의 데이터에 대해 상당한 의문점을 제기했다. 첫째, 오늘날 역사가들은 돌턴이 먼저 추론을 통해 이 법칙을 세운 다음 그것을 입증하기 위해 실험을 했을 것으로 확신한다.[12] 둘째, 그는 자신의 데이터를 선별해서 '최고의' 결과, 즉 자신의 이론을 뒷받침하는 데이터만을 발표했다. 그가 제시한 최고의 결과는 재연을 하기가 무척 힘들었다. "물 속에서 산화질소(NO)와 공기를 혼합하는 실험을 해본 결과 그런 단순한 비율을 획득하는 것이 거의 불가능하다고 확신한다"고 역사가 파팅턴(J. R. Partington)은 말했다.[13]

19세기 과학자들이 데이터를 오만하게 취급했던 태도는 널리 확산되어서, 오늘날 컴퓨터의 전신인 미분기계를 발명한 찰스 배비지는(Charles Babbage, 1792~1871, 영국의 수학자 · 발명가) 1830년에 이러한 문제점을 논문에서 지적했다. 그는 《영국 과학의 쇠퇴에 관한 성찰(*Reflections on the Decline of Science in England*)》이라는 저서에서 당시 만연한 과학 기만행위를 여러 범주로 구분하기까지 했다.[14] 그는 이렇게 썼다. "다듬기(trimming)는 평균에서 가장 많이 벗어나는 관측치들을 여기저기 조금씩 깎아내서 너무 작은 값에 붙여주는 것이다." 이러한 행태에 찬성한 것은 아니지만, 배비지는 당시 이런 다듬기가 다른 유형의 기만행위들에 비해 그나마 덜 비난할 만한 것임을 깨달았다. "그 이유는 다듬기를 하는 사람의 관찰로 나온 평균값은 다듬기를 하든 그렇지 않든 같기 때문이다. 다듬기의 목적은 자신의 관찰이 아주 정확하다는 평판을 얻으려는 것이다. 그러나 진리에 대한 존중이나 결과에 대한 신중한 예견이라는 측면에서 그 연구자는 자신이 자연에서 얻은 사실을 왜곡하지 않는다."

배비지의 관점에서 다듬기보다 더 고약한 행위는 그가 '요리하기(cooking)'라고 기술한 것이었다. 그것은 오늘날 '선택적인 보고'라고 알려진 행위이다. "요리하기는 다양한 형태로 이루어진다. 그 목적은 평범한 관찰을 정확도가 가장 높은 특성과 형태로 만들어주는 것이다. 요리하기의 대표적인 방법은 관찰 횟수를 늘려서 그 중에서 합치하거나 합치에 거의 가까운 결과만을 선별하는 것이다. 가령 백 번을 관찰해서 마음에 드는 결과를 15회나 20회 밖에 얻지 못했다면, 그 연구자는 지독히 운이 안 따르는 사람이다."

배비지는 과학자가 아무것도 없는 무에서 수치들을 도출하는 일이 가장 치명적이라고 썼다. "이런 날조자는 과학에서 명성을 얻기 위해서, 자신이 한 번도 한 적이 없는 관찰 결과를 기록한다. …… 다행스럽게도 이런 종류의 날조가 이루어진 사례는 극히 드물다."

19세기에 과학자들의 수가 점차 증가하면서 새로운 유형의 기만행위가 나타났다. 치열한 경쟁과 과학적 영광을 쟁취하기 위한 싸움에서 지금까지는 찾아볼 수 없었던 과학의 범죄가 발생한 것이다. 그것은 새로운 이론과 유사한 선행 연구들을 언급하지 않는 일이다. 과학에서는 독창성을 중요시하기 때문에, 전통적으로 과학자들은 발표한 논문에 자신보다 앞서 해당 주제를 연구한 과학자들에 대한 감사의 글을 싣는다. 이러한 감사의 글이 없다는 사실은 그 연구가 이전에 누구도 한 적이 없는 독창적 연구임을 뜻한다. 그러나 진화론의 저자인 찰스 다윈(Charles Darwin, 1809~1882, 영국의 생물학자)마저도 선행 연구자들에 대해 적절하게 언급하지 않았다는 이유로 비난을 받았다.

인류학자인 로렌 아이슬리(Loren Eiseley)에 따르면, 다윈은 잘 알려지지 않은 영국의 동물학자 에드워드 블리스(Edward Blyth)의 연구를 도용했다고 한다. 블리스는 1835년과 1837년에 자연선택과 진화에 대한 두 편의 논문을 발표했다. 아이슬리는 생소한 단어 사용과 어법, 사례 선택의 유사성을 지적했다. 다윈은 그의 주저 여러 부분에서 블리스를 인용했지만, 정작 블리스가 직접적으로 자연선택을 다룬 논문은 인용하지 않았다. 다윈이 블리스의 논문을 읽었다는 사실은 분명하다.[15] 그러나 아이슬리의 이런 주장에 대해 고생물학자인 스티븐 굴드(Stephen J. Gould)는 반대 입장을 펼쳤다.[16]

다윈이 쓴 감사의 말을 비판한 사람은 아이슬리만이 아니었다. 동시대인이며 신랄한 문필가로 유명했던 새뮤얼 버틀러(Samuel Butler) 또한 비슷한 개념을 전개했던 다른 과학자들을 묵살했다는 점에서 다윈을 비판했다. 실제로 다윈이 1859년에 《종의 기원(*On the Origin of Species*)》을 처음 출간했을 때, 그는 선행 연구자들을 거의 언급하지 않았다. 1861년에 출간된 제3판에서야 〈역사적 스케치(historical Sketch)〉를 추가하고, 이전에 이루어진 몇 편의 연구를 언급했지만 여전히 상세한 내용은 다루지 않았다. 거듭되는 비난에 직면하자 그는 이후 세 번의 판에 걸쳐 〈역사적 스케치〉를 보완했지만 여전히 평자들을 만족시킬 만한 수준은 아니었다. 버틀러는 1879년에 발간된 《진화, 낡은 것과 새로운 것(*Evolution Old and New*)》이라는 저서에서, 다윈이 뷔퐁(Buffon, 1707~1788, 프랑스의 박물학자), 라마르크(Lamarck, 1744~1829, 프랑스의 생물학자), 그리고 다윈 자신의 조부인 에라스무스 다윈(Erasmus Darwin, 1731~1802, 영국의 저명한 의사)의 진화에 대한 고찰을 경시했다며 비난의 화살을 퍼부었다. 다윈의 아들 프랜시스 다윈(Francis Darwin)은 이에 다음과 같이 말했다. "이 사건으로 아버지는 상당한 고통을 받았지만, 그가 존경했던 사람들의 온정에 힘입어 이내 잊어버릴 수 있었다."[17]

19세기 말엽에 다윈의 진화론을 가장 열성적으로 옹호했던 토머스 헨리 헉슬리(Thomas Henry Huxley)는 친구에게 보낸 편지에서, 우선권 인정을 둘러싸고 벌어진 복잡다단한 다툼을 이렇게 요약했다.[18] "이 축복받은 과학계에서 벌어지는 음모에 대해서 자네는 전혀 모를 걸세. 이런 말을 하기 두렵네만, 과학은 순수해야 함에도 불구하고 인간 활동의 다른 영역에 비해 전혀 순수하지 않네. 성공하기 위해서는 공적만으로 불충분하며, 처세술은 물론 세상사에 대한 지식이 뒷받침되어야 하네." 게다가 다윈 자신도 인정했듯이 동료들의 순수한 인정도 무시할 요소가 아니었다.[19] "현재든 사후든간에 값싼 명성에 구애받지 않을 수 있기를 나는 바랐지만 실제로는 과도한 유명세를 타고 있다." 표절에 대한 아이슬리의 비난이 과장된 것은 사실이지만, 진화론의 선행 연구자들을 다윈이 너무 늦게 인정한 것도 사실이었다.

멘델의 완두콩 논란

과학계의 예의를 어긴 것 이상의 심각한 비판이 제기된 인물이 있다. 바로 현대 생물학의 또 하나의 기둥인 수도승 그레고르 멘델(Gregor Mendel, 1822~1884, 오스트리아의 유전학자 · 성직자)이다. 식물을 교배하면서 특정한 형질이 후대에 전달될 때 분리되어 나타난다는 사실에 주목하여, 멘델은 오늘날 '유전자(gene)'라고 부르는 존재를 처음 알아냈다. 완두콩의 유전에 대한 분석으로 그는 우성 형질과 열성 형질을 식별하고, 그 형질이 자손들에게 나타나는 비율을 알아낼 수 있었다. 오랜 기간에 걸쳐 거듭된 실험을 통해서 얻은 그의 뛰어난 통찰력은, 20세기에 들어서 멘델에게 유전 과학의 창시자라는 명성을 안겨주었다.

그러나 그의 데이터가 놀라울 정도로 정확했기 때문에 저명한 통계학자 로널드 피셔(Ronald A. Fisher)는 1936년에 멘델의 방법을 면밀하게 조사했다.[20] 그 결과는 너무나 놀라웠다. 피셔는 힘겨운 연구 이외에 무언가가 개입된 것이 분명하다는 결론을 내렸다. "전부는 아닐지라도 실험 데이터의 대부분이 멘델의 예상과 거의 일치하도록 조작되었다"고 피셔는 썼다. 그래도 결론에서는 예의를 갖춰 멘델이 그 결과에 직접 '손을 대지'는 않았을 것이고, '어떤 결과를 기대하는지 너무나 잘 알고 있었던 일부 조수들에 의해 조작된' 것이 분명하다고 썼다. 그렇지만 훗날 같은 문제를 발견했던 유전학자들은 그렇게 친절하지 않았다. 그들은 멘델이 최고의 사례를 만들어내기 위해서 데이터를 선별한 것이 분명하다고 보았다. "멘델의 논문 자체, 그리고 그에 대한 피셔의 연구에서, 멘델이 실험을 할 때 마음속에 이미 이론을 품고 있었다는 인상을 받았다. 어쩌면 그는 완두콩에 대한 연구를 시작하기 이전부터 자신이 도달했던 유전에 대한 특정 관점에서 법칙들을 연역해냈을지도 모른다."[21]

1966년에 유전학자 슈얼 라이트(Sewall Wright, 1889~1988)는 짧지만 자주 인용되는 멘델에 관한 연구 분석에서, 멘델의 유일한 잘못은 서로 다른 형질을 가진 완두콩 수를 기록할 때 순진하게도 미리 예상된 결과에 맞추려는 경향을 보인 점뿐이라고 주장했다. 라이트는 다음과 같이 기술했다. "유감스럽게도 나는, 그가 자신의 예상과 맞아떨어져야 한다는 생각에서 가끔 무의식적인 실수를 저질렀다는 결론을 내려야 할 것 같다."[22]

그렇지만 근대 유전학의 아버지에 대한 라이트의 무죄 변호는 광범위한 지지를 얻는 데 실패했다. "멘델이 한두 차례 더 실험을 했고, 그중에서 자신의 예상에 부합하는 결과만을 보고했을 것이라는 다른 해석도 가능하다." 1968년에 반 데어 바덴(B. L. Van der Waerden)은 이렇게 썼다. "물론 이러한 경우에는 예견된 값에 대한 편향을 만들어낼 것이다." 그러나 반 데어 바덴은 이런 방법에 별 문제가 없다고 생각했다. "완벽할 정도로 정직한 많은 과학자들도 이런 과정을 밟는 경향이 있다. 그들의 새로운 이론을 분명하게 확인시켜 주는 일련의 결과를 얻는 즉시, 의심스러운 것들은 배제한 채 그 결과들만을 신속히 발표할 것이다."[23]

과학자들은 멘델이 저지른 과오의 정확한 성격을 둘러싸고 논쟁을 벌이겠지만, 원예학자들의 경우에는 이미 오래 전에 평결을 내린 것 같다.[24] 다음은 〈지구상의 완두콩(Pease on Earth)〉이라는 제목으로 전문 저널에 실린 익명의 논평이다.

> 태초에 멘델이 있었다. 그의 외로운 생각이 외롭게 여겨지더라. 그래서 그는 '완두콩이 있으라' 하셨다. 그러자 완두콩이 태어났고, 보기에 좋더라. 그리고 그는 완두콩을 밭에 심고 "늘어나고 증식하라. 형질이 나뉘고, 스스로 구색을 맞추어 분류되어라"라고 완두콩에게 말하셨다. 그러자 완두콩이 그렇게 되었고, 보기에 좋더라. 이제 멘델은 그의 완두콩을 거둬들이게 되었고, 둥근 것과 주름진 것으로 나누었더라. 그리고 그는 둥근 것을 우성, 주름진 것을 열성이라고 불렀다. 그러자 부르기에 좋았더라. 그런데 멘델은 450개의 둥근 완두콩과 102개의 주름진 완두콩이 있다는 것을 아셨다. 그것은 보기에 좋지 않았더라. 법칙에 따르면

주름진 완두콩 하나에 3개의 둥근 완두콩이 있어야 한다. 그래서 멘델은 혼자 이렇게 중얼거리셨다. '오 하늘에 계신 하느님이시여! 적들이 이런 짓을 했습니다. 적이 밤의 어둠을 틈타 내 밭에 나쁜 완두콩을 뿌렸습니다.' 그리고 멘델은 격노해서 탁자를 세게 내려치시고는 이렇게 말씀하셨다. '너희 저주받고 사악한 완두콩들이여, 나를 떠나라. 그래서 저 바깥의 어둠 속에서 게걸스러운 쥐와 생쥐에게 먹히라.' 그러자 그대로 이루어졌고, 300개의 둥근 완두콩과 100개의 주름진 완두콩만이 남았더라. 그것은 보기에 좋았더라. 아주 아주 보기에 좋았더라. 그리고 멘델은 논문을 발표했더라.

멘델이 실험 결과를 의도적으로 개선한 것인지 아니면 무의식적으로 한 것인지를 둘러싸고 벌어진 논쟁은 분명하게 종결지을 수 없다. 왜냐하면 그의 원래 데이터가 남아 있지 않기 때문이다. 21세기 과학자들의 논문 발표는, 그 기반이 되는 원 데이터를 비교할 수 있는 가능성이 훨씬 높다. 이러한 비교가 반드시 필요한 까닭은 종종 논문 발표 결과와 실험실 안의 현실 사이에 심각한 불일치가 드러나기 때문이다. 생물학자인 피터 메더워(Peter Medawar)는 이렇게 말했다. "과학 '논문'을 들여다보는 것은 아무 도움도 되지 않는다. 왜냐하면 그 논문들은 그것을 기술한 연구 속에 포함되어 있는 추론을 은폐하고 있을 뿐 아니라 적극적으로 거짓을 전하고 있기 때문이다. …… 오직 그들에 의해 연구되지 않은 자료만이 사실을 밝혀줄 것이다. 그것은 열쇠구멍으로 엿듣는 것과 같은 짓이다."[25]

야망을 위해 진리를 포기하다

1923년에 전자의 전하(電荷)를 밝혀낸 공로로 노벨상을 받은 미국의 물리학자 로버트 밀리컨(Robert A. Millikan, 1868~1953)의 사례를 살펴보자. 그는 당대에 미국에서 가장 유명한 물리학자였고, 1953년에 세상을 떠나기까지 16개의 상과 20개의 명예 학위를 받았다. 게다가 그는 후버 대통령과 프랭클린 루즈벨트 대통령의 자문역을 맡았고, 미국과학진흥협회(AAAS) 회장을 지내기도 했다. 밀리컨의 노트를 자세히 조사해본 결과, 그가 과학적 명성과 영광을 얻게 된 방법에서 조금 기괴한 절차들이 발견되었다.

무명의 시카고 대학 교수였던 밀리컨은 1910년에 처음으로 e, 즉 전자의 전하량을 측정했다. 전기장에 기름 방울을 떨어뜨리고, 그 방울을 부유시키는 데 필요한 전기장의 세기를 기록하는 이 측정은 매우 힘든 작업이었고, 변동 폭이 상당히 컸다. 데이터의 완전 공개 원칙을 철저히 따랐던 밀리컨은 38개의 측정치에 각기 '수'에서 '미'까지 평점을 매겼고, 7개의 측정치는 완전히 폐기했다고 노트에 거짓 없이 써놓았다.

그러나 이러한 솔직함은 그리 오래가지 못했다. 전하 측정에서 밀리컨의 경쟁자였던 오스트리아 빈 대학의 펠릭스 에렌하프트(Felix Ehrenhaft, 1879~1952)는 즉시 밀리컨이 발표한 측정치에 편차가 있는 것은 전하를 갖는 '전자 이하의 하전입자(subelectron)'[2)]의 존재에 대한 자신의 주장을 실제로 입증하는 것이라고 밝혔다. 밀리컨과 에렌하프트 사이에서 싸움이 벌어졌고, 하전입자 문제를 둘러싸고

2) 이 말은 에렌하프트가 처음 만든 용어이다. 그는 전자의 전하량보다 작은 전하량을 발견했다고 주장하면서 그것을 하전입자라 불렀다. 에렌하프트와 그의 제자들은 전자의 절반, 50분의 1, 심지어는 천 분의 1까지 전하량을 발견했다고 주장했다.

막스 플랑크(Max Planck, 1858~1947, 양자론을 창시한 독일 물리학자), 알베르트 아인슈타인(Albert Einstein, 1879~1955), 막스 보른(Max Born, 1882~1970, 독일 물리학자), 에르빈 슈뢰딩거(Ehrwin Schrödinger, 1887~1961, 오스트리아 이론물리학자) 같은 세계적인 물리학자들 간에 토론이 벌어졌다.

에렌하프트의 주장을 반박하기 위해 밀리컨은 1913년에 전자의 단일 전하를 입증하는 좀더 정확하고 새로운 결과를 실은 논문을 발표했다. 그는 이탤릭체로 "이것은 기름 방울 중에서 선별된 집합이 아니라 60일 동안 연속적으로 실험한 모든 기름 방울들을 나타낸 것이다"라고 강조했다.

표면상으로는 과학적인 정확함으로 중무장한 밀리컨의 새 논문은 올바른 전하량 측정에 대한 의문을 일소시킨 것처럼 보였다. 그러나 메더워의 열쇠구멍으로 들여다보면 전혀 다른 상황이 나타난다. 하버드 대학의 역사학자 제럴드 홀튼(Gerald Holton)은, 밀리컨의 1913년 논문의 토대가 된 원래 노트로 되돌아가서 이미 발표한 데이터에 중요한 틈이 있다는 사실을 밝혀냈다.[26] 밀리컨이 그토록 구체적으로 확언했음에도 불구하고 그는 자신이 얻은 최고의 데이터만을 선별해 발표했다. 노트에 실려 있는 가공되기 이전의 관측치들에는 "훌륭해, 이건 꼭 발표할 거야, 아름다워!"라든가 "너무 낮아. 뭔가 잘못되었어" 등의 사적인 주석이 달려 있었다. 1913년에 발표된 논문에 포함된 58회의 관측 결과는 사실 140회나 실시한 관측 중에서 선별된 것이었다. 최초로 발표된 관측 결과가 채택된 1912년 2월 13일부터 관측치를 세어봐도 여전히 49개의 액체 방울 관측이 제외되어 있었다.[27]

밀리컨은 자신의 속임수가 드러나는 사태를 우려할 필요가 없었을지도 모른다. 홀튼이 이야기하듯이, "노트는 사적인 부분이었고…… 따라서 그는 자신의 데이터를…… 전하의 성질에 대한 이론과 특정한 실험에서 얻은 질과 무게에 따라 평가했다. 이것이 그가 첫 번째 주요 논문을 완성하게 된 과정이다. 그리고 그 논문은 그가 자신의 데이터에 공개적으로 별점을 매기지 않는 것을 배우기 전에 쓰여진 것이다.

한편 대서양 건너편에서 에렌하프트와 그의 동료들은 꾸준히 실험 데이터를 발표했다. 그중에는 좋은 데이터도, 나쁜 데이터도, 그리고 무관한 데이터도 있었다. 그들의 연구 결과에서는 단일하고 더 이상 나누어질 수 없는 전하라는 개념은 제시되지 않았다. 이러한 관점은 당시의 일반 이론과 배치되는 것이었다. 홀튼은 이렇게 말했다. "에렌하프트의 관점에서, 바로 그러한 이유 때문에, 그것은 손에 땀을 쥐는 기회이자 도전으로 간주되었다. 반대로 밀리컨의 관점에서는 원 데이터에 대한 이런 식의 해석은 자연의 기본적인 사실, 즉 전하의 실체에 대한 관점을 완전히 뒤집는 것이었다."

이 논쟁은 밀리컨에게 노벨상을 안겨주었고(광전 효과 연구에 대한 공적도 포함), 반면 에렌하프트에게는 환멸과 정신적 파탄을 가져다주었다. 그러나 에렌하프트는 좀더 정확한 측정 장비를 가지고 밀리컨보다 더 엄밀하게 측정했기 때문에, 그의 정당성이 입증될 날이 올지도 모른다. 비슷한 방법을 사용한 스탠퍼드 대학의 물리학자들이 최근에 전자보다 전하량이 작은 유형의 전하를 발견했기 때문이다.[28]

밀리컨을 비롯해서 자신의 이론을 설복하기 위해서 데이터를 조작한 과학의 달인들이 남긴 사례들은 우리에게 몇 가지 교훈을 시사한다. 과학의 역사는 본래 지식 수립에 성공적으로 기여한 소수의 업적만을 기록하고 대다수의 실패는 무시하는 경향이 있다. 가장 성공적인 과학자들마저도 다양한 방법으로 자신들의 발견을 습관적으로 오도했다면, 오늘날에 잊혀진 연구자들이 저지른 기만행위는 얼마나 많겠는가?

역사는 과학 연대기 속에서 기만행위 사건들이 일반적인 예상보다 훨씬 많이 일어났음을 보여준다. 보다 더 설득력 있게 만들기 위해 데이터를 개량한 사람들은 틀림없이 진리를 확산시키기 위해 거짓말을 했다고 스스로를 정당화할 것이다. 그러나 연구의 역사에서 벌어진 다양한 자료 조작 사례들에서 대부분의 동기는 진리 추구라기보다는 개인적 야망이나, 다윈이 표현했듯이 '값싼 명성'의 추구에서 비롯된 것이다. 뉴턴은 자신의 이론에 회의적이었던 프랑스와 독일의 과학자들을 설득하기 위해, 밀리컨은 경쟁자를 꺾기 위해 데이터를 허위로 보고했을 뿐, 연구를 과학적 엄밀성이라는 이상에 근접시키기 위해 그랬던 것은 아니다.

20세기는 취미에서 전문직으로 나아간 과학의 발전이 거의 완성을 이룬 시기이다. 갈릴레오는 투스카니 공작(Duke of Tuscany)의 대대적인 지원을 받았다. 다윈과 웨지우드 명문가에서 태어난 찰스 다윈은 과학적 추론 이외에는 경제적인 고민을 할 필요가 없었다. 그레고르 멘델은 브루노에 있는 아우구스티누스 수도원에 들어간 덕분에 재정적 곤란에 시달리지 않으면서 연구를 수행할 수 있었다. 그러나 20세기에는 실험 도구를 구입하고 기술자들을 고용하는 비용 때문에 과학이 아마추어의 영역을 완전히 벗어났다. 개인 소득이 없어도 자연에 대한 호기심만 있으면 충분했던 전통은 먼 과거의 일이 되었다. 오늘날 거의 모든 과학자들은 직업으로서 과학을 수행하고, 능력에 따라 보수를 받는다. 정부의 지원을 받든 기업의 연구비를 받든, 그들은 확실하게 눈에 보이는 흔히 단기적인 성공을 거두는 대가로 돈을 받는 직업 구조 속에서 연구를 수행한다. 오늘날 자신의 연구 결과에 대한 평가를 사후로 미뤄두는 과학자는 거의 없다. 당장 증거를 제출하지 못하거나 지속적인 성공이 없다면 소속 대학은 종신 재직권을 박탈할 것이고, 정부의 연구비나 프로젝트도 곧 끊어지고 말 것이다.

과학의 역사에서 기라성 같은 대가들이 때로 자신들의 이론을 확산시키려는 개인적인 정당화를 위해 데이터를 조작했다면, 현재의 과학자들에게 그런 유혹이 훨씬 클 것이다. 개인적인 정당화뿐 아니라 직업적인 보상이 과학자의 사고방식이나 이론, 또는 그들 기술의 성공적인 수용 여부에 달려 있기 때문이다. 때로는 사소한 거짓에 의한 측정 결과가 추가로 인정받는 일도 일어난다. 데이터를 약간 다듬고 결과를 좀더 명확하게 보이게 만들고 발표를 위해 '최고'의 데이터만을 선별하는 것 같은, 변명의 여지가 있어 보이는 이런 모든 일들이 논문 발표를 도와주고, 명성을 높이고, 학술지 편집위원 참여 요청을 받고, 차기 정부의 연구비를 보장해주고, 또는 세계적인 상을 받게 해준다.

그만큼 출세주의자들에게 가해지는 압력은 강하고 끈질기다. 많은 과학자들은 그런 압력 때문에 자신의 연구가 왜곡되는 것을 허용하려 하지 않는다. 그러나 기만행위를 통해서 얻었을지라도 그 보상은 엄청난 것이고, 발각될 가능성은 무시해도 좋을 만큼 희박하다. 출세주의의 유혹, 그리고 시스템을 속이려는 자들을 차단할 신뢰할 만한 장치의 부재는 20세기 과학자 엘리아스 알사브티(Elias Alsabti)가 한순간 거머쥐었던 화려한 명성에서 여실히 드러난다.

3장 __ 출세주의자들의 득세

거짓말의 천재 알사브티 사건

엘리아스 알사브티(Elias A. K. Alsabti)는 미국 연구기관의 주변부에서 일하면서, 사람들이 많이 읽지 않는 잡지만 골라 훔친 연구결과를 발표해 들키지 않을 수 있었다. 그의 목표는 다른 많은 과학자들과 마찬가지로 긴 발표 논문 목록을 내세워 자신의 경력을 부풀리고, 출세를 위한 종자돈으로 과학 논문을 이용하는 것이었다. 결국 3년에 걸친 그의 뻔뻔스러운 태도와 논문 전체를 모조리 베끼는 대담함이 그의 몰락을 불렀다.[1] 지금까지 이보다 더 교묘하고 계획적인 기만행위는 발각된 적이 없었다.

알사브티 사건은 연구계 전반에 만연한 출세주의의 경향뿐 아니라 현대 과학의 내적 메커니즘을 상당 부분 밝혀주었다. 과학자 사회가 엄격한 자기규찰(self-policing)을 규칙으로 하고, 모든 부정에 대해서 즉각적인 제명과 자동적인 처벌이 이루어졌다면, 알사브티처럼 엄청난 부정을 저지를 수는 없었을 것이다. 그가 저지른 부정이 백일하에 드러난 후에도 동료 연구자들은 그의 기만행위 행각을 공식적으로 발표하기를 꺼렸다. 그 때문에 알사브티는 조용히 다른 직장으로 옮겨 가서 똑같은 과정을 다시 시작할 수 있었다. 이 중동의 표절자가 과학자로서의 경력에 종지부를 찍게 된 것은 몇몇 국제적인 저널에 알사브티의 부정이 폭로된 후의 일이었다.

내과와 외과 학사학위를 받은 엘리아스 알사브티는 과학적 경력을 제외하고는 모든 것을 다 가진 듯 보였다. 그는 돈과 권력을 가지고 있었고 머리도 영리했다. 그는 자신이 요르단 왕가의 혈통이라고 주장했다. 그와 함께 연구했던 사람들에게는 이 스물세 살의 의사에게 알라가 축복을 내린 것처럼 보였다. 그는 1977년에 대학원에서 의학을 공부하기 위해 미국에 왔고, 학비는 요르단 국왕 후세인의 동생인 하산 황태자가 지원해주었다. 알사브티는 무슨 연구든 열심히 했고 학계에서 빠르게 출세 가도를 달렸다. 그는 암 면역학에서 박사학위를 받았고, 11개 과학 학회의 회원이 되었다. 그 과정에서 알사브티는 세계적인 M. D. 앤더슨(Anderson) 병원과 휴스턴 종양연구소를 포함한 미국의 여러 병원에서 근무했다. 그는 60편의 논문을 발표했다. 이들 논문에 적혀 있는 주소는 요르단 암만의 왕립과학학회(Royal Scientific Society)로 되어 있었고, 알사브티는 미국의 몇몇 동료들에게 요르단으로 돌아가면 자신이 저명한 암연구소의 소장이 될 것이라고 호언장담했다. 이 무렵 그는 노란색 캐딜락을 몰고 출퇴근했다.

알사브티가 출세를 위해서 이처럼 독특한 경로를 택한 이유는 무엇이었을까? 5개월 동안 알사브티와 함께 일했던 휴스턴 의대 교수 지오라 마블리지트(Giora Mavligit)는 이렇게 말했다. "알사브티에 대해 알아두어야 할 세 가지 사실이 있다. 그는 머리가 좋았고, 야망이 컸으며, 대단한 부자였다. 그에게는 돈이 필요없었다. 이 모든 것을 가진 사람이 유일하게 원하는 것은 명성뿐이었다."

알사브티는 이라크의 바스라에서 태어났다. 바스라는 페르시아만에서 43킬로미터쯤 떨어져 있는 항구도시이다. 1971년, 그는 열일곱 살에 바스라 의대에 입학했다. 당시 사회주의화된 이라크의 의학 교육은 6년의 학사 과정으로 되어 있었는데, 1년은 군에서 의무 복무를 하고, 그후 6년 동안 정부 보건기구에서 근무해야만 했다. 따라서 서른 살이 되어서야 자유롭게 이라크 작은 마을에서 개업을 할 수 있었다. 그러나 바스라 의대의 낙후된 상황과 사회주의적 의료 체계의 희박한 전망은 보다 큰 야심을 품은 알사브티의 이상과 거리가 멀었다. 그는 1975년에 특정 암을 발견할 수 있는 새로운 진단법을 발견했다는 뉴스를 가지고 이라크 정부에 접근했다. 당시 바스당(Baath Party: 아랍의 민족주의 정당)이 집권하고 있던 이라크 정부는 그의 주장에 대해 거의 조사도 하지 않은 채, 알사브티를 바그다드 의대 5년차 학생으로 입학시켰다. 정부는 그에게 실험실을 세우고 기적적인 암 발견법을 개발하기 위한 연구비까지 지원해주었다. 집권당에 대한 정치적인 예우로 알사브티는 자신의 연구실에 '알바스(Al-Baath) 특정 단백질 준거 연구실'이라는 이름을 붙였다. 정부는 알사브티를 이라크의 새로운 혁명적인 '바시스트' 통치가 가져온 커다란 성공이라고 선전했다.

그러나 실험실 작업에서든 의대 교육에서든 그는 큰 진전을 이루지 못했다. 6년차가 되었을 때 알사브티는 학업을 젖혀두고 돈을 마련하기 위한 계획에 착수했다. 집권당의 지원을 받아 이 계획을 세웠으며, 그 당의 이름을 붙인 연구실의 권위를 빌렸다. 자신의 암 발견법을 시험하기 위한 암 환자를 구하기 위해, 알사브티 연구실은 바그다드 교외의 여러 공장들을 순회하면서 노동자들에게 암 검진을 실시했다. 그는 그들에게 검사비를 받았다. 그는 이 테스트를 당시 이라크 대통령인 아메드 하산 알바크르(Ahmed Hassan Al-Bakr)의 이름을 따서 바크르 검사법(Bakr Method)이라고 불렀다. 그러나 이 사건을 잘 알고 있는 전직 이라크 관리의 말에 따르면, 그는 돈을 챙기는 데 급급했을 뿐 수거한 혈액 시료를 이용한 임상 및 과학 연구를 전혀 하지 않았다고 한다.

정부가 연구비를 지원하는 사회주의 의료 제도 하에서 의학 검사비를 요구하는 것은 도무지 납득할 수 없는 처사였기 때문에 알사브티에 대한 불만은 곧 보건성까지 알려졌다. 그러나 조사가 시작되었지만 그의 행방을 찾을 수 없었다. 결국 경찰까지 나섰지만 소용이 없었다. 1977년 2월에 알사브티는 이라크를 떠났다.

의학적 방랑 여행에 나선 알사브티는 사우디아라비아 사막을 건너 마침내 요르단에 종착했다. 암만의 당국자들은 어떻게 알사브티가 그들의 신임을 얻게 되었는지 그 세부 사정을 말하는 데 매우 신중한 입장을 취했다. 그러나 그는 분명히 단기간에 신임을 얻었고, 이라크에서 '정치적 박해'를 받았다는 그의 주장도 도움이 되었다. 당시 이라크와 요르단은 사이가 좋지 않았다. 일부 암에 대한 연구에서 중요한 진전을 이루었다는 알사브티의 주장을 바탕으로, 하산 황태자는 알사브티를 국제 학술대회에 파견했고, 요르단 고위 공직자들과 접촉하게 해주는 한편, 수도 암만에 있는 요르단의 가장 유명한 의료 시설인 후세인 왕립 의료센터에 일자리까지 마련해주었다. 바스라 의대에서 박사학위를 받았다고 주장했기 때문에 알사브티는 레지던트로 근무하면서 암 환자들을 치료했다. 그러나 이 정도 성공으로는 충분치 않았다. 알사브티는 암 연구의 메카인 미국으로 가고 싶었다. 그래서 그는 미국에 보내달라고 요르단 정부를 설득했다.

1977년 필라델피아에 있는 템플 의대에서 학생들을 가르쳤던 미

생물학자 헤르만 프리드만(Herman Friedman)은 이렇게 말했다. "나는 브뤼셀의 국제 학술대회에서 알사브티를 만났습니다. 그는 흰색 정장을 차려입었고 키가 컸지요. 청중들 사이에서 걸어나오더니 자신을 바그다드에서 온 의사(M.D.)라고 소개하면서 박사학위(Ph. D.) 취득을 위해 요르단 정부가 유학비를 지원해줄 것이고 미국에서 저와 함께 연구를 하고 싶다고 말하더군요."

미국으로 돌아온 프리드만은 1977년 9월, 이 자칭 내과의사 알사브티가 달랑 여행 비자만 갖고 나타날 때까지 그에 대해 잊고 있었다. 전혀 예상하지 못한 일이었지만, 그는 연구 준비를 마친 상태였다. 알사브티는 템플 대학측과 교신하면서 프리드만의 이름을 이용했다. 알사브티는 자원봉사자로 프리드만의 실험실에서 일자리를 얻을 수 있었고, 의학 학위를 제출하지 않는 무학위 학생 신분으로 대학원 의학 학위 과정에 등록했다. 그렇지만 알사브티가 연구 이외의 일에 무관심했던 것은 아니다. 그는 프리드만이 '프리섹스주의자' 아파트라고 불렀던 곳에 집을 얻었고, 프리드만 실험실의 조수 한 명과 연애를 시작했다.

그리고 한 달이 지나 "어느 날 그가 내 방에 찾아와서 자신이 연구하고 있는 논문을 보여주었습니다. 그것은 요르단의 백혈병 환자를 치료하기 위한 새로운 백신에 관한 것이었습니다. 그는 150명의 환자들에게 백신을 주사해서 그들의 죽음을 막았다고 하더군요. 그런데 정작 그 백신에 대해서는 비밀이었고, 그는 환자들을 고작 6개월만 추적 관찰했을 뿐이었습니다. 물론 백혈병으로 목숨을 잃기까지는 6개월이 넘는 긴 시간이 필요하지요. 나는 그에게 방법을 물었습니다. 그는 기술연구원이 그 작업을 했다고 말하더군요. 과학에 대해 조금 진지한 물음을 던지자, 그가 아무것도 모르고 있다는 사실이 분명해졌습니다." 곧 알사브티는 실험실을 떠나달라는 요구를 받았다. 템플 대학 미생물학과장도 의대 학위증명서 제출을 거듭 요구했지만 받아들여지지 않자 알사브티에게 학업 중단을 통보했다. 또한 학과장은 1977년 여름과 가을에 알사브티를 대리해서 템플 대학과 접촉한 요르단의 두 장관에게 알사브티의 약속 불이행을 알렸고, 장관들은 이에 대해 사과했다.

그동안 알사브티는 템플 대학 건너편에 있는 같은 필라델피아 소재 제퍼슨 의대 내 프레드릭 휠록(E. Frederick Wheelock)의 실험실로 갔다. 휠록은 알사브티를 가엾게 여겼다. 어쨌거나 요르단 왕가의 혈통을 이어받은 젊고 총명한 학생이 이국만리 타향에서 적응하지 못해 고생을 하고 있지 않은가. 휠록은 템플 대학에서 알사브티에게 공정한 기회를 주지 않았다고 생각했다. 그는 이렇게 말했다. “나는 그의 편이 되어주려고 노력했습니다. 심지어는 이곳의 임상 종양학 프로그램에 넣어주기까지 했지요.” 알사브티는 휠록의 실험실에서도 일했고, 그가 베푼 친절에 대해 요르단 당국은 기꺼이 연구비를 지원했다. 1978년 1월 31일, 휠록은 황태자에게 보낸 편지에서 알사브티가 상당한 진전을 이루었다는 내용을 개괄적으로 설명하면서 이렇게 썼다. “알사브티 박사가 요구한 내년도 그의 연구비를 추산해본 결과 1만 달러가 필요하고, 이 돈 대부분은 암 세포의 주된 숙주계(宿主系)인 쥐를 구입하고 사육하는 데 들어갑니다.”

한편 제퍼슨 의대에서 알사브티는 그의 학문적 환상의 가닥들을 한데 엮어내기 위해 진지한 노력을 기울이고 있었다. 그는 여러 과학 학회의 회원 자격을 얻었다. 필라델피아에 본부를 둔 미국 내과의사협회에 입회원서를 내면서 알사브티는 그의 목적과 관심을, ‘종양학 분야에 대한 훈련’을 쌓아서 다시 중동으로 돌아가면 ‘요르단 암 연구소 소장’이 되는 것이라고 적었다. 이 신청서에서 그는 자신이 현재 제퍼슨 의대에서 박사후 연구원으로 있다고 기술했다.

물론 그것은 사실이 아니었다. 그는 제퍼슨 대학 박사과정에 지원했지만, 학교 관계자들은 알사브티가 '적절한' 후보가 아니라고 판단했다. 그리고 그의 부적격성에 대한 증거는 차츰 눈덩이처럼 불어났다. 제퍼슨 의대 미생물학과장이었던 러셀 쉐들러(Russell W. Schaedler)는 이렇게 말했다. "우리는 기본적으로 그가 실험실에서 아무것도 할 줄 모른다는 사실을 알았습니다. 그는 쥐에게 약물을 어떻게 주사하는지, 그리고 섬광계수기를 어떻게 사용하는지도 몰랐습니다."

논문 도용이 발각되다

파국이 온 것은 알사브티가 제퍼슨 의대에 온 지 5개월이 된 1978년 4월이었다. 두 명의 젊은 연구자들은 알사브티가 데이터를 조작하고 있다는 증거를 자신들이 가지고 있다고 말했다. 휠록은 알사브티를 자신의 방으로 불러 네 사람이 함께 그 문제에 대해 이야기를 나누었다. 휠록은 이렇게 말했다. "증거는 아주 분명했습니다. 그리고 나는 그에게 모임이 끝나면 실험실을 떠나라고 통보했습니다."

휠록은 알지 못했지만, 알사브티가 그곳을 떠날 때 그는 연구비 지원서 사본과 일부 논문 초고를 가지고 갔다. 알사브티가 다른 학문적 활동 무대를 찾아 떠난 지 약 2년이 흐른 뒤, 휠록의 실험실에 근무하던 한 예리한 대학원생이 체코슬로바키아 학술지에서 알사브티가 발표한 논문을 찾아냈다. 그것은 유명하지 않은 미국 학술지에 실린 알사브티의 또 다른 논문과 사실상 같은 것이었다. 또한 그 학생은 문제의 논문들이 휠록의 실험실에서 훔쳐갔던 논문들을 축약한 것으로 사실상 같은 내용임을 발견했다.[2] 격노한 휠록은 당장 알사브티에게 편지를 보내서, 논문의 출전을 밝히라고 강력히 촉구했다. 휠록은 그렇게 하지 않을 경우 유명 학술지들에 그의 표절을 고발하겠다고 경고했다.

알사브티는 1980년 2월 8일자 회신에 다음과 같이 자필로 써보냈다. "당신은 전혀 근거 없는 주장을 하고 있습니다. 그것은 나의 성실성에 대한 모욕입니다. 우선, 이 기회에 내가 당신의 실험실에서 연구원으로 지내던 시절 내게 베풀어준 시간과 협력에 대해 깊이 감사하고 있다는 점을 분명히 밝힙니다. 나는 결코 당신의 연구를 표절하지 않았기 때문에 이 엄청난 오해에 무척 당혹스럽습니다. 논문 전체에 걸쳐 다른 누구보다도 당신을, 그리고 당신의 업적을 인정하는 참고문헌을 명시했습니다. 그리고 문제의 글이 리뷰 논문이라는 점을 고려해주기 바랍니다. 그것은 원저자에게 출전을 밝히는 한, 다양한 출처에서 나온 자료들을 종합해서 사용할 수 있는 논문입니다. 비록 그 논문에서 다른 논문과의 유사성이 발견되더라도 그 공적은 저자에게 돌아갑니다. 만약 당신이 어떤 학술지에 위와 같은 편지를 보내려 한다면, 나는 내 권리를 보호하기 위해서 모든 법적 수단을 취할 것임을 밝혀둡니다." 표절된 논문 말미에 실려 있는 66편의 참고문헌 중에 휠록의 것은 단 두 차례 인용되었을 뿐이다.

그후 몇 달 동안 벌어진 사건들은 많은 과학자들이 문제 있는 동료의 행동이나 동기에 대해 공격을 가하는 데 소극적이라는 사실을 잘 보여주었다. 그러나 과학의 도덕은 이 점에 대해 단호하다. 다른 연구자들이 그 결과에 의존해서 오도되거나 잘못된 경로를 좇느라 시간을 낭비하지 않게 하기 위해서라도 잘못되거나 부정직한 결과는 모두 철회되어야 한다. 때로 연구자들은 주변 사람들에게 어리석게 비치거나 자신의 평판에 손상을 입을까 두려워서 정정 발표를 꺼려하기도 한다. 알사브티 사건에서 가장 주목받은 것은 과학의 중요한 문지기인 과학 저널의 편집자들이 자신의 중요한 책무에 충실하지 않았다는 점이다.

휠록은 가장 저명한 4개 학술지 《네이처(*Nature*)》, 《사이언스(*Science*)》, 《랜싯(*The Lancet*)》, 《미국 의학협회 저널(*Journal of the American Medical Association*)》에 편지를 보내 표절을 고발했고, 연구자들에게 같은 일이 일어날 수 있음을 경고했다. 네 곳 모두 편지를 실을지 고려했지만, 대부분 이 문제는 휠록과 알사브티 사이의 개인적인 문제라는 결론을 내렸다. 《랜싯》이 유일한 예외였다. 이 잡지는 1980년 4월 12일자에 휠록의 편지를 실었다. 휠록은 그 편지에서 "미래에 이와 같은 사건을 방지할 수 있는 간단한 방법이 있다. 학술지 편집자들은 해당 리뷰 주제로 한 번도 연구 논문을 발표한 적이 없는 개인이 논문을 투고했을 때는 그 사람의 자격을 검증해야 한다. 그 논문에 인용된 개인적 서신 교환이나 감사의 글을 직접 확인하고, 가장 많은 참고문헌이 언급된 이들에게 해당 논문을 검토하게 하는 방법으로 검증이 가능하다"고 썼다.

알사브티는 법적 조치도 불사하겠다는 답변을 보내왔지만, 휠록은 그의 변호사에게 아무런 연락도 받지 않았다.

당시 저널 편집인들이 불미스러운 사건에 대해 기록하기 꺼려했다는 몇몇 증거가 더 있다. 휠록은 알사브티의 논문을 발표했던 저널의 암 연구 편집 담당자인 에케하르트 그룬트만(Ekkehard Grundmann)에게 편지를 보내서 논문을 취소하고 그 사실을 지면에 밝혀줄 것을 요청했다. 휠록은 1980년 3월에 처음 서신을 보냈고, 1980년 5월에 다시 한 번 썼지만 답장을 받지 못했다. 기자가 서독에 있는 그룬트만에게 전화를 걸었을 때 그는 이렇게 말했다. "우리는 철회할 논문은 싣지 않습니다. 그것이 우리의 방침입니다." 여러 저널들이 소식란에서 알사브티 사건을 둘러싼 국제적인 논쟁을 보도하기 시작했을 때야 그룬트만은 취소 사실을 저널에 실었다.

알사브티는 어떻게 성공했나

이 사건에 얽힌 사연은 이것만이 아니다. 1978년 휠록이 알사브티에게 필라델피아 실험실을 떠날 것을 통보한 후, 역마살이 낀 이 사이비 학자는 고등교육을 받기 위해 텍사스에 있는 상급 학교를 찾아갔다. 그 과정에서 아무런 준비도 없었던 것은 아니었다. 그는 필라델피아에서 사귀던 프리드만 실험실 연구원과 결혼했다. 이 결혼은 알사브티로 하여금 가정에 대한 책임감을 갖게 했을 뿐 아니라 미국 이민국 관리들로부터 좀더 유리한 대우를 받게 해주었다.

어떻게 알사브티는 그토록 기다란 기만행위의 꼬리를 달고서 출세가도를 달릴 수 있었을까? 누구보다도 알사브티의 사기 행각을 잘 알고 있는 사람들이 그의 정체를 폭로하기 꺼려했다는 점에서 분명한 요인을 찾을 수 있을 것이다. 그러나 다른 측면으로는 다른 사람을 설복시키는 알사브티의 탁월한 능력과 인간관계에 대한 뛰어난 감각도 크게 작용했다. 5개월 동안 알사브티의 지도교수였던 휴스턴 M. D. 앤더슨 병원의 지오라 마블리지트 교수는 이렇게 말했다. "그 친구는 시스템이 어떻게 돌아가는지 잘 압니다. 그는 제일 높은 사람, 그러니까 원장을 곧장 찾아갑니다." M. D. 앤더슨 병원장은 리 클라크(Lee Clark)였다. 알사브티는 클라크에게 요르단군 의무감인 데이비드 하나니아(David Hanania) 소장의 소개장을 보여주었다. 그 편지에는 알사브티가 미국에서 의학대학원 과정을 밟고 있다고 적혀 있다. 1978년 9월에 알사브티는 마블리지트의 실험실에 무급 연구생으로 배치되었다.

이 무렵 알사브티는 말 그대로 논문 제조 공장이었다. 매달 알사브티의 논문들이 전 세계의 여러 저널에 발표되었다. 그의 방법은 단순 그 자체였다. 그는 이미 발표된 논문에서 저자 이름을 지우고 대신 자기 이름을 써넣은 다음 그 원고를 잘 알려지지 않은 저널에 투고했다. 이런 식으로 그는 전 세계 십여 개의 과학 저널 편집자들을 속였다. 알사브티의 논문들은《암 연구와 임상 종양학(*Journal of Cancer Research and Clinical Oncology*)》(미국),《일본 실험의학 저널(*Japanese Journal of Experimental Medicine*)》,《네오플라스마(*Neoplasma*)》(체코슬로바키아),《유럽 외과의학 연구(*European Surgical Research*)》(스위스),《종양학(*Onclogy*)》(스위스),《국제 비뇨기학(*Urologia Internationalis*)》(스위스),《임상 혈액학과 종양 저널(*Journal of Clinical Hematology and Oncology*)》(미국),《종양 연구(*Tumor Research*)》(일본),《외과 종양학 연구(*Journal of Surgical Oncology*)》(미국),《부인과 종양학(*Gynecologic Oncology*)》(미국),《영국 비뇨기학 저널(*British Journal of Urology*)》,《일본 의학과 생물학 저널(*Japanese Journal of Medical Science and Biology*)》 등에 실렸다.

대부분 이름 없는 학술지였기 때문에 표절이 발각되지 않을 수 있었다. 자신의 연구를 도둑맞은 저자들이 알사브티가 표절한 논문을 읽을 가능성은 희박했기 때문에 그 문제는 영원히 묻혀질 수도 있었다. 그러나 M. D. 앤더슨 병원에서 또 다른 명백한 표절 사건이 발생했고, 멀리 떨어진 실험실에 있던 한 예리한 저자가 알사브티가 벌이는 기만행위의 몇 가지 단계들을 추적하고 있었다. 이 사건의 발단은 저널의 편집자가 그의 논문을 발표하기 전에 M. D. 앤더슨 병원에 있는 한 연구자에게 검토를 의뢰한 데서[3] 비롯되었다. 이 저널 편집자는 연구자인 제프리 고트리브(Jeffrey Gottlieb)가 그 논문을 검토할 수 없다는 사실을 알지 못했다. 그는 이미 1975년 7월에 작고했던 것이다. 《유럽 암 연구 저널(*European Journal of Cancer*)》에서 보내온 원고는 우편함에 그대로 꽂혀 있다가 알사브티에게 발견되었다. 그는 몇 가지 표면적인 수정을 한 후, 자신의 이름과 오마르 나세르 갈리브(Omar Naser Ghalib)와 모하메드 하미드 살렘(Mohammed Hamid Salem)이라는 가공의 공저자 이름을 넣어 일본의 작은 학술지에 먼저 발표했다. 《일본 의학과 생물학 저널》은 그가 표절한 원 논문이 스위스에서 발표되기 이전에 알사브티의 논문을 게재했다.

"일본 학술지에 발표된 논문을 처음 보고 저는 일주일 동안 우울증에 시달렸습니다." 원 저자인 다니엘 비르다(Daniel Wierda)는 이렇게 말했다. 그는 당시 캔자스 대학에서 박사 논문을 준비하고 있었다. "도무지 뭘 어떻게 해야 할지 몰랐습니다." 알사브티의 논문이 먼저 발표되었기 때문에 비르다는 동료들이 오히려 자신의 것을 알사브티의 표절로 생각할까 걱정이 되었다. 비르다는 일본 저널에 편지를 보내 전후 상황을 설명한 다음 알사브티 논문의 취소를 요청했다. 이번에도 논문 취소가 이루어진 것은 알사브티 사건이 세계 언론에 소개된 뒤의 일이었다.

이 표절 사건을 상세히 살펴보면 알사브티가 사용한 방법과 함께, 문헌을 통해서 그의 꼬리를 붙잡는 것이 무척 힘들다는 사실을 알 수 있다. 논문에 실린 문장은 거의 똑같았다. 그러나 비르다는 그의 논문에 "백금 화합물을 주입시킨 쥐에서 나타나는 비장 림프구 미토발생 억제(Suppression of Spleen Lymphocyte Mitogenesis in Mice Injected with Platinum Compounds)"라는 제목을 붙였지만, 알사브티는 그것을 "쥐과 동물의 림프구 미토겐 발생에 대한 백금 화합물의 영향(Effect of Platinum Compounds on Murine Lymphocyte Mitogenesis)"이라고 바꾸었다. 알사브티의 논문 제목을 토대로 컴퓨터 검색을 해봐도 그가 표절한 논문의 저자를 밝혀낼 수가 없었다.

그렇지만 세심한 편집자였다면 알사브티의 연구가 부정하다는 단서를 발견할 수 있었을 것이다. 예를 들면 저널 편집자가 컴퓨터에서 그 논문에 대해 찾아보았다면 알사브티의 공저자로 자주 등장하는 K. A. 살레(Saleh)와 A. S. 탈라트(Talat)가 독자적으로는 단 한 편의 논문도 발표하지 않았고, 알사브티와 공저 형식으로만 논문을 썼다는 사실에서 그들이 가공의 인물임을 알아낼 수 있었을 것이다. 또 다른 단서는 논문들이 작성된 연구소 관련 정보가 끊임없이 바뀐다는 사실이다. 1979년 한 해에 발표된 논문들만 봐도 알사브티는 논문 별쇄본을 받아볼 주소를 요르단의 '왕립과학학회', 이라크의 '알바스 특수 단백질 연구실', 그리고 미국 두 곳과 영국 세 곳으로 이리저리 바꾸었다. 이 무렵 알사브티는 대담해졌고, 고지식한 저널 편집인들의 검토 과정에서 전적인 신뢰를 얻었기 때문에 자신의 정보가 일관되지 않다는 사실 따위는 아랑곳하지 않았다. 알사브티는 일본 삿포로에서 발간된 《종양 연구》 한 호에만 무려 세 편의 논문을 발표했다.[4] 첫 번째 논문에는 소속이 왕립과학학회로, 두 번째와 세 번째 논문은 알바스 특수 단백질 연구실로 되어 있었다. 알사브티는 자신이 연구하고 있는 곳의 실제 주소는 한 번도 사용하지 않았고, 표절 논문 원고에는 소속 연구소 주소가 생략되어 있었다.

훔친 논문으로 쌓은 화려한 경력

그러나 이 같은 사실도 세계적인 과학 저널과 그 편집인들의 네트워크에 알사브티가 논문 작성시 행한 기만을 경고하기에 불충분했다. 필라델피아 사례와 마찬가지로 이번에도 가까운 동료의 관찰을 통해 실상이 완전히 드러났다. 어느 날 휴스턴에서 알사브티는 마블리지트에게 자신이 연구 중인 논문을 비판적으로 검토해달라고 요청했다. 그날 밤 마블리지트는 문제의 논문을 집으로 가져가서 읽었고, 그 논문이 바로 휠록이 연구비를 신청하기 위해 써놓은 지원서임을 명백히 보여주는 몇몇 단어들을 알사브티가 깜빡 잊고 지우지 않았다는 사실을 발견했다. 마블리지트는 의심스러운 대목을 최종적으로 확인한 다음 M. D. 앤더슨 병원장인 클라크를 찾아갔다. 1979년 2월에 알사브티는 병원에서 떠날 것을 요구받았다.

1979년 봄, 휴스턴에 나돌던 알사브티의 이력서 사본은 정말 대단한 것이었다. 24세의 이 박식가는 43편의 과학 논문을 발표했고, 1976년에 바스라 대학에서 내과와 외과 학사학위를 받았고, 11개 과학 학회의 회원 자격을 부여받았으며, 영국, 요르단, 미국에서 박사후 과정을 이수한 것으로 되어 있었다. 또한 기혼자로서 미국 시민권과 영주권이 있었다. 이 기간에 발표된 일부 논문에는 박사(Ph. D.)라는 매력적인 타이틀이 붙어 있었다.

알사브티는 이 모든 경력을 어디에서 얻었을까? 수십 편의 논문을 자랑스레 열거한 이력서를 앞세워 그는 휴스턴에 있는 베일러 의대의 여러 레지던트 프로그램에 지원했다. 한 신경외과 프로그램에 채용될 뻔하기도 했다. 그러나 신중한 한 관리자가 M. D. 앤더슨 병원의 마블리지트에게 이 불가사의한 기록에 대해 문의를 해보았다. 마블리지트는 이렇게 말했다. "알사브티는 시스템을 압니다. 그는 아무도 먼저 나서서 이야기하고 싶어하지 않는다는 사실을 알고 있습니다. 그 친구는 사기꾼이에요."

결국 이 거짓 기록들로 알사브티는 곤경에 빠졌다. 베일러 병원에서 거부당한 다음, 알사브티와 요르단 사람들의 관계도 틀어졌다. 알사브티 공적의 세세한 부분들이 조금씩 암만에 알려졌고 결국 하산 황태자는 연구비 지원을 끊었다. 대화 중에 알사브티가 왕가의 혈통이라고 주장한 것은 지나치기는 하지만 무시하고 넘어갈 수 있는 정도였다. 요르단 사람들이 참기 힘들었던 것은, 알사브티가 표절 가능성이 큰 논문에서 요르단 군의감이자 요르단 왕립병원장인 데이비드 하나니아를 공저자 중 한 명으로 기재한 점이었다. 요르단 측은 하나니아가 알사브티와 논문을 함께 쓴 적이 없다고 밝혔다.

이 시점인 1979년 2월 알사브티는 잠잠해질 때까지 휴스턴에서는 몸을 낮추기로 하고 좀더 세속적인 처신에 신경을 썼다. 아직까지는 학위가 없었기 때문에 그는 미국 의대에서 거부당한 의사 지망생의 최후 수단으로서 전기공학자인 폴 티엔(Paul S. Tien)이 운영하는 아메리칸 카리브 대학(AUC)에 입학원서를 냈다. 알사브티는 카리브해 몬트세라트(Montseerat) 섬에 있는 학교에 출석하는 대신 휴스턴에 있는 병원에서 직장을 구해 다니면서 아메리칸 카리브 대학에는 임상 실습 기록만 보내는 방법을 택했다. 휴스턴에 있는 사우스 웨스트 메모리얼(South West Memorial) 병원에서 알사브티는 의대의 다른 고학년 학생들과 함께 일했다. 이 병원은 텍사스 대학과 제휴하여 많은 의대 학생들을 고용해서 가정 의료 레지던트 프로그램을 운영하고 있었다. 병원 관계자들은 알사브티가 훌륭한 추천서를 가지고 있었고, 자신의 상황을 무척 설득력 있게 설명했다고 말했다. 알사브티는 그곳의 교육 책임자인 해롤드 프루스너(Harold Pruessner)에게 자신이 이라크에서 의학 교육을 받았지만 의무 사회봉사 기간을 끝내기 전에 정치적 탄압을 받아 이라크를 떠날 수밖에 없었다고 말했다. 후일 프루스너는 기자에게 이렇게 말했다. "우리는 그의 말을 받아들였습니다. 만약 그의 이야기를 듣고도 믿지 않는 사람들이 있다면 오히려 그들에게 뭔가 문제가 있을 것입니다."

약 9개월의 실습 기간이 끝난 후, 알사브티는 1980년 5월에 AUC에서 열리는 졸업식에 참석하기 위해 몬트세라트로 날아갔다. 그리고 그곳에서 의대 졸업장을 받았다.

알사브티가 다른 사람의 논문을 훔친다는 사실이 그의 동료들 사이에서 알려지기 시작했다. 휴스턴에서 마블리지트는 몹시 분노한 일본 학술지 편집자로부터 편지를 한 통 받았다. 그는 이렇게 썼다. "나는 요시다(古田)가 쓴 논문을 베낀 것으로 보이는 알사티브 박사의 논문이 실린 것을 보고 몹시 놀랐습니다." 알사브티는 그의 1977년 논문을 훔쳐서 지구를 반바퀴나 돌아 스위스의 저널 《종양학》에 투고했고, 그 논문은 1979년에 발표되었다.[5]

이런 편지 내용과 그에 대한 소문이 퍼지고 있다는 사실을 알지 못한 알사브티는 날조를 계속했다. 1980년 6월, AUC 학위증과 당시 무려 60편에 달하는 논문을 자랑스럽게 열거한 이력서를 손에 들고 그는 버지니아 대학과 제휴 관계에 있는 버지니아 주 로어노크(Roanoke) 병원의 레지던트 프로그램에 들어갔다.

그러나 처벌을 피해 운좋게 미국 전역의 의학 기관들에서 일해왔던 '요르단' 표절자도 결국 운이 다하고 말았다. 자신의 연구를 알사브티에게 도용당한 연구자들 사이에서 일대 소동이 벌어졌고, 한바탕 폭풍우가 몰아칠 기세였다. 전 세계의 저널들이 서한을 교환했다. 자신의 박사학위 논문을 도둑맞은 박사과정의 대학원생 비르다는 여러 과학 저널의 소식난에 편지를 썼고, 알사브티의 기만행위를 서술한 많은 기사들이 나오기 시작했다.[6] 알사브티의 부정행위가 보도되었을 때 《국립암연구소 저널(*Journal of the National Cancer institute*)》의 편집인이었던 존 베일러 3세(John C. Bailar III)는 당시 받았던 충격을 이렇게 기술했다. "나는 일요일 밤에 《사이언스》에 실린 알사브티에 대한 글을 읽고, 월요일 날이 밝자마자 사무실로 달려가서 파일을 검토했습니다. 다행히도 우리는 그가 우리 학술지에 보낸 세 편의 논문을 모두 게재 불가로 결정했더군요." 매체들의 대대적인 공세에도 불구하고 명예를 훼손당한 진영에서는 그 누구도 알사브티를 추궁할 수 없었다.

한편, 6월 말경에 버지니아 대학의 관계자들은 비르다와 휠록이 고발한 내용을 게재한 《사이언스》의 기사를 읽고 대경실색했다. 그가 바로 자신들이 자랑하는 우수 학생이었기 때문이다. 관계자들은 즉시 알사브티의 임상 활동을 중지시키고, 그에게 쏟아진 비난을 당사자에게 확인했다. 알사브티는 모든 것을 부인했다. 그러나 자신의 업적 중 일부를 설명하는 데 상당한 어려움을 겪었다. 후일 학교 관계자들은, 자신의 이름으로 발표되었지만 비르다의 논문과 매우 흡사한 논문에 대해서 알사브티가 제대로 설명하지 못했다고 말했다. 레지던트 프로그램의 공동 책임자인 윌리엄 리페(William Reefe)는 기자에게 이렇게 증언했다. "그는 자신이 그 논문을 쓴 것을 부인하면서 자신의 이력서에도 그 논문이 들어 있지 않다고 주장했습니다. 그러나 이력서에는 분명히 그 논문 제목이 있었습니다." 7월 2일, 알사브티는 그 프로그램을 그만두었다.

알사브티가 일했던 병원 원장인 휴 데이비스(Hugh Davis)의 말에 따르면, 그가 지원했을 당시 알사브티는 휴스턴에 있는 사우스 웨스트 메모리얼 병원에서 써준 찬사로 가득 찬 추천서를 제출했다고 한다. 데이비스는 버지니아 대학과 병원 모두 알사브티의 전 고용자들에게 그의 기록을 조회하지 않았다고 말했다. 데이비스는 후회하듯이 이렇게 말했다. "우리는 그 기록들을 확인했어야 했습니다." 대학 관계자들에 따르면, 알사브티가 제출한 것 중에서 간과하지 말았어야 할 유일한 단서는 그토록 젊은 연구자가 놀랄 만큼의 많은 논문을 썼다는 사실이다. 더구나 그 논문들은 대부분 지난 2년 사이에 발표된 것이었다.

버지니아에 있는 동안, 알사브티는 집으로 전화를 걸어온 기자와 짧은 전화 인터뷰를 한 적이 있다. 그는 다른 연구자들이 자신의 논문을 도둑질한 것이라고 주장했다. 그러나 그는 어떻게, 그리고 왜 그런 일이 일어났는지는 설명하지 않은 채 이렇게 말했다. "나를 대리해서 그 잡지들과 기사에 연루된 모든 사람들을 고소할 좋은 변호사를 찾고 싶을 뿐입니다. 그리고 법정에서 조목조목 입증해 보일 것입니다. 그러고 나서 내가 누군가의 연구를 표절했는지 아니면 다른 사람이 내 것을 표절했는지에 대한 판결을 법정에 맡기겠습니다." 또한 그는 자신이 요르단 왕가의 혈통이라는 말을 누구에게도 한 적이 없다고 잡아뗐다. "그들은 편지에 그려져 있는 왕관이 왕족을 뜻한다고 생각한 모양입니다. 제대로 알지도 못하면서 그런 말을 떠벌리다니 정말 어리석은 사람들입니다." 또한 그는 자신의 기만행위 행각을 고발한 기사들 중 하나가 그의 자동차 색깔을 잘못 적었다고 지적하기도 했다. "제 차는 흰색 캐딜락입니다. 노란색이 아니고요. 노란색 차는 팔았어요."

인터뷰가 끝난 직후, 알사브티는 로어노크에 있던 그의 7만 달러짜리 집을 팔려고 내놓았다. 정작 그는 변호사를 고용하지 않았고, 대학에는 주소도 남겨놓지 않았다. 데이비스는 이렇게 말했다. "그는 의학계를 너무나 훤히 알고 있습니다. 나는 그가 다른 병원에서 레지던트 과정에 들어가리라고 확신합니다. 현재 미국 시스템에서는 그의 행적을 관리할 수 있는 방법이 전혀 없습니다."

그후 전 세계의 과학 저널들에서 표절에 대한 새로운 고발이 쇄도하기 시작했다. 1980년 7월, 《영국 의학 저널(*British Medical*

Journal)》은 학계에서 평판이 높은 연구자들이 발표한 논문 중에서 알사브티가 도용한 두 가지 사례를 추가로 밝혀냈다.[7] "표절이 횡행할 것인가?"라는 제목의 그 기사는 논문 도둑질을 막을 수 있는 가능성을 숙고했다. "세계적으로 최소한 8천 개의 의학 저널이 있으며, 그중 상당수는 매년 수천 편의 논문을 받는다. 저자의 신뢰도를 점검하는 것은 매우 힘들고 성가신 일이다. 또한 어떤 논문이 과거에 (다른 저자나 다른 제목으로) 발표된 적이 있었는지 조사하기란 불가능에 가깝다. 따라서 편집인들은 기고자들의 성실성과 논문 심사자들의 철저한 검토를 믿는 수밖에 없다." 7월에 《네이처》는 이 방랑 학자가 저지른 두 건의 표절 사건을 더 보도했다.[8]

의사 자격증과 과학적 경력에 대한 끝없는 욕망을 불태우던 알사브티는 이즈음에 눈을 북쪽으로 돌려 미국의 생의학 연구 허브인 보스턴을 목표로 했다. 1980년 7월 둘째 주, 버지니아를 떠난 지 겨우 열흘 만에 그는 보스턴 대학 부속 카니(Carney) 병원의 레지던트 과정에 들어갔다. 그러나 얼마 지나지 않아서 그의 활동에 대한 소식이 거기까지 전해졌다. 《의학 포럼(*Forum on Medicine*)》 9월호에 알사브티에 대한 기사가 자세히 실렸다. 병원 관계자들은 이 기사를 읽고 경악했다.[9] 그들은 즉시 알사브티에 대한 대책회의를 열었고, 회의가 끝나자마자 그에게 떠나줄 것을 요구했다. 도체스터에 있는 카니 병원 관계자의 말에 따르면, 알사브티가 레지던트 과정에 지원했을 때 자신이 버지니아에서 '개인적인' 문제를 겪었다고 말했지만, 논문 표절로 비난받은 이야기는 한마디도 하지 않았다고 한다. 카니 병원의 존 로그 부원장은 이렇게 말했다. "그는 자신의 인격이나 능력, 윤리성 등에 대해 어떤 비난이나 문제제기가 있었다는 이야기는 전혀 하지 않았습니다. 설령 접시닦이를 고용할 때라도, 만약 지원서에서 거짓말을 했다면 그것이 해고 사유가 될 겁니다."

알사브티가 카니 병원을 떠난 후 더 이상 소식이 들려오지 않았다. 그가 이름을 바꾸고 화려한 사기 행각을 계속했는지는 알려지지 않았다. 그러나 그의 기록을 검토하면 그럴 가능성이 없지 않다. 가장 중요한 것은 그의 유산이 지금도 남아 있다는 점이다. 명백한 표절 논문은 대부분 취소되었지만, 방대한 과학 색인 서비스의 컴퓨터 파일, 과학적 경력을 관리하는 컴파일러 등에는 여전히 그의 이름이 수십 편의 논문과 함께 맨 위에 올라 있다. 《의학 인덱스(*Index Medicus*)》와 《과학 인용 인덱스(*Science Citation Index*)》의 홍보담당자들은, 자신들의 파일에서 논문을 말소한 전례가 없다고 말한다. 그들이 선례를 남기기 주저하는 까닭은 앞으로 저자 표시를 둘러싼 분쟁이 일어날 경우 어쩔 수 없이 자신들이 판결을 내려야 할지도 모르기 때문이다.

그의 논문 기록들이 여전히 유효하다는 사실을 고려한다면, 알사브티는 지금도 자신의 경력에 대해 주장할 수 있으며, 어디선가 다른 병원 관계자들에게 그것을 과학적 업적으로 과시할 수도 있을 것이다.

그런데 알사브티 사건의 아이러니는 단지 세계 의학계에서 떠오르는 별로 인정받은 그의 자격 증명이 훔친 것이라는 사실에 그치지 않는다. 그가 이라크에서 얻은 과학적 성공은 전적으로, 이라크 정부가 자신에게 자금을 대주도록 설득한 또 다른 중동 '천재'의 아이디어를 차용한 것이었다. 알사브티가 바스라 의대생이었던 시절 그의 역할 모델이었던 압둘 파타 알사야브(Abdul Fatah Al-Sayyab)는 바그다드에서 정부 고위직에 올라 있었다. 자신이 개발했다고 하는 두 가지 신비한 약 덕분에, 바스라 출신의 이 연구자는 화려한 저택에서 평생 동안 정부의 지원을 받는 안락한 삶을 누렸다. 무엇보다 특정 암의 치료제로 소문난 이 약의 이름은 바크린(Bakrin)과 사다민(Saddamin)이었다. 그것은 당시 이라크 대통령이었던 암헤드 하산 알바크르(Ahmed Hassan Al-Bakr)와 당시 부통령이었다가 차기 대통령이 된 사담 후세인(Saddam Hussein)의 이름을 따서 붙인 것이었다. 그런데 불행하게도 그 약들은 암에 아무런 효능이 없었고, 알사브티가 야심만만한 목표를 이루기 위해서 이라크로 날아갔을 때 그는 철저한 감시를 받으면서 출국금지까지 된 상태였다.

자신의 학문적 환상을 꾸며내는 과정에서 알사브티는 의학 학위를 날조했고, 어리숙한 요르단 정부를 속여서 수만 달러를 받아냈고, 왕가와 친척 관계인 것처럼 위장했고, 미국의 대학으로 유학을 가는 것처럼 속였고, 박사학위를 위조했고, 몇몇 유명한 미국 연구실에서 연구를 하는 양 가장하고 있던 시기에 60편에 달하는 논문을 거의 다 훔쳐서 발표했다. 그의 전술은 전 세계의 십여 개에 달하는 학술지 편집자들을 속여넘겼다. 게다가 그의 거짓말과 속임수는 중동의 두 나라, 11개의 과학 학회 심사위원회, 그리고 여섯 개의 미국 고등교육기관을 무사통과했다.

그는 지금도 과학적 경력을 시작한 이라크에서 허위진술과 표절로 경찰의 수배를 받고 있다. 알사브티는 요르단에서 기피인물이다. 전직 미국 영사였던 샤허 바크(Shaher Bak)는 이렇게 말했다. "만약 누군가가 그를 상대로 법적 소송을 제기할 수 있다면, 무척 다행스런 일일 겁니다."

논문이 넘쳐난다

알사브티 사건은 현대 과학이 전문 연구자의 부도덕으로 위태로

워질 수 있음을 적나라하게 보여주었다. 방법은 잘못되었지만 목표에서 본다면 그는 수백만에 달하는 다른 연구자들과 하등 다르지 않았다. 대부분의 과학자들이 지금도 진리 추구를 일차적인 목표로 삼고 있음은 의심의 여지가 없다. 그러나 많은 경우 실적을 쌓는 것이 당면 목적이 되기도 한다. 과학계에서 통용되는 기본적인 실적의 척도는 유명 저널에 실린 논문이다. 흔히 발표 논문 및 저서의 목록이 길수록 정부의 연구비를 타내기 위한 경쟁에서 유리해지고, 학계에서 출세가도를 달리는 데 도움이 된다. 그런데 행정가들은 말할 것도 없고 과학자들도 논문을 실제로 읽어볼 만한 시간적 여유가 거의 없기 때문에, 이력서에 열거된 과학 논문의 양이 그 질보다 더 중요한 경우가 많다.

긴 논문 목록을 얻기 위해 벌어지는 게임은 상대적으로 새로운 현상이다. 불과 20년 전만 해도 요즘처럼 논문 숫자를 부풀리려는 시도 때문에 문제가 발생한다는 것은 생각도 할 수 없는 일이었다. 후일 노벨상을 받은 제임스 왓슨(James D. Watson)이 1958년에 하버드 대학에서 부교수 자리를 얻었을 때, 이 젊은 생화학자의 이력서에는 고작 18편의 논문 목록이 실려 있었다. 그중 하나가 프랜시스 크릭(Francis H. Crick)과 함께 생물의 마스터 분자인 DNA의 구조를 기술한 유명한 논문이다. 오늘날 비슷한 지위를 얻으려는 지망자들의 논문 목록에는 대개 50편에서 많게는 1백 편까지 논문 제목이 나열되곤 한다.

이처럼 발표 실적에 몰두하다 보니 저널과 논문들이 범람하게 되었다. 《영국 의학 저널》에서도 지적했듯이, 오늘날 의학 분야에만 최소한 8천 개의 학술지가 있다. 이처럼 학술지 숫자가 늘어난 또 하나의 요인은 과학자들의 지위가 엄청나게 상승했기 때문이다. 지금까지 활동했던 전체 과학자들 중에서 90퍼센트가 오늘날 생존해 있는 것으로 추정된다. 그러나 저널이 폭발적으로 증가한 주요 원인은 논문 발표의 성격이 변화했기 때문이다. 대개는 질보다 양을 강조하는 쪽의 변화이다. 오늘날 과학자들과 그들이 발표하는 논문의 대부분이 좋지도 나쁘지도 않은 보통 수준이라고 해도 과언이 아니다. 무분별한 발표의 전형을 알사브티 사례에서 찾아볼 수 있다. 플로리다 주립대학의 도서관학 전공 대학원생인 스티븐 라와니(Stephen M. Lawani)에 따르면,[10] 알사브티가 엄청난 논문 도둑이라는 사실이 폭로되기 전에 그의 논문은 단 한 편도 다른 과학자에게 인용되지 않았다고 한다. 사실 알사브티가 일찍 발각되지 않았던 것은 그가 그리 중요하지 않은 연구를 표절했기 때문이다. 그렇지만 그는 지금도 자신이 짜깁기한 논문들의 목록으로 미국 학계에서 높은 지위에 올라 있다.

과학 연구가 이루어지는 과정을 잘 모르는 사람들은, 과학 저널 편집진이 세심하게 옥석을 가려내므로 수준 이하의 논문이나 부정하게 작성된 논문은 결코 발표되지 못한다고 생각할 수도 있다. 그렇지만 형편없는 논문들도 조만간 거의 모두 발표된다. 권위 있는 학술지에서는 게재 불가 판정을 받을 수도 있지만, 그 저자가 끈기 있는 사람이라면 다른 길을 찾을 것이다. 알사브티가 처음에 미국의 템플 대학에서 일했을 때, 그는 미생물학자인 프리드만에게 자신이 연구하고 있던 논문을 보여주었다. 프리드만은 이렇게 회고했다. "나는 몇 가지 제안을 했지요. 그렇지만 모든 기준으로 볼 때 그 논문은 저널에 실릴 수 없다고 말했습니다." 이러한 평가에도 불구하고 그 연구는 곧 발표되었다. 알사브티가 발표한 아무짝에도 쓸모없는 많은 논문들도 그의 다른 논문이 게재되는 속도를 늦추지 못했다. 《임상 혈액학과 종양학 저널》의 편집인인 아마눌라 칸은, 알사브티가 사기꾼이라는 사실이 폭로되기 전까지 이 저널에 모두 아홉 편의 논문을 제출했다고 한다. 그중에서 7편이 채택되어 6편이 발표되었고, 발표 예정이었던 한 편은 표절 사실이 드러나면서 취소되었다.

그렇지만 무의미한 논문을 발표한 것이 알사브티만은 아니었다. 1972년 사회학자인 조나단 콜과 스티븐 콜(Jonathan and Stephen Cole)이 발표한 '오르테가 가설(Ortega Hypothesis)'에는[11] 과학의 생산성에 대한 엄밀한 분석이 들어 있는데, 이에 따르면 과학 발전에 기여하는 과학자는 소수에 불과하다. 대다수 과학자는 지식의 발전에 거의 기여하지 않는 논문을 발표한다는 것이다. 콜 형제의 조사는 논문의 저자들이 자신이 인용한 모든 논문의 출처를 밝혔다는 전제 하에 이루어졌다. 흔히 '인용'이라 불리는 각주나 참고문헌에 언급되는 다른 사람들의 논문들은 누가 누구에게 영향을 주었는지 알려주는 유력한 수단이다. 콜 형제는 이러한 인용을 분석하여, 많은 과학 논문들이 과학 문헌에서 단 한 번도 인용된 적이 없다는 사실을 밝혀냈다. 그들은 이렇게 썼다. "우리가 보고한 자료에 따르면, 과학자들의 숫자를 줄인다 하더라도 과학 발전의 속도가 느려지지 않을 것이라는 잠정적인 결론에 도달하게 된다."

과학계는 알사브티의 연구나 심지어 그가 논문을 발표했던 저널들이 없더라도 별 지장이 없었을 것이다. 알사브티의 발표 논문목록에 대한 분석에서 라와니는 알사브티가 논문을 제출한 저널들 중에서 암 연구에 중요한 학술지는 하나도 없다고 결론지었다. 예를 들어 그중에서 《암 연구 연감(*Yearbook of Cancer*)》에 포함되거나 인용 빈도가 높은(50회 이상 인용된) 논문을 1편 이상 게재한 저널이 전혀 없다. 중요한 사실은, 그 저널들 중에서 두 개가 상대적으로 높은 순위에 올랐는데 그것도 단지 발표 논문의 숫자가 많았기 때문이었다는 점이다.

알사브티는 자신의 연구 실적을 그저 그런 논문들로 채워넣기 위해서 표절이라는 방법에 의존했다. 다른 연구자들도 다양한 방법을 동원해 실적을 늘리는데, 대부분 진부한 방법들이다.[12] 그중 한 예가 '최소 발표 가능 단위(Least Publishable Unit, LPU)'이다. 일부 학자들 사이에서 통용되는 이 용어는 한 편의 과학 논문을 여럿으로 쪼개서 숫자를 늘리는 방법을 완곡하게 표현한 것이다. 이런 연구자들은 여러 가지 주제들을 하나로 묶는 포괄적인 논문 한 편을 발표하기보다 4편이나 5편의 짧은 논문들을 낸다. 논문 숫자가 경력에 보탬이 된다고 생각하기 때문이다. 《의학 인덱스》의 편집자인 클리포드 바쉬라(Clifford A. Bachrach)는 이렇게 말했다. "정말 큰 문제입니다. 내가 잘 아는 한 가지 사례는 질병 발생률에 미치는 여러 가지 변수의 관계를 조사하는 역학 프로젝트였습니다. 한 편의 조금 긴 논문으로 발표될 수 있는 연구였지만 3개 학술지에 서너 개의 아주 짧은 논문 형식으로 발표되었습니다." 이런 경향에 맞서 싸우는 편집자들은 거의 없다.

《뉴잉글랜드 의학 저널(*New England Journal of Medicine*)》의 편집자인 아널드 렐먼(Arnold Relman)은 LPU로 제출된 논문을 다루는 방식에 대해 이렇게 말했다. "저는 아주 기술적인 방법으로 그것을 다룹니다. 제대로 쓴 논문인지 알아내는 일과 엄격하고 까다로운 편집자가 되는 일은 크게 다르지 않습니다. 제가 받은 논문이 여러 개로 나뉜 논문 중 첫 번째 것이 확실하다고 생각되면 다른 것이 더 있는지를 기술적으로 슬며시 떠봅니다."

논문 발표 게임에서 나타나는 또 하나의 사례는 공동 집필의 증가이다. 한 연구의 공로를 여러 연구자들이 나누어 가지고, 수십 명의 동료 연구자들 사이에서 답례 의무라는 복잡한 그물망이 형성된다. 《뉴잉글랜드 의학 저널》 편집자들은 이 학술지가 발간된 이래 여러 연구자들이 공동 집필로 표시하는 관행이 크게 늘어나, 지금은 편당 저자 수가 평균 5명이나 된다고 말한다. 필라델피아에 있는 과학정보연구소에 따르면 그곳에 색인으로 작성되어 있는 2,800개 학술지를 조사해본 결과, 공저자의 평균이 1960년 1.76명에서 1980년에는 2.58명으로 늘어났다고 한다. 이것은 단지 평균일 뿐, 논문 하나에 수십 명 또는 그 이상의 공저자들이 있는 경우도 드물지 않다고 한다.

공저자의 증가는 한 연구문제를 다루는 여러 하위 분야 전문가들의 공동 연구가 증가하는 것과 관련이 있다. 그러나 순전히 경력을 부풀리거나 도움이 될 만한 사람들을 공저자로 무임승차시키려는 시도가 대부분이다. 《블러드(*Blood*)》라는 학술지의 편집자는 한 연구자로부터 격렬한 항의 전화를 받았다. 그는 방금 자신이 처음 본 논문에서 자신의 이름을 빼달라고 요구했고, 누가 그 원고에 자신의 이름을 넣었는지 모르지만 자신은 동의할 수 없다고 말했다. 그가 그 논문에 기여한 것이라고는 엘리베이터 안에서 제1 저자와 몇 초 동안 대화를 나눈 일이 전부였다.

과거에 과학 논문은 과학적 진리를 전달하고, 자연의 작동 원리를 고찰하는 수단이었지만, 갈수록 출세주의자들의 수단이 되면서 오늘날 그 중요성은 오히려 줄어들었다. 쉽게 예상할 수 있는 일이지만, 날로 증대하는 논문 발표 게임은 일부 경우 그 이면에 일종의 속물 근성을 조장해놓기도 했다. 바쉬라는 약 2천6백 개 학술지가 가입되어 있는 《의학 인덱스》에 등재하기 위해 로비를 벌이는 신생 학술지 편집자들이, 자신들의 논문 목록이나 편집위원들의 명단을 과시용으로 보내오곤 한다고 말했다. "우리는 6백에서 7백 편에 달하는 논문 목록도 있습니다. 그렇지만 그보다는 35편의 훌륭한 논문들이 실린 학술지가 훨씬 인상적입니다."

알사브티 사건에서 얻을 수 있는 한 가지 교훈은 쓸모없고 검증되지도 않는 수많은 논문들이 기만행위와 그것의 은폐를 부추긴다는 사실이다. 《영국 의학 저널》이 밝혀냈듯이, 저널의 숫자가 수천 종에 달한다는 사실을 감안한다면, "어떤 논문이 과거에 (다른 이름이나 제목으로) 발표된 적이 있는지 여부를 검증하는 것은 거의 불가능하다."

이처럼 위험부담이 큰데도 학술지들의 상황은 변함이 없는 것 같다. 많은 학술지와 논문들이 읽히지 않는데도 폐간되지 않은 이유는 무엇일까? 이런 저널들이 계속 만들어지고 재정 지원을 받는 경제적 메커니즘은 무엇인가? 실제로 많은 과학 잡지들의 정가를 결정하는 것은 수요와 공급이라는 정상적인 시장의 힘이 아니다. 실제로 판매 부수는 얼마 안 되기 때문에 발행자는 논문 게재료 형식으로 발간 비용을 연구자들에게 떠넘긴다. 대부분 투고 논문은 최고 수백 달러의 수표를 동봉해야 한다. 발간되는 논문들이 때로는 지위를 나타내는 상징에 불과하기 때문에 연구자가 그 비용을 부담하는 것이 적절하다고 여겨질지도 모른다. 그러나 실상은 그렇지 않다. 대부분의 경우 연구자가 받는 연구 지원금에서 게재료가 나오기 때문에, 실제로는 납세자들이 야심에 불탄 학자들의 사리사욕을 채울 뿐인 논문을 양산하는 데 비용을 지불하는 셈이다.

표절을 묵인하는 과학자 사회

제2차 세계대전 이후 상당 기간 동안 저널, 저서, 전공 논문이 우후죽순처럼 늘어나면서 알사브티 같은 수십 건에 달하는 표절이 은폐되었다. 이러한 도둑질의 상당 부분은 그 주범이 훗날 유명해져

그의 과거 기록에 대한 철저하고 상세한 검증이 이루어지지 않는 한 밝혀지지 않고 넘어간다. 그 좋은 예가 제임스 맥크로클린(James H. McCrocklin) 사건이다. 그가 1968년에 사우스웨스트 텍사스 주립대학 총장으로 임명되었을 때 과거의 표절 사실이 밝혀졌다.[13] 텍사스에서 발간된 한 잡지는 그의 박사학위 논문과 그의 아내의 석사학위 논문이 놀랄 만큼 비슷하고, 둘 다 오래되고 잘 알려지지 않은 해병대 보고서에서 많은 내용을 차용했다는 사실을 폭로했다. 처음에는 이 문제가 단순히 개인적인 문제로 여겨졌지만 점차 공개적인 논쟁으로 확산됐다. 맥크로클린은 모든 부정행위를 부인했다. 특히 그는 당시 린든 존슨(Lyndon Johnson) 대통령의 친구였고, 사우스웨스트 텍사스 주립대학은 존슨의 모교였기 때문에 이런 의혹에 굴복하지 않을 것 같았지만, 결국 맥크로클린은 1969년 4월에 총장직을 사임했다.

맥크로클린의 사례에도 불구하고 학계는 표절을 저질렀다고 의심이 가는 당사자가 정부나 대학의 고위직에 있는 한 훨씬 관대한 모습을 보였다. 생물 발광 분야의 연구로 저명한 생화학자인 윌리엄 맥엘로이(William D. McElroy)의 사례를 살펴보자.[14] 1964년에 맥엘로이는 리뷰 논문을 한 편 썼는데, 출처를 제대로 밝히지 않고 다른 저자의 연구를 요약해서 인용했다. 맥엘로이는 자신의 논문 중에서 20퍼센트 이상을 그 저자에게서 훔쳐왔다. 표절한 부분은 그의 연구를 요약하거나 비슷하게 고쳐 쓴 것이었다. 이 사건은 맥엘로이가 미국 과학계의 최고직에 선출되기 전까지는 공개적으로 드러나지 않았다. 맥엘로이는 부주의로 무의식중에 그 자료를 사용했고 나중에 이 부분을 바로잡았다고 변명했다. 그는 1962년 여름에 그 자료를 받았고, 처음에는 그것을 토대로 다시 연구할 생각이었다. 그러나 가을이 되어 논문 제출 기한이 닥치자 애초의 좋은 의도는 오래가지 못했다. 맥엘로이는 기자에게 이렇게 말했다. "무슨 일이 일어났는지 잘 모르겠습니다. 다시 연구를 하지 않다니, 나답지 못했습니다. 하지만 그것은 내 관심 분야가 아니었습니다. 어쩌면 무의식중에 그 일을 빨리 끝내고 싶어했는지도 모릅니다." 후일 자신의 연구를 표절당한 원 저자가 불만을 나타내자 맥엘로이는 출판사측에 부탁해 논문을 받은 사람들에게 정정의 글을 보냈다. 그 글에는 맥엘로이의 논문에 들어 있는 아홉 군데의 "요약 인용의 출전"이 다른 저자의 것이어서 바로잡는다는 내용이 적혀 있었다. 그렇지만 그가 국립과학재단(National Science Foundation) 이사장에 임명되었을 때, 이 사건과 그 후에 벌어졌던 논쟁은 그의 출세 가도에 제동을 걸지 못했다. 당시 비판적이었던 사람들은 그것을 이중 잣대의 문제로 보았다. 만약 다른 사람의 연구를 도둑질한 대학생이 다른 사람의 자료를 가져다가 저작업하는 것을 잊었다고 말했다면 과연 맥엘로이처럼 그냥 넘어갈 수 있었겠냐는 것이다.

고위 기관의 표절 의혹을 감싸준 또 하나의 사례는 모리스 차페츠(Morris E. Chafetz) 사건이다. 그는 다른 사람의 연구를 부당하게 탈취했다는 사실을 둘러싸고 논쟁이 벌어진 와중에도, 1971년에 '국립 알코올 오용과 중독 연구소(National Institute of Alcohol Abuse and Alcoholism)' 초대 소장으로 임명되었다.[15] 1965년에 차페츠는 《술, 인간의 종복(*Liquor: The Servant of Man*)》이라는 책을 냈다. 그런데 25년 전에 페르디난드 헬비그(Ferdinand Helwig)와 월튼 홀 스미스(Walton Hall Smith)라는 사람도 같은 제목의 책을 출간했다. 그 점에 대해 차페츠는 출판사측이 자신에게 그 책을 개정해달라고 요청했다고 설명했다. 그러나 문제의 책에서 차페츠는 자신이 개인적으로 군병원의 자료를 수집했다고 밝혀놓았다. 논쟁이 벌어지자 그는 먼저 출간된 책의 내용을 각색했다는 사실을 시인했고, 그 책의 자료들이 자신의 개인적 경험과 부합했기 때문이라고 변명을 했다. 그는 자신이 '어리석은' 행동을 했음을 인정하면서도 나쁜 짓을 한 것은 아니라고 극구 부인했다. 기자와의 인터뷰에서 그는 하버드 대학의 동료들이 자신의 결백을 입증해주었다고 말했다.

그후 논쟁이 과학 출판물을 통해 번져나가면서,[16] 하버드 대학 연구원인 잭 멘델슨(Jack H. Mendelson)은 이렇게 말했다. "정신병학과 집행위원회가 차페츠를 공식적으로 비난하지 않은 까닭은 자칫 사태에 휩쓸려 들어갈 가능성을 우려했기 때문이었습니다. 차페츠 박사는 변호사를 통해 만약 자신이 해고당하면 소송을 제기할 것이라고 집행위원회를 설득했습니다. 보수적인 분위기의 위원회는 그를 불신임하지 않았지만 차페츠 박사가 다른 일자리를 찾아서 나가리라 예상했습니다." 그러나 차페츠는 알코올 중독 분야의 정부 전문가로 위촉된 1971년까지 하버드 대학에 남아 있었다.

이 밖에도 드러나지 않은 표절 사건들이 많을 것이다. 왜냐하면 새로운 사건이 발생해서 기사화될 때마다 "당신이 볼 때 이것이 나쁜 짓이라면……"이라는 내용의 편지들이 유명 학술지 편집자들에게 쏟아져 들어오기 때문이다. 알사브티의 표절 사건 후일담에서 《네이처》는 다른 '요르단' 연구자가 자료를 도둑질한 사건을 상세하게 기술했다.[17] 1978년, 한 저널에는 한 요르단인이 투고한 〈금속 부식에 전기 전하가 미치는 영향〉이라는 논문이 실렸다. 그리고 철저한 조사 끝에 비슷한 제목의 동일한 논문이 10년 전 스웨덴 저자들에 의해 발표되었다는 사실이 밝혀졌다. 도작(盜作) 원고는 게재가 거부되었고, 잡지 편집인의 고소로 문제의 요르단인은 이름을 밝히지 않은 미국 동부의 어느 대학 방문연구원직에서 해임되어 암만 대학으로 돌아갔다. 그렇지만 만약 그 연구원이 미국 시민이고 하물며 한 대학의 학과장이었다면 어떤 일이 벌어졌을지 의문이다.

과학의 보상은 엄격하고 철저하게 그 독창성에만 주어져야 한다고 사람들은 생각한다. 과학자들이 자신이 이룬 발견의 선취권을 입증하려고 필사적으로 노력하는 것은 바로 그 때문이다. 그토록 빈번하고 신랄하게 이루어지는 고발의 사실 여부를 판단할 때, 연구자들이 때로 자신들의 동료나 경쟁자들의 연구를 공정하게 인정할 수 없는 것도 같은 이유 때문이다. 다른 연구자를 공정하게 인정하지 않는 행위는, 소극적이기는 하지만 그의 연구를 도둑질하는 것이다. 도작은 매우 흥미로운 현상이다. 이것은 과학적 연구를 보고하는 과정에서 발생하는 흔한 범죄 행위가 극악한 형태로 발전된 것이기 때문이다. 다른 사람의 연구를 통째로 훔치는 도작[1]은 너무도 악질적이고 극명한 범죄 행위라서 과학을 직업으로 삼지 않은 사람들은 과학자들이 절대 그런 짓을 하지 않을 거라고 생각할지 모른다. 그렇지만 과학계에서 이런 도작은 빈번하게 일어나며, 발각되지 않는 경우도 많고, 명백한 사건들도 밝혀지기까지 많은 시간이 걸리며, 심지어는 도작이 밝혀진 경우에도 그들의 경력에 아무런 영향을 미치지 않는 증거들이 많다. 지적 재산권에 대한 가장 심각한 범죄인 도작이 과학계에서 손바닥을 때리는 정도의 가벼운 처벌로 끝난다면, 그보다 가벼운 범죄 행위들은 모두 면죄부를 받게 되지 않을까?

1) plagiary는 흔히 '표절'로 번역되지만 여기에서는 부분적 표절이 아니라 논문 전체를 통째로 도둑질했다는 의미에서 '도작'이라 번역했다.

4장 __ 재연의 한계

과학자들이 말하는 자기규찰 시스템

새로운 과학 기만행위 사건이 신문의 머리기사를 장식할 때마다, 일반적으로 과학 기관들은 변종 사례이거나 '썩은 사과' 이론(하나의 썩은 사과가 한 상자의 사과를 상하게 한다)의 일종이라고('나쁜 사과' 이론에 따른 한두 가지 일탈 사례쯤으로) 간주한다. 이 이론에 따르면 그 사기꾼은 정신질환자이거나 엄청난 스트레스를 받았거나, 그도 아니면 정신적으로 혼란스러워서 그런 짓을 저지른 것이다. 이러한 설명은, 모든 책임이 잘못을 저지른 개인에게 있을 뿐 과학이라는 제도와는 무관하다는 것을 의미한다.

암 연구자인 루이스 토머스(Lewis Thomas)도 최근에 일어난 기만행위 사건들이 "정신상태가 불안정한 연구자들의 소산, 그러니까 예외적인 것으로 볼 수 있다"고 말했다.[1] 당시 국립과학아카데미 원장이었던 필립 핸들러(Philip Handler)는 1982년 3월 1일 열린 고어 의회 청문회에서 이렇게 말했다. "간혹 일어나는 이러한 행동들은 윤리를 저버린 사악한 정신, 또는 실성한 정신에서 비롯된 정신병적 행동이라고 판단할 수 있습니다."[2]

모든 기만행위를 정신이 혼란스럽고 미쳤지만, 그럼에도 과학 공동체에 침투할 수 있었던 불쌍한 정신병자들의 책임으로 돌린다면, 과학이 저절로 규제된다는 제도적 메커니즘에 어떤 변화도 필요치 않을 것이다. 그렇다면 그러한 메커니즘은 무엇인가? 그리고 어떻게 효율적으로 작동할 수 있는가? 그 답은 종종 제기되는 '과학에서 기만행위가 일반적인가, 아닌가?' 하는 물음과 중요하게 연관되어 있다.

저명한 독일의 사회학자 막스 베버(Max Weber, 1864~1920)는 과학을 하나의 소명으로 간주했다. 베버의 관점에 따르면 진리에 대한 개별 과학자들의 헌신이 과학의 정직성을 지켜준다. 한편 동시대인이었던 프랑스의 에밀 뒤르켐(Emile Durkheim, 1858~1917)은 과학의 진실성(integrity)을 보증하는 것이 과학자 개인이 아니라 과학 공동체라고 생각했다. 과학자가 천성적으로 정직하다는 베버의 견해는 지금도 여기저기서 들을 수 있다. 과학자이자 소설가였던 스노(C. P. Snow, 1905~1980)는 이렇게 말했다.[3] "내가 알았던 과학자는…… 몇몇 측면에서 다른 지식인 집단에 비해 훨씬 더 도덕적이었다." 그러나 과학자들이 다른 사람들에 비해 더 정직하다는 견해가 특별히 유행을 타는 것 같지는 않다. 가장 지배적인 견해는 미국의 저명한 과학사회학자인 로버트 머턴(Robert Merton, 1910~2003)이 제기한 것이었다. 그는 뒤르켐과 마찬가지로 과학의 정직성을 과학자들의 개인적인 품성이 아닌 제도적 메커니즘에 돌렸다. 머턴은 연구 결과의 검증 가능성, 동료 전문가들에 의한 엄격한 조사, 과학자의 활동에 대한 '다른 어느 분야보다 더 철저한 자기감시', 이러한 것들이 '과학의 역사에서 사실상 기만행위가 일어나지

않도록' 보증해주는 특징이라고 말한다.[4]

머턴이 기술한 자기규찰 메커니즘은 과학자들 사이에서 통용되는 일종의 규약이 되었다. 과학의 자기규찰은 사회가 과학적 문제에 개입할 필요가 없는 근거로 빈번히 언급된다. 과학 기만행위를 다룬 의회 청문회에서 핸들러 소장은 과학이 "고도로 효율적이고, 민주적이고, 자기교정적인 방식으로 운영되는" 시스템이라고 말했다. 또한 스노도 "외부의 과학 비평은 필요하지 않다. 왜냐하면 비평은 그 과정 자체에 들어 있기 때문이다"라고 주장했다. 과학계에 대한 '접근금지' 신호를 가장 분명하게 드러낸 이는 과학저술가인 준 굿필드(June Goodfield)일 것이다. 그녀는 서머린(Summerlin) 기만행위 사건에 대해 이렇게 의견을 밝혔다. "모든 직업 중에서 과학이 가장 비평적이다. 음악, 미술, 그리고 시와 문학에는 전문 비평가들이 있지만 과학에는 없다. 왜냐하면 과학자 스스로가 그 역할을 맡기 때문이다."[5]

과학의 자기규찰 시스템을 구성하는 세 가지 메커니즘은 (1)동료 평가(peer review), (2)심사위원 제도(referee system), (3)재연(replication)이다. 동료 평가는 어느 과학자를 지원해야 하고, 누구의 연구비 지원을 기각해야 하는지 정부에 자문하는 전문가 위원회들을 지칭한다. 동료 평가 제도는 연구비 배분을 조정함으로써, 과학연구 활동에 중요한 영향을 끼친다. 정부의 연구비를 신청하는 연구자들은 동료 평가 위원회에 제출할 매우 상세한 서류를 준비하기 위해서 많은 노력을 기울인다. 위원회의 위원들은 지원서를 세심하게 검토하고 과학적 가치에 근거해서 하나하나 등급을 매겨야 한다. 이 과정은 지원서 중에 있을 부정직한 연구계획서를 찾아내려는 첫 번째 단계이다.

기만행위를 막기 위한 두 번째 안전망은 심사위원 제도이다. 거의 모든 과학 저널들은 투고된 원고들을 해당 분야의 권위 있는 전문가들에게 보내 심사를 의뢰한다. 심사위원들은 논문의 학문적 가치와 독창성 등을 판단하고 논지나 기법상의 결함을 찾아낼 임무를 맡는다. 이것은 논문 심사 과정에서 가장 엄격한 검증에 해당하기 때문에 기만행위나 기만과 같은 부정행위를 적발하는 가장 중요한 과정이다.

세 번째 안전망은 기만행위를 적발해낼 가장 강력한 방어수단이 되는 재연이다. 과학의 논리적 구조를 연구하는 철학자들이 고심해서 찾아냈듯이, 과학이 다른 학문 분야의 지식과 다른 점은 한 과학자의 주장이 다른 과학자에 의해 객관적으로 검증될 수 있다는 것이다. 과학자는 자신의 발견을 발표할 때, 실험 방법을 정확하게 기술해서 다른 사람들이 그 실험을 재연하고 결과를 확인하거나 반박할 수 있게 해야 한다. 재연은 과학 이론과 실험의 진위 여부가 판정되는 결정적인 검증이다. 그동안 축적된 지혜를 통해 알 수 있듯이, 엉터리 실험은 다른 사람이 그 실험을 재연하려 할 때 발각될 가능성이 크다. 거짓으로 주장한 내용이 중요하면 중요할수록 다른 사람들은 그 실험을 더 빨리 재연하려 할 것이다. 이 장은 흔히 어떤 거짓도 통과할 수 없는 장벽으로 간주되는 재연이라는 주제에 초점을 맞출 것이다. 동료 평가와 심사위원 제도는 다음 장에서 좀 더 깊이 있게 다룰 예정이다.

3장에서 다룬 알사브티의 짧고 화려했던 경력은 세 개의 방벽을 모두 송두리째 무너뜨리고 기만행위에 성공했다. 얼핏 보기에 그가 발휘한 힘은 특수한 사례로 여겨지지만, 알사브티가 행한 작업들은 지루한 실험을 견뎌내야 하는 연구가 아니었기 때문에 그는 연구비를 지원받기 위해 동료 평가 체계를 거칠 필요가 없었다. 그의 논문은 날조된 것이 아니라 다른 사람의 것을 베꼈기 때문에 심사위원이나 이후 실험을 재연할 연구자들이 찾아낼 수 있는 잘못이 아예 없었다. 그런데 무엇보다 중요한 것은 알사브티가 과학의 주류에서 멀리 떨어진 주변부에서 활동했고, 낡은 주제를 잘 알려지지 않은 저널에 발표했다는 점이다. 재연 체계라는 좀더 엄격한 검증은 주로 빠르게 변화하는 최첨단 과학, 즉 대단히 중요한 주장을 내놓아 이 분야의 모든 저명한 연구자들의 관심을 끄는 분야에서 행해진 사기 연구를 밝혀내는 역할을 한다.

키나제 캐스케이드 스캔들

키나제 캐스케이드(kinase cascade: 세포 내 신호전달체계, 유전자 발현의 조절과 연관되는 연구 영역)에 대한 특이한 일화는 그 적절한 예가 될 수 있다. 18개월 동안 사회를 떠들썩하게 만들었던 이 사례는 역사가, 철학자, 그리고 과학자들 자신의 설명과는 달리 상황에 쫓길 때 과학이 어떻게 작동하는지를 적나라하게 보여준다. 재연을 단 한 차례만 시도했어도 그 기만행위를 도중에 중지시킬 수 있었을 것이다. 과학자의 태도와 동기를 결정짓는 인간적 요인들 때문에 재연이라는 방법론적인 안전장치는 오랫동안 뒤로 밀려나 있었다. 이 기간 동안 키나제 캐스케이드 이론은 암 연구의 전 분야로 그물망을 확장했고, 몇몇 유명 과학자들이 그 올가미에 걸려들었다. 자부심, 야망, 새로운 이론에 대한 흥분, 나쁜 소식을 듣기 싫어하는 경향, 동료를 불신하지 않으려는 성향 등이 키나제 캐스케이드 이론을 확대시킨 요인들이었다. 요점은 이런 감정이 올바르지 않다는 것이 아니라(실제로도 그렇지 않다) 그런 감정 때문에 아주 오랫동안 재연이라는 메커니즘이 실질적 효과를 발휘하지 못했다는 사실이다. 재연은 이 사건에서 다른 모든 수단들이 실패로 돌아가고, 위조의 뚜렷한 증거가 명명백백히 밝혀진 이후에 취해진 마지막 단계였다.[6]

1981년 봄, 암 연구 분야에 새로운 슈퍼스타가 갑자기 나타나서 그동안 아무도 해결할 수 없던 분야에 불가사의한 빛을 비추는 것처럼 보였다. 코넬 대학의 대학원생이었던 24세의 마크 스펙터(Mark Spector)와 그의 지도교수인 에프레임 랙커(Efraim Racker)는 암 발생원인에 관한 획기적인 이론을 발표했다. 스펙터가 방대한 실험 증거를 모두 제공한 이 이론은 매우 설득력 있고 정밀했기 때문에, 많은 사람들은 그것이 그와 지도교수에게 노벨상을 안겨줄 것으로 믿었다. 랙커도 자신이 고안한 이 발상이 그럴듯하다는 점을 추호도 의심하지 않았다. 이 발견을 보고한 논문 서두에서 그는 체스터턴(G. K. Chesterton)이 한 다음의 말을 인용했다. "구름 속에 성을 건축하는 데 규칙 따위는 필요 없다."[7]

랙커가 쌓아올린 성은 마크 스펙터가 지도교수의 화려한 추천장을 들고 신시내티 대학에서 코넬 대학으로 찾아온 1980년 1월에 기초가 마련되었다. 10대 시절부터 스펙터는 오로지 과학에만 몰두해왔다. 랙커 실험실의 대학원생으로서 그는 대단히 빠른 속도로 새로운 실험 기술을 익혔다. 그는 아무도 하지 못했던 힘들고 복잡한 실험을 척척 해냈다. 그의 동료들은 스펙터를 자신들이 만난 가장 탁월한 학생이라고 서슴없이 말하기 시작했다. 그의 눈부신 성공은 일부 동료 대학원생들의 질시를 받기도 했지만, 선배들은 그를 '황금 손'을 가진 천재로 생각했다.

랙커는 그에게 생물 세포벽의 일부에 해당하는 효소('나트륨-칼륨 에이티피아제〔sodium-potassium ATPase〕'라 불린다)를 분리시키는 과제를 맡겼다. 랙커는 오래 전부터 이 효소에 관심을 가져왔다. 특정 암세포에서 나타나는 두드러진 특징 중 하나가 그 효소 기능의 비효율적인 작용에서 기인한다고 믿었기 때문이다. 암세포에서 발견되는 이러한 형태의 효소를 분리하려고 여러 사람들이 시도했지만 번번이 실패하고 말았다. 그런데 스펙터는 불과 두 달 만에 그 작업을 해냈다. 거기에서 그치지 않고 그는 에이티피아제가 암세포 속에서는 비효율적으로 활동하며, 정상적인 세포에서는 효율적으로 활동한다는 증거를 발견했다. 이것은 그의 지도교수의 예견을 극적으로 확인해준 발견이었다.

얼마 지나지 않아 스펙터는 효소가 비효율성을 띠는 원인을 알아냈다. 이 효소는 암세포 속에서 인산화(燐酸化)라고 불리는 화학적 변형 과정을 거친다. 세포 속에서 일어나는 모든 화학적 변화는 특정 효소에 의해 매개되기 때문에, 스펙터의 다음 단계는 에이티피아제의 인산화를 야기하는 효소를 발견하는 것이었다. 스펙터의 보고에 따르면, 프로테인 키나제(protein kinase)라 불리는 두 번째 효소가 모든 세포에 존재하는 것으로 밝혀졌고, 암세포 속에서만 활성화된 형태를 띤다고 가정되었다. 이 젊은 천재는 4개의 프로테인 키나제를 연달아 밝혀냄으로써 이 놀라운 발견에 빛을 더했다. 한 줄로 늘어선 도미노처럼 각각의 키나제들이 인산화로 활성화되면서 그 다음 키나제를 폭포(캐스케이드)처럼 연쇄적으로 활성화되어 마지막 키나제가 에이티피아제를 인산화시킨다는 것이다.

대학원생 한 명이 하나의 효소를 분리하는 데 꼬박 한 해가 걸리는 게 보통이었다. 특히 상대적으로 덜 알려진 효소의 경우는 더욱 그러했다. 그러나 스펙터는 랙커의 실험실에 들어온 지 불과 6개월밖에 안 된 1980년대 중엽에, 에이티피아제와 네 개의 키나제를 분리시켰다. 이 키나제 캐스케이드는 놀랄 만큼 흥미로운 메커니즘이었고, 생화학자들에게 모든 종류의 신호 증폭과 제어 시스템을 시사해주었다. 스펙터는 이 캐스케이드를 매우 중요한 새로운 발전과 결합시키는 데 성공했다. 그 발전이란 동물의 암을 유발하는 바이러스 연구로 당시 막 출현했던 것이다.

이 바이러스에 들어있는 '사크(src)' 유전자가 종양을 일으키며, 샤크 유전자가 프로테인 키나제를 생성한다고 알려져 있다. 문제의 바이러스가 초기 진화 과정에서 자신이 감염시킨 종의 세포로부터 이 유전자를 탈취한 것이라 생각된다. 암 연구자들은 이렇게 탈취된 유전자, 즉 내인성(內因性) 사크 유전자의 실체를 찾기 위해서 동물 세포를 상세히 조사했다. 그러나 아무도 이 유전자의 생성물인 프로테인 키나제를 분리하는 데 성공하지 못했다. 그런데 마크 스펙터는, 특정 캐스케이드 키나제가 그렇게 찾기 힘들었던 내인성 사크 유전자의 산물이라는 놀라운 소식을 가지고 등장한 것이다.

마침내 모든 요소들이 통일적인 발암 이론으로 귀결되는 것처럼 보였다. 종양 바이러스가 세포를 감염시킨다. 그리고 사크 유전자가 엄청나게 많은 키나제를 만들어내고, 그로 인해 그 세포의 키나제 캐스케이드가 시작된다. 이 캐스케이드에서 마지막 키나제가 에이티피아제 효소를 인산화시키고, 그로 인해 이 효소의 기능을 비효율적으로 만들고 나아가 악성 세포의 특징인 여타 변화를 일으키는 것이다.

생물학자들은 '매혹적(seductive)'이라는 말로 랙커-스펙터 이론의 완벽한 논리적 매력을 표현했다. 이 두 사람은 암 연구에서 초미의 관심사가 된 최신 분야를 선택해서, 일련의 훌륭한 실험들을 통해 각각의 실험이 전체 이론에 얼마나 잘 들어맞는지 입증했다. 과학 문헌에 세부적인 실험 내용이 발표되기도 전에 랙커는 전국을 돌아다니며 강연을 하면서 그 이론을 언급하기 시작했다.

정신의학 연구 경력을 가진 생화학자 랙커는 이 분야의 저명한 학자로 68세에 전미과학메달(U.S. National Medal of Science)을 수상하기도 했다. 따라서 그의 권위는 아직 발표되지 않은 이론에 상당한 신뢰를 부여했다. 만약 그가 아니었다면 그 정도의 신뢰를 얻지는 못했을 것이다. 그로부터 얼마 지나지 않아 랙커의 후원을 받은 스펙터는 MIT의 데이비드 볼티모어(David Baltimore), 국립암연구소의 조지 토다로(George Todaro), 로버트 갤로(Robert Gallo) 같은 저명한 연구자들과 공동 연구를 할 수 있게 되었다.

1981년 봄, 랙커가 국립보건원에서 그의 이론을 강연했을 때는 약 2천 명이나 되는 청중들이 운집했다. 당시 과학 기만행위 사건들에 대해 단호한 조치를 취하지 않는다는 이유로 의회와 마찰을 빚고 있던 국립암연구소 소장 빈센트 드비타(Vincent DeVita)는 이 좋은 소식을 널리 퍼뜨리라는 강력한 요청을 받았다. 그는 머뭇거렸지만 생의학계 내부에서는 관심이 고조되었다. 랙커와 스펙터는 1981년 7월 15일자 《사이언스》에 발표한 논문에서 다음과 같이 성급한 자축을 선언했다. "이제 우리는 이 분야에서 이미 오래전부터 그 분위기가 무르익었던 생화학과 분자생물학의 융합을 목도했습니다."[8]

저명한 연구자들이 이 분야로 몰려들었다. 그러나 그들은 독자적인 키나제 분리 시스템을 통해 스펙터의 연구를 재연하는 힘든 과제를 떠맡는 대신 자신들의 시료를 그에게 보내 검사를 의뢰했다. 토다로는 이렇게 말했다. "놀라운 일은 스펙터의 연구실에 갔을 때 전 세계에서 날아온 샘플들이 이 애송이에게 검사를 받기 위해 기다리고 있었다는 사실입니다. 선반 위 샘플에 붙은 라벨들은 암 연구자들의 인명록을 방불케 했습니다." 일부 연구자들은 이 젊은 대학원생을 자신의 실험실로 초빙하기도 했다. 하지만 차츰 그들은 코넬 대학에 있는 스펙터의 동료들이 이미 알고 있는 사실, 즉 스펙터가 실험하는 경우에만 성공하는 사례가 많고 그가 없으면 똑같은 재연이 일어나지 않는다는 것을 깨달았다. 그러나 그들도 스펙터의 동료들과 마찬가지로 아주 간단한 결론에 도달했다. 그것은 바로 스펙터의 실험 수행 능력이 매우 뛰어나다는 것이다. 토다로는 이렇게 술회했다. "스펙터는 기술적으로 타고난 재능을 가진 사람이었습니다. 그가 국립보건원에 왔을 때, 연구원들은 자신들의 실험에 필요한 여러 가지 실질적인 조언을 그에게 요청했습니다. 그리고 아주 탁월한 지침을 얻었지요. 연구원들은 그에게 일반 대학원생에게 하는 식으로 말하지 않았습니다. 오히려 동료를 대하듯 했지요."

동료 연구자가 날조 사실을 밝혀내다

스펙터의 이론에 흥미를 느낀 사람들 중에 볼커 보그트(Volker Vogt)라는 사람이 있었다. 그는 랙커의 실험실 바로 위층에 있는 코넬 대학 생화학과 소속의 종양 바이러스 학자였다. 1980년 4월, 스펙터는 보그트의 제자인 블레이크 페핀스키(Blake Pepinsky)와 함께 에이티피아제 효소에 대한 몇 가지 실험을 했다. "그 결과는 너무도 명쾌하고 아름답고 설득력 있는 것이어서 나는 이 프로젝트에 모든 시간을 쏟아부었습니다." 보그트는 이렇게 말했다.

그런데 한 가지 문제가 있었다. 실험 결과가 들쭉날쭉했던 것이다. 보그트는 그토록 아름다운 결과가 동시에 변덕스러울 수도 있다는 사실에 무척 곤혹스러웠다. 그는 결과를 확인하기 위한 실험이 왜 작동하지 않는지 그 이유를 놓고 씨름하느라 1980년 여름을 고스란히 바쳤다. 달의 상주기와 맞지 않아서 그랬는지, 아니면 증류수에 불순물이 들어 있어서 그랬는지 아무튼 보그트에게 그 문제는 너무 버거웠다. 결국 그는 두 손을 들고 말았고, 그 결과가 아무리 놀라운 것일지라도 실험 결과를 발표할 수 없다고 결정했다.

그러나 페핀스키는 계속 스펙터를 도와주었다. 두 사람은 하루에 17시간 일하기도 했고, 때로는 밤을 꼬박 새우기까지 했다. 그는 이렇게 말했다. "그 연구는 내 박사 논문 주제와 아무런 관계도 없었습니다. 그렇지만 나는 실험실에 갔고 스펙트가 원할 때면 급하게 실험을 하곤 했습니다. 그 실험은 그가 할 때만 제대로 이루어졌습니다." 1년 후인 1981년 초, 스펙터가 종양 유발 바이러스에 감염된 세포에서 그가 주장한 키나제를 발견하기 시작했을 때 보그트까지 이 엄청난 소용돌이에 휩쓸려들었다. 보그트의 관심을 끈 것은 스펙터의 키나제 중 하나에 대한 면역 혈청이 그때까지 발견되지 않았던 아주 중요한 단백질에 친화력을 가진다는 사실을 보여준 실험이었다. 사크 유전자의 생성물인 그 단백질은 쥐의 종양 바이러스로 널리 연구되고 있었다.

페핀스키는 그 실험을 두 차례나 반복했지만 제대로 이루어지지 않았다. 보그트는 지난해 에이티피아제와 똑같이 실망스러운 결과로 끝날 것 같다는 생각에 좌절했다. 그러나 그는 이번만큼은 문제의 바닥까지 내려가서 스펙터의 연구를 왜 재연하기 어려운지 그 이유를 밝혀내겠다고 다짐했다. 페핀스키와 스펙터는 이틀 동안 철저하게 그 실험을 되풀이했다.

그 실험은 또 한 번 대단한 성공을 거두었다. 보그트는 이렇게 말했다. "방사선 사진 상에 단백질의 굵은 방사능 띠가 나타났습니다. 더 이상 분명할 수 없을 정도로 확실한 결과였지요. 그래서 저는 '이 연구는 내가 연구할 가치가 있겠다'는 판단을 내렸습니다." 그는 방사성 사진이 만들어진 겔을 분석하는 작업을 첫 번째 단계로 결정했다. "그런데 내가 겔에 손을 대자 스펙터가 무척 당황해하더군요. 전에는 그가 이 분석을 도맡아 했거든요." 실험의 재연이 불가능하다는 점 때문에 불안했던 페핀스키도 원래의 겔을 잘 보관하고 있었다.

겔은 스펙터의 실험에서 얻을 수 있는 데이터의 핵심적인 부분이었다. 면역 혈청에서 추출해서 '방사성 인 32(radioactive phosphorus 32)'라는 꼬리표가 붙은 세포 단백질을 겔 위에 놓고 전기장 속에 넣는다. 각각의 단백질은 겔 속에서 특정 거리만큼 이동하며, 그 거리는 단백질 크기로 결정된다. 방사선에는 감응하는 필름에 이 겔을 가까이 놓아두면 그 부분이 검은 선이 되어 단백질의 존재와 이동 거리를 눈으로 확인할 수 있다.

당시까지 스펙터는 방사선 사진이라고 불리는 이 필름만을 동료들에게 보여주었다. 원본 겔을 손에 넣은 보그트는, 첫 번째 조치로 방사성 단백질 띠의 위치를 파악하기 위해서 휴대용 가이거 계수기로 겔을 탐지하는 작업에 착수했다. 계수기가 딸깍거리는 소리의 패턴으로 미루어, 그는 뭔가 크게 잘못되었음을 직감했다. 그것은 '인 32'에서 나는 소리가 아니었다. 방사선 사진에 나타난 검게 부분의 크기로 판단하건대 그것은 '요오드 125'처럼 보였다. 방사능 측정장치인 섬광 계수기로 계측한 결과 그 추측이 사실로 드러났지만, 요오드는 이 실험에 쓰일 이유가 전혀 없었다.

그 실험은 매우 교묘하지만 지극히 단순한 속임수였다. 속임수를 쓴 자가 겔 속에서 원하는 지점에 도달할 수 있는 적절한 분자량의 단백질을 찾고 있었던 것이 분명했다. 그리고 그 단백질에 방사성 요오드를 붙여서 그것이 겔에 도달하기 직전에 면역 혈청이라고 꼬리표가 붙은 단백질과 섞어놓은 것이었다.

보그트는 크게 실망했다. 그날은 7월 24일 금요일이었다. "그건 정말 악몽이었습니다. 처음에는 아무에게도 그 이야기를 하지 않았습니다. 저는 그 일이 이제까지의 내 경력, 아니 모두의 경력에 치명적인 사건이라고 생각했습니다. 저는 집에 가서 하루 종일 곰곰이 생각한 후, 랙커를 만나러 갔습니다."

"랙커는 실제로 나타난 현상을 의심하지는 않았지만, 모든 것이 조작이라고는 믿고 싶어하지 않았습니다. 당시 우리는 그 일이 최근에 일어난 탈선 행위일 거라고 추측했습니다. 다음날 우리는 스펙터와 마주쳤습니다. 우리는 그가 '모두 제 잘못입니다'라고 말할 줄 알았습니다. 그렇지만 그는 시인하지 않았습니다. 그는 우리가 발견한 요오드에 관해 반박하지 않았지만, 자신이 한 일이 아니며 어떻게 그런 일이 일어났는지 모르겠다고 하더군요."

실험 조작 사실이 밝혀지면서, 불과 열흘 전에 《사이언스》에서 랙커가 공언했던 '구름 위의 성'은 사라지기 시작했다.

랙커는 스펙터에게 4주를 주고 에이티피아제와 네 종류의 키나제를 분리해서 자신에게 검증을 받으라고 했다. 스펙터는 그 제안에 동의했다. 그는 4주가 아니라 2주면 충분할 거라고 말했다. 그러나 진행은 그리 빠르지 않았다. 그는 랙커에게 실제로 효과를 내는 에이티피아제를 제공하기까지 세 차례의 시도를 해야 했다. 어쨌든 그는 하나를 제출했다. 또한 그는 에이티피아제를 인산화시키는 것으로 보이는 키나제를 만들었지만 랙커가 그 실험을 두 차례 할 수 있을 정도의 재료만 있었을 뿐이다. 스펙터가 제공한 다른 키나제들은 분자량이 정확하지 않았고 기대한 결과도 나타내지 못했다. 4주의 기한이 끝났을 때 랙커는 스펙터에게 더 이상 실험실에 나오지 말라고 말했다.

자신을 정당화하려던 스펙터의 시도는 결국 실패로 끝났다. 그러나 그것은 석연치 않은 실패였다. 그는 랙커에게 자신이 전부는 아니더라도 자신이 주장했던 결과의 일부를 재연할 수 있다는 것을 보여주었다. 따라서 과거에 그가 한 연구의 일부 또는 전부를 신뢰할 수 있을지에 대해서 의혹을 남겼다. 하지만 그는 자신이 알고 있는 내용을 동료들과 공유하기를 거절했다. "스펙터는 5년 이내에 자신의 결백이 입증될 거라고 말합니다. 그러나 무엇이 진실이고 무엇이 거짓인지 밝혀내려는 우리를 돕지는 않을 겁니다." 스펙터의 연구에 대해 가장 잘 알았던 페핀스키는 이렇게 말했다.

그렇다면 스펙터의 실험 결과는 모두 날조된 것인가 아니면 모두가 사실인가, 또는 그중 일부만 조작된 것인가? 어쩌면 이 물음에 대한 확실한 답은 영원히 얻을 수 없을지도 모른다. 확실하게 말할 수 있는 것은 그의 실험에 포함된 데이터 중 일부가 누군가에 의해 고의적으로 그리고 교묘하게 조작되었다는 것뿐이다. 조지 토다로는 이렇게 말했다. "만약 처음부터 끝까지 날조된 것으로 밝혀진다면, 그것은 정말 탁월한 작품인 셈입니다. 깜짝 놀랄 일이지요. 어쨌든 그런 일이 실제로 일어날 수도 있습니다." 이 연구에 대해 잘 아는 다른 생물학자도 이렇게 평했다. "만약 우리가 날조라고 말한다면, 그것은 매우 교묘하고 용의주도하고 범위가 큰 것이지요. 조잡하고 좀스런 기만행위와는 종류가 다릅니다."

키나제 캐스케이드 이론이 무너지기 시작하자 마크 스펙터의 핵심적인 경력도 함께 무너졌다. 1981년 9월 9일, 그는 자신의 박사학위 논문을 철회했다. 박사 논문이 통상 5년 정도 걸리는 데 비해 그 논문은 1년 반 만에 완성된 것이었다. 그가 코넬 대학원 박사과정에 입학했을 당시 이루어졌어야 할 조사가 뒤늦게 행해진 결과, 그의 주장과 달리 신시내티 대학의 석사나 학사 학위가 전혀 없음이 밝혀졌다. 《이타카 저널(*Ithbaca Jounal*)》은 이렇게 보도했다. "신시내티 주 경찰 당국의 조회 결과 마크 스펙터는 그의 고용주가 그에게 지불하는 것처럼 꾸며서 모두 4,843달러 49센트 분의 수표를 조작한 혐의를 인정했다. …… 그는 징역형을 언도받았지만 3년간 집행유예가 되었다."[9]

"나는 아들이 없었기 때문에 그를 아들처럼 대했다"고 랙커는 동료에게 말했다. 바로 그런 관계 때문에 그의 성은 부실한 벽돌로 세워졌다. 나이가 많고 무뚝뚝하고 권위주의적이었던 랙커는 이 젊은 제자에게 워낙 좋은 인상을 받았기 때문에, 스펙터에게 자신의 실험실 일부를 아예 떼어주려고 준비하고 있었다. 두 사람의 관계에서 나타난 치명적 허점은 스펙터가 상사의 권위 앞에 나약했다는 점일 것이다. 이 사건을 옆에서 지켜보았던 한 관찰자는 후일 이렇게 말했다. "랙커는 실험실에 들어와서 곧바로 데이터를 요청하곤 했습니다." 그러면 스펙터는 그 데이터가 없다고 말하지 못하고, 자신이 생각하기에 지도교수를 만족시킬 만한 것이면 무엇이든 그에게 제공하곤 했다. "그런 관계는 두 사람 모두에게 해로웠습니다. 그들은 잠시 동안 서로를 부양한 셈이지요. 스펙터는 해답을 제공해서 그의 '아버지'를 기쁘게 했고, 동시에 그는 연구를 엉망으로 만들어놓은 것입니다."

많은 과학적 문제들이 흔히 그렇듯이 내면에 깔린 사람들의 감정 때문에 이러한 사건이 발생했다고 할 수 있지만, 과학적 방법론의 문제도 여전히 제기된다. 왜 스펙터의 실험 결과가 가짜라는 사실이 좀더 일찍 밝혀지지 않았을까? 왜 그의 이론에 사로잡힌 많은 생물학자들이 먼저 일부 기본 결과들을 재연하려고 시도하지 않았을까? 사실 그들은 했다. 그렇지만 그들은 스펙터와 같은 결과를 얻지 못했다. 따라서 그 이론을 폐기했어야 했다. 그런데 그들은 그렇게 하지 않았다.

외부에서 위험 경고를 처음으로 분명하게 보낸 사람은 콜로라도 대학의 유명한 바이러스 사크 유전자 전문가인 레이먼드 에릭슨(Raymond Erikson)이었다. 랙커는 그에게 스펙터가 캐스케이드 키나제 중 하나로 준비해둔 면역 혈청을 검사해달라고 요청했다. 에릭슨은 호의로 그 검사에 응했지만, 면역 혈청이 스펙터가 설명한 것과 다르다는 사실을 발견했다. 검사 결과, 얼마 전 에릭슨 자신이 랙커에게 보냈던 면역 혈청과 동일하다는 명백한 징후가 나타났다. 그것은 바이러스 사크 유전자의 단백질 산물에 대해 화학적 친화성이 있는 면역 혈청이었다. 만약 에릭슨이 그 면역 혈청이 자신이 보낸 것과 동일한 혈청이라는 것을 알아보지 못했다면, 그는 그 검사를 통해 완전히 잘못된 중대한 결론을 내렸을지도 모른다. 즉, 스펙터의 키나제가 바이러스 사크 유전자의 산물과 근연(近緣) 관계라는 결론이 그것이다. 스펙터와 랙커도 바로 그런 결론을 듣고 싶어 했다.

에릭슨은 1980년 11월 랙커에게 자신의 발견을 알렸다. 그것은 이 기만행위 스캔들이 최종적으로 밝혀지기 1년 전쯤의 일이었다. 랙커는 에릭슨의 말을 단 한마디도 믿지 않으려 했고, 에릭슨에게 자신은 다른 결과를 얻었다고 말했다. 그는 다른 면역 혈청 세트를 보내주겠다고 말했지만, 실제로는 보내지 않았다. 그리고 나중에 취소되었지만, 《셀(*Cell*)》에 실은 논문에서 랙커는 키나제가 존재한다는 사실을 알아내지 못했다는 이유로 에릭슨을 비판했다.[10] 에릭슨은 랙커가 면역 혈청을 잘못 보냈다는 사실을 발표하지 않았기 때문에 누구도 그 일을 알지 못했다.

그리고 국립암연구소의 로버트 갤로(Robert Gallo)가 또 한 차례 분명한 경고를 했다. 그는 1981년 2월 코넬 대학에 원숭이 바이러스 단백질을 보냈고, 스펙터로부터 그것이 캐스케이드 키나제 중 하나와 근연 관계라는 말을 들었다. 자신의 실험실에서 같은 실험을 여러 번 시도했으나 잘 되지 않자, 갤로는 박사후 과정 학생 한 명을 코넬 대학으로 보내서 합동 실험을 하도록 했다. 갤로는 그 학생에게 지시하기를, 스펙터에게 넘겨주는 견본들을 이름으로 확인하지 말고 유전 암호로 직접 부호화하라고 지시했다. 왜 그랬을까? 갤로는 낄낄거리며 이렇게 말했다. "왜냐하면 제가 못된 놈이니까요. 내 연구실에서는 그 데이터를 재연할 수 없었습니다. 이상하게도 스펙터가 없으면 그 실험은 제대로 이루어지지 않았습니다."

부호화했음에도 불구하고 스펙터는 두 차례에 걸쳐 9개의 견본 중에서 제대로 된 하나를 골라내서 그의 캐스케이드 키나제 중 하나와 갤로의 원숭이 바이러스의 유전자 산물 사이의 관계를 입증해 보였다. 그러나 갤로는 스펙터에게는 알리지 않았지만 그 연관성을 의심할 만한 나름의 이유가 있었다. 그는 랙커에게 자신의 실험실에서 그 실험을 재연할 수 있게 면역 혈청을 보내달라고 요청했다. 그러나 면역 혈청은 오지 않았다. 갤로는 이렇게 진술했다. "그래서 나는 그 연구 계획을 포기했습니다. 나는 내가 모르는 뭔가 이상한 일이 있다고 생각했지만 억측을 하고 싶지 않았습니다. 그저 랙커에게 우리는 그 실험을 이곳에서 재연할 수 없었다고만 통보했지요." 랙커에게 뭔가 이상하다는 생각을 이야기하지 않은 이유를 묻자, 그는 이렇게 대답했다. "실험을 재연할 수도 없고, 그 실험에 사용된 면역 혈청도 없다면 아무런 할 말이 없지 않겠습니까? 이런 식으로 재연을 할 수 없는 경우는 허다합니다. 그리고 그런 일이 벌어지는 건 그들이 실험을 잘못했기 때문이지요."

갤로와 에럭슨의 행동은 그런 상황에 처했을 때 모든 연구자들이 취하는 전형적인 모습이다. 그러나 그것은 과학자들이 이야기하는 교과서적 반응과는 정반대이다. 실험자의 양심은 말할 것도 없고, 실험 재연의 실패도 그 실험이나 그에 기반한 이론의 타당성에 대한 의구심으로 이어지지 않는다. 물론 저마다 나름대로 의구심을 품고, 랙커와 마찬가지로 각기 개인적으로 우려할 만한 기본적인 이유를 가지고는 있었다. 그러나 갤로가 관찰한 바와 같이 실험을 재연할 수 없다는 사실만으로는 조작 가능성을 제기할 만한 근거가 충분하지 않다.

실제로 캐스케이드 키나제 기만행위가 밝혀진 방식을 보면 과학이 실제로 움직이는 방식에 대해 많은 것을 알 수 있다. 그것은 교과서에 씌어 있는 것과 사뭇 다르다. 연구자의 작업에서 첫 번째이자 가장 중요한 점검은 실험실 내에서 그의 동료나 지도교수가 그 실험의 원 데이터를 살펴볼 때 이루어진다. 과학철학자들은 지극히 일상적이고 기본적인 이 부분을 결코 언급하지 않는다. 다시 말해서 오직 내부자만이 실험 기록, 사진, 실험 장치를 통해 얻는 도표들, 그리고 발표 논문의 근거가 되는 그 밖의 데이터들을 볼 수 있다. 그들만이 발표된 사실들이 원 데이터와 일치하는지 판단할 수 있는 위치에 있다. 외부자들도 발표된 사실에 의문을 품을 수 있지만, 의문을 제기할 만한 근거를 제시하지 않는 한 원 데이터를 보여달라고 당당하게 요구하기 어렵다. 설령 그런 요구를 한다고 해도 거절당하기 십상이다. 그런데 문제는 원 데이터만이 조작 여부를 밝혀낼 수 있다는 점이다.

대부분의 기간 동안 스펙터는 실험실에서 함께 일하는 동료들이 자신의 원 데이터를 점검하지 못하도록 교묘하게 숨겼다. 스펙터의 노트를 본 적이 있는 한 연구자의 말에 따르면, "그 노트에는 원 데이터가 하나도 들어 있지 않았습니다. 사람들은 대체로 중요한 출력물을 노트에 철해두는데, 스펙터는 숫자들을 모두 직접 써넣었습니다. 모든 결과가 밝혀진 다음에야 그 내용을 노트에 기록한 것이지요."

조작이 밝혀진 것은 결정적인 한 가지 이유 때문이었다. 볼커 보그트는 방사선 사진을 찍은 원래 겔을 조사하기로 결정했다. 그때까지 그 겔에 접근했던 외부인은 아무도 없었다. 보그트의 행동은 지극히 논리적인 절차로 보이지만, 그것은 실험 과정을 되돌아보는 행동에 불과했다. 하지만 지적 명석함과 끈기 있는 태도가 결합되었기에 그런 행동이 가능했다. 보그트는 그 문제를 좀더 일찍 알아내지 못한 것을 자신의 탓으로 돌렸지만, 다른 사람들은 실험 조작을 밝혀낸 공적의 상당 부분이 그에게 돌아가야 한다고 믿고 있다. 아마도 많은 연구자들은 그 명확한 발견에 완전히 매료되어 그것을 더 발전시키는 데만 골몰했을지 모른다. 그리고 다른 사람들은 복잡하고 모호한 골칫거리에서 한시라도 빨리 벗어나려고 했을 것이다. 그러나 보그트는 문제의 본질을 향해 정면으로 밀고나갔다.

만약 보그트가 없었다면, 이 조작 사건은 오랜 시간이 지나도 발각되지 않았을 것이다. 그리고 모든 사람들의 관심에서도 벗어났을 것이다. 당시 스펙터는 코넬 대학을 떠나 자신의 실험실을 막 만들려 하고 있었다. 그러한 상황에서 다른 사람들이 요오드가 가해진 겔에 접근하기란 사실상 불가능한 일이었다. 스펙터에게 학사학위와 석사학위가 없다는 사실은 그가 박사학위를 받기 전에 행정 관리 체계에 따라 드러날 터였지만, 그만한 일은 작은 난관에 불과해 기만행위의 증거가 없었다면 쉽게 비켜갈 수 있었을 것이다.

랙커의 입장에서 보면 훌륭한 업적이 될 수도 있었을 화려한 영광이 엄청난 파탄으로 끝나고 만 셈이다. 그의 동료들이 이미 오래 전부터 노벨상 수상자 후보로 지목했던 키나제 캐스케이드는 그가 스톡홀름에서 인정받을 수 있는 마지막 기회였을 것이다. 그렇다면 랙커가 그 문제를 좀더 일찍 밝혀내야 했을까? 한 분자생물학자는 이렇게 말했다. “이 사건으로 봤을 때 기만행위를 막을 수 있는 사람은 아무도 없습니다. 만약 우리 스스로 조작을 방지하는 체계로 과학을 운영한다면, 아마 과학이라는 사업 전체가 망하고 말 겁니다."

한편, 랙커는 여러 차례 경고를 무시했다고 볼 수 있다. 그는 스펙터의 노트를 점검해보았지만, 후일 밝혀질 문제의 징후들을 찾아내지 못했다. 랙커는 스펙터의 이론 중 일부를 점검했지만, 스펙터의 연구를 처음부터 끝까지 완전하게 재연하는 작업은 랙커의 실험실에서 이루어지지 않았다.

이 사건을 줄곧 지켜보았던 한 연구자는 이렇게 평했다. "내 생각에 랙커 자신이 그 결과를 믿고 싶었던 것 같습니다. 그는 대단히 저명한 과학자이지만, 내 생각에 그는 비판적인 판단을 잠시 보류했던 것 같습니다. 왜냐하면 그는 스펙터를 굳게 믿고 있었기 때문이지요. 따라서 두 사람은 실제로 할 수 있었던 것만큼 철저하게 상황을 점검하지 못했습니다."

이에 대해 랙커는 이렇게 말했다. "나는 우리가 제대로 점검했다고 생각합니다. 이런 일이 내게 벌어졌다는 것은 매우 불행한 일입니다. 나는 매사에 철두철미하기로 유명한 사람이니까요." 그의 주장은 가장 비판적인 입장의 과학자라 해도 강력한 동기가 작용할 때는 비판력이 무뎌질 수 있다는 사실을 완벽하게 보여준다. 황금손을 가진 우수한 한 청년, 뛰어난 아이디어를 선택해 그것에 실체라는 외양을 씌운 인물, 미국 전역의 모든 암 연구자들을 최면에 빠뜨린 신기루와 같은 성을 지은 인물, 사이렌의 노래처럼 매혹적인 유혹에 홀리지 않을 과학자는 거의 없었을 것이다.

키나제 캐스케이드 사기 사건은 일단락되었다. 그러나 실제 발생한 일에 관한 진실은 결코 밝혀지지 않을지도 모른다. 이 드라마의 핵심 등장인물들조차도 모든 답을 알지 못할 수 있다. 코넬 대학 생화학과의 리처드 맥카티(Richard McCarty) 교수는 이렇게 말했다. "만약 스펙터가 키나제 캐스케이드 이론을 단지 가설로 수립했다면, 그는 천재로 인정받아야 할 것입니다." 만약 그가 그 가설을 입증하려고 시도하지만 않았다면 그는 천재로 인정받는 데다 대학졸업장도 없이 노벨상을 거의 거머쥐었을 것이며, 과학적 명성뿐 아니라 스승의 인정도 얻는 전도양양한 청년이 되었을 것이다.

시토크롬 c 조작 사건

스펙터 사례가 분명하게 입증하듯이, 흔히 기만행위는 공공연한 재연이 아니라 사적인 검증을 통해서 밝혀지곤 한다. 스펙터 사건처럼 많은 사람들을 경악시켰지만 거의 알려지지 않은 사례가 1961년에 생화학 분야를 뒤흔들었다. 키나제 캐스케이드 이론과 마찬가지로, 실험 조작은 발표된 논문의 상세한 내용을 토대로 그 연구를 재연한 외부자가 아니라 같은 실험실에 있던 내부자의 개인적 노력으로 폭로되었다.

이 사건에는 두 사람의 유명한 생화학자가 연루되었다. 한 명은 1953년 노벨상을 수상했던 록펠러연구소의 프리츠 리프만(Fritz Lipmann)이고, 다른 한 사람은 당시 예일 대학 생화학과의 멜빈 심프슨(Melvin V. Simpson)이었다.[11] 심프슨은 1960년에, 한 열성적인 학생의 도움을 받아 세포 속에 있는 소기관인 미토콘드리아가 시토크롬 c(cytochrome c: 동식물 세포 속에서 호흡의 촉매 작용을 하는 물질)라는 단백질을 합성할 수 있다는 사실을 밝혀냈다. 당시 이 발견이 큰 관심을 불러일으킨 까닭은 미토콘드리아의 단백질 합성 능력이 확인된 데다, 단백질이 그처럼 순수한 형태로 시험관 속에서 합성될 수 있다는 사실이 처음 입증되었기 때문이다.

심프슨의 학생이었던 토머스 트랙션(Thomas Traction, 가명)은 곧바로 예일 대학에서 박사학위를 받았고, 록펠러연구소에 있는 리프만의 실험실로 자리를 옮겼다. 얼마 지나지 않아 그와 리프만은 당시 생화학자들이 대단히 관심을 가졌던 주제로 도발적인 논문을 발표했다. 그것은 글루타티온(Glutathion: 생체 내의 산화 환원 기능에 중요한 작용을 하는 물질)이라는 물질의 합성에 대한 연구였다. 같은 시기에 심프슨은 당시 영국의 저명한 생물학자였던 프랜시스 크릭(Francis Crick)과 로이 마크햄(Roy Markham)과 공동 연구를 하기 위해 몇 개월 동안 영국으로 갔다. 돌아오자마자 그는 실험기구들을 꺼내서 시토크롬 c의 합성에서 자신이 발견한 사항을 한층 더 확장시키기 위해 당장 실험을 시작했다. 그러나 유감스럽게도 아무런 성과도 얻지 못했다.

"저는 유럽을 돌아다니면서 우리의 성공에 관한 세미나를 개최하고 돌아왔습니다. 그런데 정작 그 실험을 재연할 수 없었던 것이지요. 그 고통이 어떤 것인지 상상해보세요." 심프슨은 당시를 이렇게 회상했다. 그는 거의 1년 동안 실험 결과를 재연하려고 시도했다. 결국 자포자기한 그는 트랙션을 리프만의 실험실에서 불러들여 실험을 다시 하게 했다.

그런데 공교롭게도 리프만 역시 네덜란드의 한 학술회의에서 영국 과학자를 만난 후 연구 결과에 의구심을 품고 있었다. 그 과학자는 트랙션-리프만의 발견을 재연하려고 시도하고 있지만 어려움이 많다고 털어놓았다. 심프슨은 트랙션이 예일 대학으로 돌아온 후 리프만으로부터 전화를 받은 일을 기억한다. 리프만은 "토머스 트랙션 때문에 당신이 난처해진 것으로 알고 있다"고 말했다.

"그렇습니다. 우리는 실험을 재연하는 데 약간의 어려움을 겪고 있습니다." 심프슨은 요점에서 벗어나지 않으려고 애쓰면서 조심스럽게 대답했다.

"그러면 당신 패를 보여주시오. 나도 내 패를 모두 보여줄 테니." 리프만의 제안에 심프슨은 동의했고, 리프만이 "우리는 트랙션이 한 실험을 어느 것도 재연할 수 없었습니다"라고 털어놓자 심프슨은 이렇게 대답했다. "우리도 마찬가지입니다."

심프슨은 사람들을 시켜 트랙션이 실험을 재연할 때 교대로 감시하게 했다. 이번에는 한 번도 실험이 제대로 이루어지지 않았다. 오늘날 알려진 것처럼, 시토크롬 c는 우연히 단백질이 되었을 뿐 미토콘드리아가 만들어낸 것이 아니었다. 심프슨은 그 일에 대해 무척 씁쓸해했다. "지금은 괜찮지만 오랫동안 고통에 시달렸지요. 저는 여름 내내 연구에서 손을 뗄 수밖에 없었고, 그 기간 동안 가지고 있던 작은 요트 하나를 조립했습니다. 석 달 동안 연구실에 들어갈 수가 없었습니다. 그건 정말 고통스러운 일이었지요. 토머스는 신뢰 관계를 어지럽히는 사기꾼이었습니다. 그는 모든 사람들에게 호감을 샀습니다. 가령 누군가가 티켓을 원하면 그는 그것을 구해주었습니다. 당신이 자동차를 빌려야 하는 일이 있다고 합시다. 그러면 토머스는 즉시 차를 빌려줄 겁니다. 나는 그가 왜 그런 행동을 하는지 모릅니다. 그가 정말 제정신이 아니라는 생각밖에 들지 않았습니다. 사실 그는 대단히 훌륭했기 때문에 굳이 그런 행동을 할 필요가 없었거든요."

트랙션이 졸업한 매사추세츠 대학에는 그가 학위를 받았다는 어떤 기록도 남아 있지 않았다. 트랙션은 더 이상 연구를 하지 않고 있으며 지금까지도 자신에 대한 부정행위 혐의를 모두 부인하고 있다. 그는 이렇게 말한다. "나는 시토크롬 c 실험의 결과가 부정확한 이유를 설명할 수 없습니다. 줄곧 그 문제에 대해 생각해봤지만 도

무지 그 까닭을 모르겠어요. 만약 내게 기회가 주어졌다면 나는 모든 것을 철회했을 겁니다. 그렇지만 그들은 내게 그럴 기회를 주지 않았습니다."

리프만과 심프슨은 생화학계의 유명한 저널에 발표한 두 편의 소논문에서 자신들이 트랙션의 실험을 재연할 수 없었다고 선언했다. 이 사건을 전해들은 생화학자들은 저널의 문제가 된 호를 '철회 호(reTraction issue ─ 철회를 뜻하는 영어 발음이 트랙션의 이름과 비슷함)'라고 불렀다. 그러나 당시 일반적인 양상이었던 듯, 이 일화는 언론의 주목을 받지 못했다.

재연은 공개적인 절차를 뜻한다. 이것은 오스트레일리아의 과학자가 파리에 있는 연구자의 주장을 확인하거나 반박할 수 있게 해주는 공개적인 과학 구조의 대들보에 해당한다. 그러나 심프슨과 리프만이 수행한 재연은 대체로 사적인 정보와 사적인 수단을 토대로 한 것이었다. 그리고 가장 중요한 것은 그들이 실험의 정확한 조건을 재연할 수 있는 장비와, 외부자였다면 결코 알 수 없는 지식을 가지고 있었다는 점이다. 게다가 그들에게는 실험 당사자인 트랙션이 있었다. 24시간 감시 하에 트랙션에게 실험을 반복하게 함으로써 심프슨은 앞서 얻었던 결론이 완전히 잘못되었다는 결론을 내릴 수 있었다. 대개 동료의 연구를 반복하려고 하는 과학자가 그 실험의 조건뿐 아니라 동료에 대해서까지도 이처럼 충분히 관리를 하는 경우는 없다.

연구 재연이 어려운 이유

어떤 실험을 정확하게 반복하는 문제는 일단 정확성의 규범을 따르는 한 만만찮은 일이 된다. 심프슨-트랙션 실험 반복은 재연 가능성이라는 철학자들의 이상이 달성된 과학의 역사에서 아주 드문 사례이다. 현실에서 정확한 재연을 수행하는 것이 불가능한 데는 몇 가지 이유가 있다.

1. 실험 방법의 불완전한 기술

논문에 실린 실험에 대한 기술은 불완전한 경우가 많다. 주요한 개념적 요소는 생략되지 않지만 실제적인 기술의 세부적인 문제들은 생략된다. 요리책에 적혀 있는 요리법에서 요리사라면 누구나 알고 있는 작은 요점들을 생략하듯이, 과학자들도 자신들의 경험을 기술하면서 세세한 부분들을 빼버린다. 그러나 이렇게 작은 기술적 부분들이 성공적인 결과를 낳는 데 결정적인 역할을 하곤 한다. 그러한 요소들은 저자의 예상과 달리 가까운 사이의 연구자들을 제외하고는 알기 어려운 것일 수 있다. 또 필수적인 세부 사항을 일부러 누락시키는 경우도 상당히 많다. 새로운 발견을 한 연구자는 선취권을 얻기 위해서 그 결과를 발표하기 원하지만, 자신이 그 발견의 결과를 충분히 탐구할 때까지 잠시 동안 그 분야를 자신만의 것으로 만들고 싶을 수도 있다. 이럴 때 약간 불완전한 실험법을 발표하는 것은 두 가지 목적에 모두 부합된다.

2. 실험 장비와 재료의 부재

실험의 재연에는 많은 시간과 비용이 필요하다. 실험 장비를 사들이고 기술을 습득하고, 생물학의 경우에는 그 실험을 처음 한 사람에게서 시약이나 특수한 세포를 빌리거나 미리 준비해두어야 한다. 재연은 쉽게 시도되지 않는다. 과학자는 그 결과가 중요하다고 믿는 경우에 한해서 어떤 실험을 재연하려 할 것이다.

3. 동기의 결여

재연을 의미 있게 만드는 것은 무엇인가? 간단히 답한다면 재연은 그다지 중요하지 않으며 따라서 시도되지 않는다. 처음에는 놀랍게 들리는 이러한 상황이 발생하는 이유는 과학의 보상 체계에 그 뿌리가 있다. 모든 보상은 오로지 최초의 것에만 주어진다. 두 번째로 했을 때는 아무것도 얻지 못한다. 그런데 재연은 분명 첫 번째가 아니다. 특별한 경우가 아닌 한, 누군가 다른 사람의 실험을 재연하고 그 타당성을 입증하는 작업에는 아무런 공적도 인정되지 않는다. 실험을 재연할 수 없다는 사실도 실제로는 별로 중요하지 않기 때문에 과학자들은 그런 사실을 굳이 발표하려 들지 않는다. 만약 재연의 목적이 오로지 동료가 한 연구의 타당성을 검증하기 위한 것이라면, 그 결과가 긍정적이든 부정적이든 간에 공적을 인정받을 가능성은 희박하다.

물론 과학에서는 많은 실험들이 되풀이된다. 그러나 철학자들이 즐겨 기술하듯이 순수하고 건전한 방법론적 이유에서 반복되는 것은 전혀 아니다. 과학자들이 그들의 경쟁자와 동료들의 실험을 반복하는 이유는 대체로 야심만만한 요리사가 요리법을 좀더 향상시키기 위해 그 어려운 요리법을 반복하는 것과 유사하다. 한 과학자가 중요한 새로운 기법이나 실험을 발표하면, 동료 연구자들은 그 기법을 좀더 진전시키고 새로운 방향을 개발하고 그가 했던 것을 더욱 확장시키거나 발전시키기 위해 그것을 반복한다. 이런 노력은 원래의 실험에 대한 정확한 재연이 절대 아닐 것이다. 왜냐하면 그들의 목적은 다른 과학자를 위해 그의 발견을 검증하려는 것이 아니기 때문이다. 모든 연구는 적용, 개량, 그리고 확장에 해당한다.

물론 실험은 이러한 요리법 개선 과정을 통해 검증된다. 다른 사람들도 그 실험이 작동한다는 사실을 확인하게 되면, 그 처방은 분명 현실과 어떤 연관성을 맺는 것이다. 그렇게 되면 그것은 해당 분야의 일반적인 요리법으로 통합되고, 더 나은 조리법을 고안하는 데 이용되어 요리사의 명성을 높여준다. 반대로 작동하지 않는 조리법은 누구도 사용하거나 인용하지 않을 것이다. 요리사가 나쁜 조리법으로 자신의 명성을 높일 수는 없는 법이다. 따라서 거의 모든 잘못된 이론이나 실험은 사라지거나 무시되고 만다.

과학자들이 실험을 확인하는 것은 다른 사람의 실험을 토대로 자기 실험을 하는 과정에서 간접적으로 이루어진다. 재연이라는 개념은 그 타당성을 확인하기 위해서 어떤 실험을 반복한다는 점에서 신화이며, 과학철학자나 과학사회학자들이 꿈꾸었던 이론적인 구성물에 불과하다. 그 점은 한 과학자가 타당성을 검증한다는 특정 목적을 위해 실험을 재연하려고 할 때 벌어지는 특이한 어려움을 고려해보면 잘 알 수 있다.

이런 종류의 재연은 본질적으로 직접적인 도전으로 간주된다. 어떤 연구자의 연구에 뭔가 문제가 있다는 의혹은 즉시 적대감이나 방어 본능을 불러일으키게 마련이다. 1979년 3월에 헬레나 바쉬리히트 로드바드(Helena Wachslicht-Rodbard)가 두 명의 예일 대학 교수들에 대해 그들이 했다고 주장하는 실험을 실제로 했는지 여부를 밝히는 조사를 주장했을 때, 그녀는 무려 1년 반 동안이나 비웃음을 사고 방해를 받았다. 만약 예일 대학의 두 연구자가 자신의 논문에서 표절했다고 그녀가 밝힌 내용이 60개 단어에 그치고 말았다면, 그녀는 결코 자신의 주장을 입증할 확고한 증거를 얻지 못했을 것이다. 그러나 일단 조사가 시작되자, 사상누각은 힘 없이 허물어졌다(9장에서 다시 언급할 예정).

과학의 공공적 성격에 대한 중요한 가정은, 동료 연구자가 원 데이터를 보고 싶어하는 타당한 이유가 있을 경우 해당 연구자는 그것을 이성적으로 수용해야 한다는 것이다. 그러나 과학적으로 검증된 몇몇 사례를 통해서 볼 때, 이 가정은 몹시 잘못된 것임이 밝혀졌다. 심리학자 리로이 월린스(Leroy Wolins)의 보고에 따르면, 아이오와 주립대학의 한 대학원생이 심리학 저널에 논문을 발표한 서른일곱 명의 저자들에게 그들 논문의 원 데이터를 요청하는 편지를 썼다.[12] 월린스는 답장을 보내온 서른두 명 중에서 스물한 명 이상이 그들의 데이터를 "어디 두었는지 잊었거나 잃어버렸거나, 또는 부주의로 훼손되었다"고 답했다고 한다. 원 데이터처럼 중요한 자료라면 사고가 쉽게 발생하지 않을 상태로 보관될 것이라고 일반인들은 생각할지 모른다. 나머지 열한 명의 응답자 중에서 두 명은 "우리가 그들의 데이터를 어떤 식으로 사용할지 통보했던 목적에 맞는 조건으로 데이터를 보내왔고, 이 데이터를 포함해서 우리가 발표하게 될 모든 형태의 결과에 대해 자신들의 승인을 받아야 한다고 명시해 왔다. …… 결국 모두 아홉 명의 저자로부터 원 데이터를 얻을 수 있었다."

'잃어버렸거나' 또는 제출을 거부했던 스물여덟 명의 저자들의 데이터를 얻기 힘들었던 이유는 아홉 명의 데이터를 받고서야 충분히 이해할 수 있었다. 제 시간에 제출된 일곱 명의 데이터를 분석한 결과, 세 개 데이터에서 통계상 '엄청난 오류'가 발견되었다. 월린스의 연구가 함의하는 바는 받아들이기가 무서울 지경이다. 자신에게 득이 되지 않는 조건에서, 제출을 요청받은 과학자들 네 명 중 한 명도 안 되는 숫자만이 자발적으로 원 데이터를 제공했고, 통계 처리만 살펴보더라도 분석된 연구의 절반 정도가 수치에서 중대한 오류를 저질렀다. 이는 이성적 · 자기교정적 · 자기규찰적 과학자 공동체에서 나타나는 행동과는 거리가 먼 것이었다.

월린스의 실험은 1962년에 이루어졌다. 1973년에 크레이그(J. R.

Craig)와 리즈(S. C. Reese)가 이 비슷한 조사를 수행했다. 세부 내용에서는 정도가 조금 덜했지만 전반적으로 그들의 연구도 유사한 결과를 얻었다.[13] 그들은 한 심리학 저널 같은 호에 논문을 발표했던 쉰세 명의 과학자들에게 원 데이터를 요청했다. 아홉 명은 원 데이터를 찾을 수 없거나 잃어버렸거나 파기되었다고 말하면서 노골적으로 거절했다. 심지어 한 저명한 과학자는 이렇게 말하기까지 했다. "나는 원 데이터를 내주지 않는다는 방침을 철저히 지키고 있습니다." 여덟 명은 응답하지 않았다. 어떤 식으로든 협조적인 방식으로 제출된 것은 절반에 불과했다. 스무 명은 요약 분석 데이터를 보내왔고, 일곱 명은 특정 조건에서만 작동하는 데이터를 보내왔다.

썩은 사과가 자연히 사라질까

1981년 3월 과학 기만행위 사건을 조사하는 고어 소위원회에서 증언하기 직전, 국립보건원장인 도널드 프레드릭슨(Donald Fredrickson)은 이렇게 말했다. "우리는 의도적으로 규찰을 최소화하고 있습니다. 악화(惡貨)는 자동적으로 적발되어 축출된다고 믿기 때문입니다." 프레드릭슨이 실제로 자신의 말을 확신했다는 데는 의심의 여지가 없다. 즉 과학자들은 철학자와 사회학자들이 구성해 놓은 대단히 호소력 있는 이상에 비추어 자신들의 직업을 인식하고 있었다. 무릇 모든 신앙이 그렇듯이 그들도 자신들의 신념에 따라 세상을 바라보았다. 철학자와 사회학자들은 과학이 자기규찰적이고, 그 재연은 자동적으로 모든 더러움을 정화시킨다고 말한다. 과학자들은 훈련 과정에서 그 이상을 금과옥조로 받아들인다. 따라서 그들의 관점에서 모든 오류는 저절로 밝혀져야만 한다.

그러나 실상은 그렇지 않다. 과학 논문 중에서 절반 가량은 발표된 후 1년 동안 단 한 차례도 인용되지 않는다.[14] 일반적으로 과학자들이 자신의 연구에 도움을 받은 논문을 참고문헌으로 밝힌다고 볼 때, 한 번도 인용되지 않는 논문은 다른 과학자들의 연구에 아무런 영향도 주지 않는다는 뜻이고, 따라서 전체적인 과학 발전에 전혀 기여하지 않는 셈이다. 과학자 공동체의 전체 논문 생산량 중에서 한 번도 인용되지 않는 절반 정도의 논문은 실질적 검증이나 재연은 고사하고 심지어는 읽히지도 않는다. 바로 이런 환경에서 알사브티 같은 인물이 아무런 방해도 받지 않고 성공할 수 있었던 것이다. 과학 GNP(scientific GNP: 과학 논문 생산량을 뜻한다) 중 적어도 절반에서 "악화는 자동적으로 적발되어 축출될 것"이라는 프레드릭슨의 관념은 그저 환상에 불과하다.

그런 관념을 검증하려면 해당 분야의 중심에 놓여 있고 빈번하게 인용되며 열띤 논쟁의 초점이 되는 '발견'을 잘 살펴볼 필요가 있다. 이처럼 걸출한 발견들이 철저히 조사되지 않는다면, 자기규찰 메커니즘은 과학이라는 사업에서 가장 핵심적인 영역에서조차 작동하지 않는다고 할 수 있기 때문이다.

시릴 버트(Cyril Burt)의 일란성 쌍생아 연구의 사례는 오랜 기간 동안 과학계의 핵심에 자리 잡은 채 지능의 유전 가능성을 둘러싼 대중 논쟁을 불러일으켰던 중요하고 유력한 발견이었지만, 버트의 동료들에 의해 문제점이 밝혀지거나 재연되지 않았다. 11장에서 상세하게 다루겠지만, 버트의 연구 결과는 그 결과에 의존한 다른 연구자들에 의해서도 실험이나 재연이 이루어지지 않았고 심지어 진지한 검토조차 되지 않았다. 그러나 20년 후, 의구심을 느낀 연구자가 단 몇 분간 유심히 관찰하자, 버트의 통계가 도저히 받아들일 수 없는 터무니없는 주장임이 밝혀졌다.

오랫동안 진지한 검증을 피해왔던, 실험심리학 분야에서 중요한 의미를 지니는 또 하나의 발견이 리틀 앨버트(Little Albert) 사례로 나타났다. 앨버트는 심리학 교과서에서 불멸의 명성을 얻은 11개월짜리 어린아이였다. 그는 미국에서 1920년대와 1930년대에 걸쳐 막강한 영향력을 행사했던 행동주의 심리학파의 창시자인 왓슨(J. B. Watson)의 연구에서 유일한 피실험자였다. 왓슨은 흰쥐를 비롯한 털 달린 개체에 대해 리틀 앨버트가 공포심을 느끼도록 하는 반사 실험을 했다. 이 실험은 인간 조건에 대한 패러다임으로 정식 기술되었다.

후일 심리학자들은 이 연구를 재연할 수 없었지만 그럼에도 약 60년 동안 리틀 앨버트의 매력적인 이야기가 심리학과 학생들 사이에서 거론되었다. 1980년에 비로소 캔자스 주립대학의 프란츠 새멀슨(Franz Samelson)이 이 실험에 중대한 의문을 제기했다. 리틀 앨버트는 실존 인물이었지만, 왓슨의 편지와 기록들은 이러한 조건 반사가 왓슨이 기술한 것처럼 일어날 수 없음을 강력하게 암시하고 있었다.

그렇다면 왓슨과 시릴 버트의 결함 있는 실험이 어떻게 그토록 오랫동안 심리학자들 사이에서 타당한 것으로 받아들여질 수 있었을까? 새멀슨은 '썩은 사과 이론'을 들어 실제 문제는 썩은 사과 한 개가 아니라 사과가 든 통에 있다는 결론을 내렸다. "두 사람 모두 자신의 방식으로 자신의 이론적 아이디어가 사실이라고 확신했기 때문에 그들의 실제 데이터가 가지는 제약은 아무런 문제도 되지 않았습니다. …… 그러나 궁극적으로, 그들의 의도가 무엇이었는지는 어물쩍 넘어가고 말았지요. 두 명 이상의 사람들이 그들의 데이터가 증거로서의 가치가 없다는 사실을 밝혀내기 위해 개인적인 노력을 해야 했습니다. 게다가 많은 시간이 걸렸지요. 그러자 매우 고

통스럽고도 실질적인 물음이 제기되었습니다. 왜 우리는 그 점을 좀더 일찍 알아차리지 못했을까?(또는 그것을 알았다면 문헌을 통해 이야기하지 못했을까?)”15

물론 이러한 오류를 그냥 넘겨버린 한 가지 이유는 버트나 왓슨의 결과를 이용한 대부분의 심리학자들이 그 결과를 재연하려 하지 않았기 때문이다. 문제의 데이터에 대한 내부 비판이 실패로 돌아갔다는 점을 제외하고도 새멀슨은 “과학적 방법, 즉 재연이라는 기본 원칙의 명백한 무시”를 지적했다. 그는 이렇게 말했다. “대학원생 집단에게 문제를 제기해서 왓슨과 리틀 앨버트의 연구를 재연하도록 도와준 사람이 왜 없었을까요? …… 기술적인 수준에서 과학 지식의 진실성을 수호한다고 생각되는 두 가지 중요한 메커니즘인 (공개적인) 비판적 분석과 재연이 여러 차례 실패했다는 것을 직시하고 그 사실을 받아들여야 합니다.” 새멀슨은 버트와 왓슨이 “자신들의 과학적 객관성과 견고함을 강하게 변호하기 위해 일부 비판자들을 어리석다고 비난”한 것은 몹시 얄궂은 일이라고 평한다.

외부 기관에 덜미가 잡힌 사례들

재연이 아카데믹한 과학의 요리책에서 필수적인 구성요소가 아니라는 사실은 자명하다. 그것은 이따금씩 향을 내기 위해 곁들여질 뿐이다. 만약 재연이 정기적으로 이루어지고 자기규찰이 가상의 메커니즘 이상으로 작동한다면, 잘못되거나 기만적인 과학이 얼마나 많이 적발될까? 소규모지만 외부 규찰이 이루어지는 과학 분야를 살펴봄으로써 이 물음에 대한 답을 간접적으로 얻을 수 있다. 그러한 분야에서의 외부 규찰력은 부정한 과학, 명백한 오류, 그리고 고의적인 기만행위 등의 사례를 밝혀냈다.

과학계에서 이 운수 나쁜 구석은 생물학 검사이다. 매년 새로운 식품과 의약품, 그리고 살충제의 안전에 대한 수천 건에 달하는 검사 결과가 각 기업으로부터 식품의약품국(FDA)이나 환경보호국(EPA)에 제출된다. 정부 관리들은 이 데이터를 검토하고, 그 타당성에 의문이 생기면 해당 데이터를 만들어낸 병원이나 실험실에 조사관을 파견할 수 있다. 이런 조사로는 아주 규모가 크거나 터무니없는 오류만이 드러날 것이라고 사람들은 생각할지 모른다. 그렇지만 FDA와 EPA가 지닌 제한적 감찰권만으로도 부정직한 결과들이 끊임없이 정기적으로 적발되고 있다. 다음은 최근 십여 년 동안 적발된 몇 가지 사례이다.

1. 토끼 에벤에저

FDA의 과학 조사팀은 1967년에서 1973년 사이에 감사한 쉰 명의 의사들 중에서 열여섯 명이, 후원해준 기업이나 정부에 엉터리 데이터를 제출했다는 사실을 밝혀냈다. 한 의사는 연구를 통해 얻었다는 여러 동물의 간 절개 박편을 담은 슬라이드를 제출했는데, 이 박편들이 모두 하나의 간에서 나온 것으로 밝혀졌다. 다른 연구자도 단 한 마리 토끼를 가지고 모든 동물 실험을 수행하여 경제적인 효과를 노렸다. 그 토끼는 에벤에저라는 이름으로 통칭되었다.[16]

2. 안드레아 도리아 현상

FDA 조사관들은, 원 데이터가 사고에 취약한 상태일 때 그것을 '안드레아 도리아 현상(Andrea Doria phenomenon: 이탈리아 해군 항공모함의 이름인 안드레아 도리아 호에 빗댄 것)'[17]이라고 부른다. 1979년 10월 에드워드 케네디 상원의원이 참석한 가운데 열린 청문회에서 FDA 관계자들은 '닥터-31'에 관해 진술했다. '닥터 31'은 전혀 다른 두 약품에 대해서 두 회사에 동일한 데이터를 제공하여 FDA의 관심을 끌었던 인물이다. FDA 조사관들이 그의 데이터에 대해 질문하자, 그는 자신이 강박증에 사로잡힌 연구자이기 때문에 피크닉을 갈 때도 모든 원 데이터를 가져갔다고 설명했다. 그런데 보트가 뒤집히는 바람에 데이터를 몽땅 잃고 말았다는 것이다. 그래서 잃어버린 원 데이터에 최대한 가깝게, 그가 시인한 바에 따르면 데이터를 조작해서 제출하려 했다고 말했다. 조사관들은 그럴듯한 이 이야기를 믿고 싶었지만, 그가 한 간호사에게 사고가 일어났을 때 보트에 함께 있었다고 말하라고 시킨 사실이 알려지자, 그런 생각이 사라졌다.[18]

3. 마법의 연필

1975년, FDA의 한 관계자가 우연히 나프로신(Naprosyn: 항염증제제로 로슈 사가 같은 명칭의 약품을 시판했다)에 관한 파일을 발견했다. 그것은 '인더스트리얼 바이오 테스트(Industrial Bio-Test, IBT)'라는 회사가 시험한 관절염 치료제였다. 그 파일에는 조사가 완벽히 이루어졌다고 적혀 있었다. FDA의 한 병리학자는 "그 파일에서 경악할 만한 것을 발견했다"고 말했다.[19] 그중에서도 가장 어처구니없는 사실은 데이터 상에서 같은 쥐들이 두 번이나 죽고, 일부 동물은 죽었다고 목록에 기록된 후에도 체중이 계속 불어난 것으로 한참 동안이나 기록되었다는 점이다. 실험 조교(technician)들은 관찰 결과를 그들의 실험복 소매에 적어두곤 했다. 그리고 때로는 해부할 쥐를 죽여놓고선 사체가 부패할 때까지 해부를 미루기도 했다. 조교들은 한 실험을 '마법 연필 연구(magic pencil study)'라고 불렀는데, 그 이유는 실제로는 한 번도 이루어지지 않은 분석이 최종 보고

서에 포함되었기 때문이다.[20]

우연히 발견된 이 파일 덕분에 6년 후인 1981년 6월, 이 회사의 사장과 세 명의 고위 관계자들이 실험 결과를 조작했다는 죄목으로 고발당했다. 관계자들은 1970년에서 1977년까지 네 차례 이루어진 동물 연구의 데이터를 조작한 혐의로 기소되었다. 기소장에는 많은 탈취용 비누에 들어 있는 TCC를 최소한의 시험 용량으로 투여해도 쥐의 고환이 퇴화된다는 사실을 그들이 은폐하려 했다는 주장이 담겨 있다. 그들은 나프로신에 대한 혈액과 소변 검사를 조작했고, 살충제와 제초제에 대한 암 연구 데이터를 날조한 혐의를 받았다.[21]

4. IBT 사태

기소장에서 언급된 네 건의 연구는 빙산의 일각에 불과했다. IBT(Industrial Bio-Test) 사는 미국에서 가장 규모가 큰 민간 검사기관의 하나였다. 이곳 실험실에서는 모두 6백 종 이상의 화학물질, 의약품, 그리고 식품 첨가제의 안전성과 효능 검사가 이루어졌다. IBT가 시행한 검사를 기반으로 승인된 물질들은 정원 제초제에서 아이스크림 색소, 젤리, 과일주스, 콘택트렌즈, 가정용 표백제에 이르기까지 다양하다. 그런데 대부분의 검사는 실효성이 없는 것이었다. EPA의 감사 보고서에 따르면, 쥐에 대한 IBT의 장기(長期) 검사 1백 퍼센트와 대부분의 다른 쥐에 대한 검사의 상당 부분이 신뢰할 수 없는 것이었다.[22]

5. 모자 속에서 나온 쥐

1977년, FDA 관계자인 어니스트 비슨(Ernest L. Bisson)은 이렇게 말했다. "우리는 한 연구 과정에서 실험용 쥐를 나타나게 했다가 사라지게 하는 탁월한 필법(筆法)을 목격했습니다. 이런 쇼를 하는 사람이 마술사인지 아니면 독물학(毒物學) 연구자인지 의아할 정도였습니다." 그는 이런 실태가 "해당 기관에 제출된 데이터의 특성이라기보다는 예외적인 현상"이었다고 덧붙였다. 그러나 이처럼 명백한 오류가 아니더라도 얼마나 많은 기만행위가 벌어지는지는 알 수 없는 노릇이다.

IBT 사태가 일어난 후에 FDA 대변인 웨인 파인즈(Wayne Pines)는 이렇게 말했다. "과학자 공동체의 진실성을 신뢰할 수밖에 없지만, 절대 안전한 것은 아무것도 없습니다. 가령 당신이 조작된 데이터를 가지고 있다고 해도 그것이 항상 적발된다는 보장은 없습니다."[24] IBT를 비롯한 여타 연구소들에서 적발된 대규모 기만행위 사건에 대한 대응책으로 바람직한 연구 활동(good laboratory practice)에 대한 규정이 제정되고, 조사 기업들 사이에서 통용되는 기준도 엄격히 강화되었다. 그러나 노골적인 기만행위 사례들은 계속 나타났다. FDA 관계자는 1980년에, 미국 전체의 추정 임상 연구기관 1만여 곳 중에서 "무려 10퍼센트나 되는 기관들이 정직하지 못한 연구를 하고 있을 것"이라고 말했다.[25]

기만행위, 얼마나 많은가

과학에서 기만행위는 얼마나 자주 일어나는가? 물론 이 물음에 대한 정확한 답은 없다. 한 가지 분명한 사실은 부정을 적발할 수 있는 메커니즘이 극히 드물게 작동하는 것처럼 보이기 때문에 그 심각성은 오직 추측만이 가능하다는 점이다. "참으로 기이한 일은 고의적이고 의도적인 기만행위가 순수과학계에서는 거의 일어나지 않는다는 점이다. …… 유일하게 잘 알려진 사례가 '필트다운 인

(Piltdown Man)' 사건이다." 물리학자이자 과학의 파수꾼인 존 자이먼(John Ziman)은 1970년에 이렇게 말했다.[26] 지금도 공개적인 토론 석상에서 과학자들은 정반대의 증거가 있는데도 과학 기만행위가 매우 드물다고 주장한다. 다른 사람들은 많은 사례들이 보고되지 않는다고 믿는다. 그 이유는 기만행위를 적발하고 입증하기가 힘들기 때문이거나 대중적인 혼란을 피하기 위해서이다. 자신의 실험실에서 이런 사건이 벌어졌던 한 과학자는 이렇게 말했다. "실제로 공개되는 것보다 훨씬 많은 기만행위가 시도되고 있을 겁니다. 보고하기에는 너무 사소하거나 또는 입증하기가 힘들기 때문이겠지요. 하지만 더 중요한 이유는 이런 류의 고발에 상당한 위험이 따른다는 사실입니다. 대개 고발자는 피고발자에게 온갖 중상모략을 당하곤 합니다. 이러한 행위에 대한 일반적인 태도는 '빈대 잡다가 초가삼간 태우려는가? 그 사람만 제거하고 입을 다물라'입니다."[27]

일부 관찰자들은 기만행위 사례가 근소하게 증가하고 있음을 피부로 느낀다. 왜냐하면 연구자들에 대한 압력이 거세지고, 과학 전반에 대한 품질관리(quality control) 체계가 더 많이 도입되기 때문이다. 조지아 대학의 생태학자인 프랭크 골리(Frank Golley)는 1981년 생물학 편집인 회의 연례 모임에서 이렇게 말했다. "우리는 출판물의 질을 확보하기 위해 많은 어려움과 비용이 따르는 형편입니다. 데이터를 조작하거나 다른 논문이나 지원금 신청서를 표절하는 저자가 발각될 가능성은 거의 없습니다. 과학 잡지들은 비윤리적인 사건들 중에서 사람들의 관심을 끌 만한 것만 보도하지만, 그것은 빙산의 일각에 불과합니다."[28] 어떤 데이터의 신뢰성을과장하는 경향은 연구 발표 내용을 요약한 '초록'에서 가장 두드러진다. 하버드 의대 학장을 역임한 로버트 에버트(Robert H. Ebert)는 이렇게 말한다. "아슬아슬한 조작 사례(borderline falsification: 조작과 과장의 경계에 놓여 있어서 자칫 그냥 넘기기 쉬운 조작 사례)들은 사람들이 생각하는 것보다 훨씬 흔합니다. 사람들은 자신이 얻게 될 결과를 미리 예상하고서 간행물에 제출할 초록을 작성하기 때문이지요. 하지만 과학계의 전반적인 환경은 더 심각합니다. 데이터의 정확성에 대해서는 그 누구도 넘보지 못할 만큼의 높은 가치가 매겨져야 합니다. 그것은 우리 시대가 안고 있는 도덕적 사안입니다."29

이 같은 관찰이 일러주는 수상쩍은 사항은 과학자들이 자신의 동료들을 사적으로 평가하는 어조와도 일치한다. 때로는 이런 식의 비방이 진지하게 받아들여지지 않지만, 듣는 사람들은 종종 실제로 자신을 겨냥한 의도적인 것이라는 느낌을 받는다. 기만행위 또는 사소한 비방이 너무도 흔하기 때문에 일부 과학자 집단들은 그들 나름의 은어를 만들기까지 한다. '드라이-래빙 잇(dry-labbing it: 날로 먹기)'이라는 말은 자신들의 데이터를 실험실이 아니라 상상 속에서 얻는 경향의 동료들의 행동을 빗댄 표현이다.

물론 그중 상당 부분은 과학에서 기만행위에 해당한다. 처음부터 끝까지 실험을 완전히 날조하는 경우는 드물다. 완전한 조작을 할 만큼 모든 것을 꾸며내기가 힘들기 때문이다. 반면 사소한 속임수들, 가령 데이터를 말끔하게 다듬거나 통계치를 약간 부풀리고, 마음에 드는 데이터만 선별하여 보고하는 행위 같은 과학계의 가십은 일상적으로 벌어질 수 있다. 실험 과정에서 연구자들에게 뻗쳐오는 유혹의 마수에 대한 연구에서 바버(T. X. Barber)는 과학 연구의 규범을 존중하는 것에 대해 이렇게 말한다. "행동 연구에서 벌어질 '대규모' 데이터 조작을 예방하기에는 충분하다. 그렇지만 이러한 규범들이 연구자들이 자신의 데이터나 통계치를 '손질해서' 그 결과를 좀더 '설득력 있게'(그의 동료들이나 학술 저널 발표를 위해) 만들거나 그들이 주장하는 이론에 좀더 잘 맞아떨어지게 만드는 '소규모' 날조와 과장까지 방지할 수 있을 만큼 강력할지에 대해서는 의문스럽다."[30]

의도적인 데이터 날조 외에도 자기기만이라는 방대한 지하 세계가 존재한다. 사람은 자신이 원하는 것을 보려는 관찰자로서의 성향을 가지고 있는데, 이에 대해서는 6장에서 다루기로 한다. 이러한 성향은 과학에서 그리 드물지 않게 나타난다. 이러한 관찰자 효과(observer effect)보다 더욱 고약한 것은 데이터를 해석하는 과정에서 나타나는 무의식적인 편향이다. 더구나 어떤 과학자가 결과에 대한 모종의 개인적인 선호를 가지고 있는 경우 특히 그렇다. "무의식적인, 또는 아주 희미하게만 의식되는 속임수는 과학의 고질적인 현상일 것입니다. 왜냐하면 과학자들은 객관적 진리만을 추구하는 자동기계가 아니라 문화적 맥락 속에 뿌리를 박고 있는 인간이기 때문이지요." 고생물학자인 스티븐 굴드는 이렇게 썼다.[31] 데이터의 의도적인 조작과 무의식적인 조작 사이에 뚜렷한 구별이 있는 것처럼 보이지만, 두 현상은 한 스펙트럼의 양극단에 불과하다. 그리고 양자는 완전히 분리된 행동이 아니라 그 사이에 준(準)의식적인 속임수라는 말 못할 비밀을 감춘 어두운 영역이 가로놓여 있다.

과학 기만행위에 대한 설문조사는 거의 이루어지지 않았고, 있다고 해도 매우 불충분하다. 영국의 과학 잡지 《뉴 사이언티스트(*New Scientist*)》는 1976년에 7만 명에 달하는 독자들에게 '의도적인 편향'을 가졌다고 의심되는 사례에 대해 알고 있는지 물었다.[32] 그중 204명이 설문지에 응답했는데, 아마도 그들은 실험실의 내부 고발자일 것이다. 응답자 중 92퍼센트가 과학 기만행위를 직간접적으로 알고 있다고 답했다.[33] 이 설문조사가 알려주는 과학 부정행위의 실제 빈도는 그리 높지 않을 것이다.

좀더 자극적인 설문조사는 1980년에 화학공학자들을 대상으로 이루어졌다.[34] 실제로는 반대 결과가 나왔는데도, 데이터를 날조하여 어떤 촉매가 다른 것보다 더 유효하다는 허위 보고서를 작성하라고 상사가 자신에게 말한다면 어떻게 하겠냐고 엔지니어들에게 질문했다. 조금 놀라운 것은 화학공학자들 중 42퍼센트만이 "그것은 비윤리적이기 때문에, 문제의 보고서 작성을 거부하겠다"고 답했다는 사실이다. 나머지는 다양한 타협안을 선택했다. 그중 대다수는 상사가 어느 정도 상황을 왜곡하도록 지시하는지에 따라 다르게 행동할 것이라고 답했다.

신뢰할 만한 데이터를 얻을 수 없기 때문에 기만행위가 일어나는 빈도는 일반적인 고려를 통해 판단할 수밖에 없다. 한 가지 견해는 과학 기만행위가 사회 전반에서 일어나는 기만행위보다 결코 적지도 많지도 않다는 것이다. 사회학자 디나 웨인스타인(Deena Weinstein)은 이렇게 말했다. "문화적 활동으로서 과학의 목표와는 상반되지만, 기만행위는 현대 사회 속에 제도화된 과학에서 그 구조적인 풍토성을 가진다."[35]

우리의 견해는 과학의 범죄율이 다음의 세 가지 핵심적인 요인들에 영향을 받는다는 것이다. 그것은 보상, 기회를 잡아야 한다는 강박, 그리고 과학자들의 개인적인 윤리다. 마지막 요소는 사회 전반의 윤리 기준과 비슷할 것이다. 따라서 과학자의 윤리가 시험대에 오르는 유혹과 억제의 상호작용에 초점을 맞추기로 하자.

과학 기만행위를 저지르고 적발될 확률은 극히 적다. 과학의 재연은 철학적인 구상일 뿐 일상적인 현실이 아니다. 그것은 다른 이유로 부정행위를 의심받게 되었을 때 기만행위를 입증하는 수단으로 사용될 수는 있다. 그러나 재연 자체가 의구심을 일으키는 주요 원인이 될 가능성은 거의 없다. 여기에서 언급된 대부분의 사례들은 완전히 날조된 기만행위 사건들이며, 당사자들의 터무니없는 오만함이나 부주의로 인해 발각된 경우가 대부분이다. 만약 과학의 '자기규찰 메커니즘'이 연구자가 두려워할 유일한 대상이라면 그들이 사소한 부정을 저지르는 과정에서 조금만 더 조심하기만 하면 발각될 위험이 별로 없다.

반면 부정행위로 얻는 보상은 실질적이다. 과학은 결과를 토대로 작동한다. 좋은 결과가 발표되면 다음 기회에 연구비를 지원받고 승진을 하고 종신재직권을 획득하고 명성을 얻고 상을 받는 데 이류 결과보다 훨씬 유리해진다. 폭로될 위험은 적은 반면 그에 따른 보상이 풍부하기 때문에 사소한 부정행위가 더욱 만연한다고 예측할 수 있다.

여기에서 거론한 대부분의 사례들은 중요한 기만행위 사건들이었다. 다시 말해서 실제로 이루어지지 않은 실험에 대한 보고였다. 그에 비해 사소한 기만행위 사건들은 실험자가 그 결과를 좀더 매끄럽고 그럴듯하게 보이게 만들려고 실제 실험에서 얻은 데이터를 선별하거나 왜곡할 때 일어난다. 우리는 밝혀진 주요 기만행위 사건 하나당 약 1백 건의 비슷한 사건들이 발각되지 않은 채 넘어가리라 예상한다. 주요한 기만행위 사례 하나에 약 1천 건의 사소한 속임수가 저질러졌을 것이다. 독자들은 여기에 나름의 곱셈법을 추가할 수도 있다. 우리 계산법에 따르면, 주요 기만행위 사건이 한 번 적발되면 그것은 쓸모없는 과학 문헌들의 쓰레기장에 숨겨진 채 발각되지 않은, 10만 건에 달하는 크고 작은 부정행위들이 묻혀 있는 것이다.

과학에서 일어나는 기만행위의 발생률은 그리 중요치 않다. 정작 중요한 것은 과학 기만행위가 일어나며, 결코 무시할 만큼 드물게 일어나는 게 아니라는 사실이다. 이 장과 다음 장에서 거론되는 것처럼 과학의 자기규찰 기능이 느슨하기 때문에 부정이 나타난다.

오늘날 과학의 보상 체계와 경력을 중시하는 구조는 기만행위를 유발하는 동기가 된다. 인위적인 데이터의 조작이 현대 과학의 고유의 것인 까닭이다. 기만행위의 뿌리는 이따금씩 대중 앞에 굴러나오는 썩은 사과가 아니라 사과들이 담긴 통 자체이다.

5장 _ 엘리트 파워

보편주의를 신봉하는 과학자 사회

과학자 사회가 어떻게 조직되어야 할지 상상하기는 쉬운 일이다. 모든 아이디어가 그 우수성에 따라 수용되고, 모든 사람들은 그가 가진 아이디어의 가치에 따라 판단될 것이다. 사회적 위계의 필요성은 엄격하게 제한된다. 과학자 사회의 모든 성원들은 공적에 따라 지위가 결정되고, 그 지위는 사회적 지위나 그 밖의 개인적인 특성과 아무런 연관이 없다. 엘리트 집단이 일시적으로 등장할 수도 있지만, 그들이 필요했던 본래 이유 이상으로 오래가는 일은 없을 것이다.

"진리 주장(truth claim : 아직까지 진리나 사실의 지위를 얻지 못한 상태의 이론이나 주장 등을 가리킨다)을 받아들이거나 배격하는 것은 그 주장을 제기한 당사자의 개인적 · 사회적 특성에 따라 결정되지 않는다. 그의 인종, 국적, 종교, 계급, 개인적 특성 등은 전혀 무관하다." 1942년에 과학사회학자 로버트 머턴(Robert Merton)은 이렇게 말했다.[1] 머턴은 그의 관점에서 근대 과학의 에토스(ethos)[3)]를 형성한다고 보았던 네 가지 제도적 규범의 하나로 '보편주의(universalism)'를 들었다.

보편주의는 온갖 종류의 계층화가 만연한 사회에서는 대체로 찾아보기 힘든 원리이다. 어느 나라에서든 한 종류, 또는 그 이상의 계급 구조가 발견된다. 그리고 그 안에는 당파성이나 배타성이 만연하고, 사람들은 되도록 명성과 지위를 높이 쌓아올려 온갖 보상을 거머쥐려 한다. 만약 머턴이 옳다면, 과학자 사회는 이러한 행위로부터 스스로를 절연시켜야 하며 그것은 선택의 문제가 아니다. 왜냐하면 새로운 아이디어가 효율적으로 평가되고 확증된 지식의 창고에 더해지려면 보편주의가 필수 전제조건이기 때문이다.[4)]

보편주의는 과학자 사회에서 실제로 어느 정도나 실현되었는가? 이 물음에 대해 두 가지 메커니즘과 결부시켜 살펴보자. 그 메커니즘들은 보편주의에 결정적으로 의존하여 작동한다는 특성이 있다. 첫 번째는 동료 평가(peer review) 메커니즘으로, 정부의 돈이 연구자들에게 전달되는 방식을 점검하는 과정이다. 미국을 비롯한 대부분의 나라들에서 정부는 암, 국방 등의 분야에 어느 정도의 돈을 책정해야 할지 결정한다. 그러나 정부가 결정하는 부분은 너무 광범위하고, 어떤 연구자가 얼마의 연구비를 배분받는지는 공무원이 결

3) 머턴은 에토스를 "명령, 금지, 선호, 허용 등으로 표현되는 규범을 정당화하는 제도적 가치를 지닌, 감정적 색조를 띤 규범과 가치의 복합체"라고 설명했다.

4) 과학사회학의 시조라 불리는 미국의 사회학자 로버트 머턴은 과학자들이 확증된 지식(certified knowledge)으로서의 과학 지식을 생산할 수 있는 것은 과학자 사회가 독특한 규범 구조를 가지고 있기 때문이라고 말했다. 그는 네 가지 규범으로 '보편주의(universalism)', '공유주의(communism)', '불편부당성(disinterestedness)', '조직된 회의주의(organized scepticism)'를 들었다. 오늘날 과학사회학자들은 이런 규범들이 실제로 과학자 사회에서 작동하는 것이 아니라 그렇게 되어야 하는 당위성에 대한 주장으로 간주하고 있다. 헤스는 머턴의 주장이 실제로 효력이 없음을 지적하고 있다.

정하는 것이 아니라 해당 분야의 전문 과학자들로 이루어진 위원회에서 결정된다. 이 동료 과학자들의 위원회가 동료 평가 체계를 구성한다. 그들은 과학자 사회에서 막강한 권력을 휘두른다. 왜냐하면 제출된 연구비 지원 신청서에 대한 그들의 평결에 따라 누가 기금을 받고 누가 받지 못하는지가 결정되기 때문이다.

두 번째 메커니즘은 심사 제도(referee system)이다. 과학 저널의 편집자들은 이 제도를 기초로 논문 심사를 그 분야의 전문가들에게 의뢰한다. 심사자들은 논문의 과학적 방법론이 올바른지, 연구 결과의 발표가 학문 진보에 충분히 기여하는지, 그리고 저자가 인용한 부분에서 해당 분야의 선행 연구를 적절히 참조했는지 등을 평가한다. 4장에서 다룬 재연과 함께 이들 메커니즘은 오류를 방지하는 삼중 안전망으로 과학의 '자기규찰' 시스템을 구성한다.

그러나 재연과 달리 동료 평가와 심사 제도는 공정하고 불편부당하며 편향되지 않는 이념에 직접적으로 의존한다. 그리고 그것들은 보편주의라는 개념 속에서 구현된다. 만약 보편주의의 원리가 과학 속에 고착되어 있다면, 동료 평가와 심사 제도는 완벽하게 작동할 수 있을 것이다. 그리고 보편주의로부터의 이탈은 이 두 가지 메커니즘에 심각한 결함을 일으킬 것이다. 그 하나는 개인적인 편견이 동료 평가와 심사의 효력을 떨어뜨리는 것이다. 다른 하나는 임의성인데, 그것은 심사자에 따라 심사 기준이 달라져 일관성이 결여되고, 논문의 업적이 아니라 심사자에 따라 판단되는 문제점이다.

상사의 연구에 의혹을 제기한 연구 조교

존 롱(John Long)의 사례는 명성과 지위가 특정 과학 프로젝트를 더 돋보이게 만들어서 평가나 심사를 담당하는 사람들이 그것의 본질을 보지 못하게 되는 경우를 잘 보여주었다.[2] 롱은 세계에서 가장 권위 있는 연구 및 교육 병원인 매사추세츠 종합병원에서 일했다. 그는 한창 떠오르는 젊은 연구자였고 병원 당국도 그를 높이 평가했다. 그의 전공은 호지킨병(Hodgkins disease)이라고 불리는 악성 육아종증(肉芽腫症)이었다. 이 병은 암과 흡사했지만 원인이 불분명했다.

롱은 1970년에 레지던트로 이 병원에 들어와, 저명한 연구자이자 국립과학아카데미 회원인 폴 자메크니크(Paul Zamecnik)에게 연구지도를 받았다. 자메크니크는 호지킨병의 원인을 바이러스로 확신하고 있었고, 당시 호지킨병으로 발생한 종양에서 떼어낸 세포를 시험관에서 배양하려고 시도하고 있었다. 시험관 세포 배양은 질병의 원인을 밝혀내고 생화학적 연구를 하기 위해서 반드시 거쳐야 하는 중요한 첫 단계였다. 종양 세포들을 넣어둔 배양지는 얼마 후 대부분 죽어버렸지만, 롱은 여러 개의 세포주(cell line)를 수립하는 놀라운 성공을 거두었다.

이 세포주들은 이후 롱의 연구 경력이 화려하게 꽃필 수 있는 기반이 되었다. 롱과 자메크니크는 국립과학아카데미 회보와 기타 저널에 이 사실을 기술한 논문을 발표했다. 롱은 국립보건원으로부터 1976년부터 3년에 걸쳐 20만 9천 달러의 연구비를 받았다. 또한 1979년에는 55만 달러의 추가 연구비를 지원받았다. 게다가 그는 두 명의 연구 조교를 고용했다. 그는 권위 있는 하버드-보스턴 의학계에서 확실한 연줄을 확립한 셈이었다. 1979년 7월에 그는 매사추세츠 종합병원의 병리학과 조교수로 승진했다. 그는 저명한 암 연구자인 데이비드 볼티모어(David Baltimore)의 연구팀과 공동 연구를 시작했다. 그의 연구는 호지킨병을 다룬 헨리 카플란(Henry

Kaplan)의 1980년판 표준 교과서에 정중하게 인용되었다.

롱은 2년 전인 1978년 봄에, 사소하지만 골치 아픈 문제로 곤란을 겪은 적이 있었다. 그때 그는 연구 조교인 스티븐 콰이(Steven Quay)와 다른 연구원들과 함께, 호지킨병의 시험관 배양 세포의 면역학에 대한 논문을 쓰고 있었다. 콰이는 이 세포들의 어떤 특징을 측정했는데, 예상했던 것보다 훨씬 작다는 것을 알았다. 롱이 논문을 발표하려고 했던 저널은 콰이의 비정상적인 측정을 좀더 자세히 검증할 필요가 있다는 심사자의 평가를 토대로 논문 게재를 불허했다.

1978년 5월, 2주일간의 휴가에서 돌아온 콰이는 롱이 독자적으로 반복 측정을 했고, 그 결과 예상치에 더 근접한 답을 얻었다는 사실을 알게 되었다. 논문은 재투고되었고 결국 발표가 허락되었다.[3]

빈틈없는 실험과학자였던 콰이는 자신이 잘못된 답을 얻었다는 사실에 조금 놀랐다. 또한 그는 롱이 복잡한 측정을 그렇게 빨리 해낼수 있었다는 사실에 대해서도 약간 의아했다. 그러나 롱이 측정을 하지 않았을지 모른다고 콰이가 의심을 품기 시작한 것은 그로부터 1년쯤 흐른 1979년 10월이었다. 상당한 불안감을 안고 콰이는 롱에게 문제의 측정에 기반이 된 원 데이터를 보여달라고 요구했다. 그러나 요구할 때마다 롱은 매번 데이터를 잃어버렸다고 둘러댔고, 콰이에게 화를 내면서 그의 요구가 어떤 종류의 비난을 의미하는지 아느냐고 반발했다.

콰이는 자신이 하고 있는 일의 심각성을 깨달을 수밖에 없었다. 병원의 고위직에 있는 상사에게 그가 데이터를 조작했을 수 있음을 감히 지적한 젊은 생화학자 쪽이 옳을 가능성이 더 컸다. 그러나 존 롱처럼 인맥이 넓고 부동의 지위에 있는 의학 연구자가 비열하게 실험을 조작할 필요가 있을까? 콰이는 롱에게 원 데이터를 계속 요구할지 아니면 철회할지를 놓고 두 달 동안이나 고민했다.

1979년 크리스마스 며칠 전에 콰이가 우려하던 최악의 사태가 현실로 닥쳤다. 갑작스럽게 태도가 돌변한 롱이 발표 논문의 토대인 원 데이터가 담긴 노트를 그에게 내밀었다. 콰이는 실험 노트를 흘낏 들여다보고는 자신이 동료의 진정성에 의심을 품었다는 사실에 오싹 소름이 끼쳤다. 그는 자신의 행동으로 심란해진 롱에게 거듭 사과했다. 롱은 너그럽게도 그의 사과를 받아들였다.

그 후 두 주일이 지날 때까지도 콰이는 그 노트를 상세히 들여다볼 수 없었다. 그러나 곧 그것을 롱에게 돌려주어야 한다는 사실을 깨닫고는 검토하기 위해 집으로 가져갔다. 어느 날 밤, 아내와 딸이 잠자리에 든 후 그는 거실에서 문제의 노트를 펼쳤다. 그는 당시 상황을 이렇게 말했다. “불빛이 페이지들에 비치자, 한 귀퉁이에 전에는 보지 못했던 뭔가가 나타나더군요.” 노트에 사진을 붙인 테이프가 도드라지게 솟아 있어서 빛이 반사된 것이었다. 테이프를 떼어내자 그 아래에 두 번째 테이프 조각이 붙어 있었다. 그것은 마치 누군가가 굳이 흔적을 숨기려고 하지 않고 다른 노트에서 사진을 잘라내 여기에 붙여놓은 것 같았다. 노트를 좀더 철저하게 조사하자 롱이 제출한 데이터가 조작되었을 가능성이 높다는 사실이 밝혀졌다. 1980년 1월, 그는 매사추세츠 종합병원의 병리학과장 로버트 맥클러스키(Robert McCluskey)에게 그의 의구심을 털어놓았다.

맥클러스키는 롱을 직접 불러서 캐물었지만, 롱은 단호하게 혐의를 부인했다. 그는 자신이 보고한 그대로 실험을 했고, 그 결과를 증명하기 위해서 측정을 하는 데 사용한 초원심(超遠心)분리기 작업일지를 작성했다고 말했다.

이제 공은 다시 콰이에게 넘어왔다. 일지에 적혀 있는 내용들은 나중에 고쳐 쓰인 것처럼 보였지만, 맥클러스키는 그 정도로는 롱이 거짓말을 하고 있다는 사실을 입증할 만한 증거로 불충분하다고 말했다.

그러나 콰이는 일지의 회전계수 기록에 대해서도 의문을 품게 되었다. 회전 속도와 지속 시간이 기록되어 있는 일지의 세부 내용을 토대로 그는 예상 회전계수를 산출했다. 그런데 정작 일지에 기록되어 있는 회전수는 매 사례에서 실제로 나와야 하는 예상 수치에 크게 못 미쳤다. 순진하게 설명하자면, 초원심분리기가 항상 그렇듯이 분리 잡업이 완료되기 전에 과열로 중간에 작동이 멈추었다고 볼 수도 있다.

콰이는 맥클러스키가 함께 있는 자리에서, 초원심분리기를 확인하러 갔을 때 기계가 계속 돌아가고 있었는지 롱에게 물었다. 롱은 그렇다고 대답했다. 그러자 콰이는 그와 맥클러스키에게 일지에 적혀 있는 데이터의 비일관성으로 볼 때 그 실험이 기술한 것처럼 수행될 수 없었다며 그 이유를 설명했다.

원숭이 세포가 사람 세포로 둔갑하다

"롱은 연구비를 받아내야 하는 과도한 압력을 받고 있는 상태에서 저질러진 실수라는 것을 인정했습니다." 후일 맥클러스키는 당시 상황을 자세히 서술했다. 롱은 즉시 매사추세츠 종합병원을 사직했다. 이후 조사 과정에서 롱의 연구 경력 전체가 폭로되었다. 롱의 또 다른 연구 조교였던 병리학자 낸시 해리스(Nancy Harris)는 롱의 거의 모든 연구의 기초가 되는 네 개의 호지킨병 세포주에서 잇달아 심각한 문제들을 발견했다.

네 개의 세포주는 각기 다른 환자에게서 채취한 것으로 알려져 있었다. 해리스의 첫 번째 발견은 세 개의 세포주가 다른 환자에게서 나온 것이 아니라 동일한 개체에서 채취한 것이라는 사실이었다. 계속된 조사 결과, 그 개체가 남성인지, 여성인지, 또는 그 누구인지는 모르지만 하여튼 사람이 아닐지도 모른다는 사실이 밝혀졌다. 조사가 계속되면서 마침내 그 세포의 주인은 콜럼비아 주 북부에 서식하는 갈색 발을 가진 밤원숭이(owl monkey: 꼬리가 길고 눈이 올빼미처럼 큰 원숭이의 한 종류)로 확인되었다.[4]

롱이 처음 세포주를 수립했던 자메크니크의 실험실에서 기록된 노트를 해리스가 조사한 결과, 그 당시 롱은 밤원숭이에서 채취한 세포를 가지고 연구하고 있었다는 사실이 밝혀졌다. 결국 호지킨병 세포의 시험관들이 밤원숭이 세포로 오염되었고, 그 세포들이 배양액에 퍼져나가면서 호지킨병 세포들이 모두 죽은 것이었다. 롱은 이 오염이 고의적이었다는 사실을 부인했다.

네 번째 세포주는 사람의 것이라는 사실이 밝혀졌지만, 오히려 문제가 더 심각했다. 롱과 그의 지도교수 자메크니크는 문제의 세포주가 "비장에 발생한 호지킨병 종양에서" 채취한 것이라고 말했다.[5] 그러나 롱이 사임한 후에 환자 기록을 검토한 결과, 그 환자의 비장에는 아무런 종양도 없었다.[6] 이 세포주를 수립했던 자메크니크는 문제의 종양이 그 자리에 있었다고 가정할 만한 충분한 근거가 있었지만 관찰되지 않았을 뿐이며, 종양이 없다는 사실이 이전 기록들에 남아 있었다고 설명했다. 설령 그의 해명이 사실이라 하더라도, 환자에게서 종양을 관찰할 수 없는데도 불구하고 그 세포주를 호지킨병 종양에서 채취했다고 기록한 것은 잘못된 행위이다. 따라서 롱의 네 번째 세포주가 호지킨병 세포주로 기술된 것은 부적절한 조치였다.

롱이 사임했을 때, 호지킨병 세포주 연구를 위해 그에게 지원된 연구비 75만 9천 달러 중에서 약 30만 5천 달러가 이미 지출된 상태였다. 호지킨병 세포주가 하나도 수립되지 않았기 때문에 그 돈은 완전히 허공에 날아간 셈이었다. 그러나 더 중요한 문제는 롱이 어떻게 동료 평가를 통과해서 연구비를 지원받을 수 있었는지, 그리고 무가치한 연구가 심사를 거쳐 저명한 저널에 실릴 수 있었는가 하는 점이다.

이 과정에서 경고 신호는 충분히 많이 있었다. 롱의 세포주에서 드러난 기본 문제는 다른 세포에 의한 감염이었고, 그 위험은 생의학 연구계에서는 널리 알려진 상존하는 위험이었다. 롱과 자메크니크가 항구적인 호지킨병 세포주를 수립하는 데 성공한 유일한 연구자들이었다는 정황을 감안한다면 세포 오염 가능성은 무엇보다 먼저 경계했어야 마땅했다. 그러나 롱의 연구비 지원서는 아무 지적도 받지 않은 채 동료 평가를 두 번이나 무사통과했다.

국립보건원의 외부 연구 책임자인 윌리엄 라우브(William Raub)는 이렇게 말했다. "그가 제출한 데이터는 아주 그럴듯한 것이어서 동료 평가 위원회가 문제를 지적하여 판단을 내려야 할 여지가 전혀 없었습니다." 그러나 다른 세포에 의한 세포 배양액의 오염은 자주 일어나는 일이었기 때문에, 동료 평가 위원회가 그 문제를 확인했어야 했다. 국립보건원의 동료 평가를 관리하는 부서에서 일하는 스티븐 샤피노(Stephen Schiaffino)는 이렇게 말했다. "롱이 제출했던 학력 및 경력 증명서를 토대로, 동료 평가 위원회는 그가 이런 문제를 잘 알아서 다루었으리라고 예상했을 겁니다."

다시 말해서 자메크니크의 지도를 받았고, 매사추세츠 종합병원에 근무한 롱의 경력 때문에 동료 평가에서 그의 연구의 특정한 측면들을 의문의 여지가 없다고 간주했다는 것이다. 롱은 그와 연관된 사람들과 기관의 명성과 지위의 덕을 많이 본 셈이다. 도둑질한 논문들 말고는 아무런 연구 경력도 없던 알사브티와 마찬가지로 롱은 엘리트주의에 기대 연구 경력을 쌓아올렸다. 알사브티는 곧 실패하고 말았지만, 엘리트 권력은 롱을 무려 10년 동안이나 높은 지위에 올려놓았다. 그가 단 한 차례 잘못 계산한 조작 데이터를 쿼이가 엄밀한 조사를 통해 밝혀내지 않았다면 엘리트 권력은 그를 더 높은 지위에 올려놓았을 것이다.

이 같은 면제 조치 덕분에 이미 발표된 그의 논문들이 심사를 통과하고, 발표된 다음에도 아무런 도전을 받지 않았을 것이다. 하나의 세포주에서 유래한 염색체들의 똑같은 사진들은 《국립과학아카데미 회보》[7]와 《실험의학(*Journal of Experimental Medicine*)》[8] 저널에 발표되었다. 오클랜드의 해군 생물과학 실험실의 세포 배양 전문가인 월터 넬슨-리즈(Walter Nelson-Rees)는 "그것이 사람의 세포주가 아니라는 사실은 너무도 자명해 보였다"고 말했다. 넬슨-리즈는 이 에피소드가 어떻게 그처럼 오래 지속될 수 있었는지 설명해주는 두 가지 이유를 들었다. "가장 큰 이유는 그들이 매우 권위 있는 집단이었다는 사실입니다. 폴 자메크니크는 그 팀의 책임자였습니다. 또한 적절한 검토나 조사 없이 모든 연구를 한꺼번에 다 승인했던 것도 한 가지 이유였던 것 같습니다." 사람 세포를 오랫동안 배양액 속에 넣어두면 염색체 이상이 발생할 수 있다. 그러나 이러한 사실 때문에 학술지 심사위원들이 세포에 문제가 있다는 사실을 발견하지 못했던 것은 결코 아니다. 넬슨-리즈는 이렇게 말했다. "제정신을 가진 사람이라면 그 세포가 아무리 많이 변형되었어도 어떻게 그 염색체 사진을 사람의 것이라고 인정할 수 있었는지 이해가 되지 않습니다."

심지어 롱의 사례가 밝혀지고 난 후에도 매사추세츠 종합병원 당국은 동료 평가와 심사 제도가 자신들이 생각했던 방식으로 작동하지 않았다는 사실을 인정하지 않았다. 롱은 별로 어렵지 않게 이 시스템을 한 번 이상 통과했다. 그가 발각된 정황은 과학의 공식적인 안전장치와는 아무런 관련도 없었다. 평소부터 의심을 품었고 끈질기게 이 문제를 파헤친 젊은 동료가 롱의 비공개 노트와 역시 공개되지 않은 초원심분리기 작업 일지를 비교했기 때문에 사실이 밝혀졌다. 그럼에도 매사추세츠 종합병원의 연구 책임자인 로널드 레이먼트-하버스(Ronald Lamont-Havers)는 과학 기만행위에 대한 의회 청문회에서 동료 평가가 과학에서의 오류를 방지하는 핵심적인 절차라고 증언했다. 심지어 그는 자신의 견해를 뒷받침하기 위해서 롱의 사례를 명시적으로 거론하기까지 했다. "나는 한 개인이 고의적으로 조작된 과학적 데이터를 유포시킨 롱 박사의 사례와 같은 사건들에 국한해 진술하고자 합니다. 과학적 과정 자체에는 이러한 오류를 적발하고 거부하는 수단들이 내재되어 있습니다. …… 관심과 식견을 가진 독자들이 조작된 데이터를 무비판적으로 받아들이기는 힘든 일입니다. 과학의 가장 강력한 방어 장치는 발표된 데이터와 절차에 대한 과학자 동료들의 비판적인 검토와 분석입니다. …… 여기서 핵심적인 요소는 동료 과학자들에 의한 비판적 검토입니다."[9]

레이먼트-하버스의 증언은 오류를 적발해내는 동료 평가 제도의 기능을 과학자들이 확신하고 있다는 사실을 잘 보여준다. 자신이 이야기하고 있던 사례와 정반대의 증거가 있는데도, 그는 동료 평가 이론이 그 사건과 아무런 모순도 없는 것처럼 말했다. 동료 평가는 모든 기만행위를 적발하고, 롱이 기만행위를 저질렀고, 따라서 동료 평가는 롱을 적발하게끔 되어 있었다는 것이다. 이것이 그의 사고를 뒷받침한 삼단논법이다.

롱이 데이터를 조작한 동기가 무엇이었는지는 알 수 없다. 어쩌면 그 자신도 모를 수 있다. 그가 처음 학과장에게 조작 사실을 시인했을 때, 연구비 지원 신청서를 준비하는 데 따른 중압감 때문에 그런 행동을 했다고 말했다. 당사자인 하버드 의대 전 학장 로버트 에버트(Robert Ebert)는 그 점에 대해 개탄하면서 그 압력의 성격에 대해 밝혔다. 그는《뉴욕 타임스(*The New York Times*)》에 보낸 긴 편지에 이렇게 썼다. "격렬한, 그리고 때로는 흉포스러운 경쟁이 의대 예과 시절부터 본과에 진학하기 위해서 시작됩니다. 그리고 그 후에는 더욱 치열해지지요. 예과 학생들 사이에서 서로를 속이는 일은 비일비재합니다. …… 일단 훈련 과정이 끝나면 학문적 사다리를 오르는 길고도 험난한 등정이 시작됩니다. 연구비를 계속 지원받기 위해서뿐 아니라 승진 자격을 얻기 위해서도 논문을 발표해야 하는 극심한 압력이 작용합니다. …… 윤리적 행동보다는 남들이 선망하는 상품이 되는 쪽이 성공에 가까워질 수 있는 이런 환경에서는 천사라도 추락하고 말 겁니다."[10]

롱과 프로젝트에 공동 참여했던 데이비드 볼티모어(David Baltimore)도 같은 가능성을 제기했다. "제한된 연구비와 날로 심화되는 학계의 형식주의, 그리고 무언가를 내놓고 성공적인 것처럼 보여야 하는 필요성으로 인해 연구자들에게 가해지는 압력이 날로 가중되고 있습니다. 나는 모든 사람들이 한계에 도달했다고 생각합니다. 그러나 이런 이유가 존 롱과 관련이 있는지 없는지는 잘 모르겠습니다."

그러나 롱은 의회 청문회에 증인으로 출석해서, 경쟁의 압박을 받았다는 종전의 주장을 뒤집었다. 정중하게 자신의 잘못을 인정했지만, 현재 자신이 몸담고 있는 의학계를 거스르지 않기 위해 시스템에 대한 비난을 철회하고 스스로 모든 책임을 뒤집어썼다. 그는 청문회에서 선서를 하고 이렇게 증언했다. "제가 저지른 잘못의 책임이 제가 일한 환경에 있다고는 생각하지 않습니다. 정직한 연구자라면 '논문을 내든지 아니면 도태돼라(publish or perish)'라는 해묵은 압력에 효율적으로 대처할 수 있어야 합니다. 그러한 압력은 오히려 많은 연구실에서 긍정적인 자극제로서 중요한 역할을 한다고 봅니다. 제 경우, 실험실에서 비판적으로 그리고 정직하게 연구에 임할 수 없었던 제 능력 부족을 연구 시스템의 결함과 결부시킬 수 없습니다. 오히려 제도는 정도에서 벗어난 연구자의 부정행위를 교정할 수 있을 만큼 충분히 효율적으로 작동했다고 생각합니다."

아마도 의학계의 엘리트 집단에 속하고자 하는 열망 때문에 롱은 기만행위라는 나락으로 미끄러졌을 것이다. 엘리트 집단에 끼고 싶어하는 사람들이 있다고 해서 엘리트를 비난할 수는 없을 것이다. 그러나 모든 사람들에게 적용되어야 한다고 스스로 목소리를 높였던 면밀한 조사를 정작 그 집단의 구성원에게는 면제해 주었다면 엘리트는 비난받아야 마땅하다.

원칙을 무시하는 엘리트주의

미국 의학 연구의 선구자 중 한 사람인 사이먼 플렉스너(Simon Flexner)의 후광으로 세계적인 명성을 얻었던 연구자 히데요 노구치(Hideyo Noguchi)의 사례를 보자. 플렉스너보다 유명한 그의 형제 에이브러험(Abraham)은 1910년에 유명한 보고서를 작성해 미국의 의학 교육을 개혁한 인물이다. 이질을 일으키는 유기체를 처음으로 분리해낸 사이먼 플렉스너는 뉴욕의 록펠러연구소(지금의 록펠러 대학) 설립에 일조하기도 했다. 그의 지도력 덕분에 이 연구소는 바이러스 질병 분야의 세계적인 연구 센터가 되었다.

1899년 일본을 방문했을 때, 플렉스너는 의학 연구에서 성공을 거두겠다는 야심에 불타는 한 젊은 일본 연구자를 만났다. 후일 히데요 노구치는 미국으로 플렉스너의 자택을 찾았고, 플렉스너의 연구진에 합류했다. 노구치는 과학계의 슈퍼스타가 되었다. 플렉스너를 따라 그는 여러 질병의 원인이 되는 유기체들을 잇달아 분리시키는 데 성공했다. 그는 자신이 매독, 황열병(黃熱病), 소아마비, 광견병, 트라코마(과립성 결막염) 등을 일으키는 생물체를 배양하는 데 성공했다고 발표했고, 약 2백 편의 논문을 썼다. 이것은 당시로서는 놀라운 생산력이었다.

노구치가 1928년에 세상을 떠났을 때, 그는 자신의 업적 덕분에 의학 연구자로서 세계적인 명성을 얻은 상태였다. 록펠러연구소의 동료이며 유명한 병리학자인 테오발트 스미스(Theobald Smith)는 이렇게 말했다. "그가 지금은 가장 위대한 인물이 아닐지 모르지만, 파스퇴르와 코흐(Koch) 이래 미생물학 분야에서 가장 위대한 연구자 중 한 사람으로 우뚝 서게 될 것이다."

그렇지만 노구치의 연구는 파스퇴르와 코흐의 연구와 달리 시간의 검증을 견뎌내지 못했다. 세월이 지나면서, 여러 질병을 야기하는 생물체를 배양했다는 그의 주장이 처음에는 정중한 이의를 불러일으켰고, 나중에는 슬그머니 길고 어두운 망각의 회랑으로 추방되었다. 아마도 노구치는 아버지 같은 인물로서 경외심을 품었던 엄격한 관리자 플렉스너를 위해서 걸출한 연구 결과를 끊임없이 만들어내야 한다는 압력을 받았을 것이다. 노구치가 했던 대부분의 연구가 가짜였던 이유가 무엇이든 간에 그가 살아 있는 동안에는 그의 연구에 대해 어떤 심사 요구도 받지 않았다. 플렉스너의 보호와 권위 있는 연구기관의 후광 덕분에 노구치는 엘리트 집단의 일원이 되었다. 엘리트 집단의 구성원이라는 사실 때문에 그는 연구에서 무언가 부족하다는 사실을 밝혀내야 했던 과학적 조사를 면제받은 것이다.

노구치의 연구에 대한 포괄적인 평가는 사후 50년 뒤에야 이루어졌고, 조사 결과 제대로 된 연구가 거의 없음이 밝혀졌다.[11] 이 특이한 사건에 대해서 한 평자는 이렇게 말했다. "노구치의 연구에 대한 검증을 통해 얻을 수 있는 중요한 교훈은 연구자의 명성 때문에 그의 과학적 보고에 대한 철저한 검증을 배제해서는 안 된다는 것이다."[12]

과학에서 엘리트주의는 합당한 근거를 가진다. 그러나 도처에서 나타나는 과도한 엘리트주의는 보편주의의 원칙을 훼손한다. 그것을 옹호하는 사람들이 엘리트 집단의 구성원들이기 때문에 이런 잘못된 관념이 수용되는 것이다. 더욱 심각한 문제는 그런 체제 속에서는 낮은 지위에 있는 이들이 내놓은 좋은 아이디어들이 무시될 수 있다는 점이다.

엘리트주의는 동료 평가와 심사 제도라는 선별 메커니즘에 따라 엘리트 자신들이 지속적으로 검증받을 때만 그 정당성을 견지할 수 있다. 히데요 노구치와 존 롱의 사례에서 잘 드러났듯이, 엘리트에 속한 사람의 논문은 느슨하게 심사되고 연구비 지원 신청서도 엄격하게 심사되지 않는다. 그리고 그는 더 많은 상과 편집자 지위와 강연 기회를 얻고, 그 밖에 과학자에게 부여되는 영예를 더 쉽게 얻을 것이다.

엘리트가 되기 위해서는 정당한 절차를 거쳐야 한다. 하지만 기존 엘리트 중에서 그 집단의 성원 자격을 상실하거나 자신이 누렸던 힘과 특권을 포기하고 싶어하는 사람이 아무도 없다는 것이 문제이다. 따라서 모든 엘리트들에게는 자신을 그 집단에서 배제시킬 수 있는 모든 선별 메커니즘에서 벗어나려는 경향이 있기 마련이다. 그렇다면 과학에서는 이러한 현상이 어느 정도나 나타날까? 실제로는 그만한 가치가 없는 사람들을 고용하거나 수용하고, 정작 있어야 할 사람을 배제한다는 의미에서 엘리트 집단은 과연 얼마나 가치가 있는가? 엘리트 집단의 성원들이 막강한 권력을 휘두르고 연구비 배분과 승진 결정에 영향을 끼친다는 점에서 이는 중요한 문제이다.

후광 효과

과학사회학자인 조나단 콜(Jonathan Cole)과 스티븐 콜(Stephen Cole)은 이렇게 말한다. "대부분의 과학자들은 과학이 고도로 계층화된 제도라는 사실을 잘 알고 있습니다. 권력과 자원이 상대적으로 몇몇 사람에게 집중됩니다." 콜 형제는 엘리트의 근거가 "가장 중요한 연구를 발표하는 과학자들이 그에 상응하는 인정을 받기" 때문인지, 아니면 기성 엘리트가 과학이라는 사회제도를 확고하게 장악하여 자신들의 생각을 영속시키고 자신의 지지자나 제자들을 높은 자리에 올려놓는 것인지에 대해 조사했다.

앞에서도 언급했지만, 어떤 과학 논문의 중요성을 가늠하는 비교적 쉽고 효율적인 방법은 그 논문이 다른 과학 논문들에 참고문헌으로 인용된 빈도를 계산하는 것이다. 과학자들은 논문에서 해당 분야의 주요 선행 연구를 밝힐 의무가 있기 때문에, 특정 논문이 인용되는 회수는 해당 논문이 어느 정도 영향력을 미치는지를 가늠하는 중요한 척도가 된다. 나아가 한 과학자가 평생 동안 발표한 논문이 다른 연구자에 의해 인용된 회수는 그 과학자가 해당 분야에 미친 영향력의 지표가 될 수 있다.

콜 형제는 인용 회수를 척도로 하는 경우 물리학 분야에서는 상대적으로 소수의 물리학자들이 중요 논문을 생산한 비율이 높다고 결론지었다.[13] 반대로 많은 물리학자들이 발표한 논문은 물리학의 발전에 거의 기여하지 않는 것으로 나타났다. 세계적인 물리학 저널인 《피지컬 리뷰(*Physical Review*)》의 경우도 1963년에 발표된 논문의 80퍼센트가 고작 1966년에 발표된 전체 물리학 논문에서 네 번 인용되었고, 47퍼센트는 그 해에 단 한 번 인용되거나 또는 전혀 인용되지 않았다. 다시 말해서 최고의 물리학 저널에 발표된 대부분의 논문들도 3년만 지나면 물리학자들로부터 잊혀지는 셈이다.

콜의 연구는, 그다지 생산적이지 않은 연구자 무리 속에서 인용빈도가 높은 소수의 물리학자들이 활동하는 그림을 제시한다. 가장 많이 인용되는 물리학자들은, 미국 최고의 아홉 개 대학 물리학과에 집중되는 경향이 있고 국립과학아카데미 회원인 경우가 많다는 점에서 물리학계의 엘리트이다. 따라서 물리학계의 엘리트 파워 중 일부는 그들의 업적으로 엘리트 집단에 속하게 되었고, 그들의 경우에는 지적인 면에서 어느 정도 정당하다고 볼 수 있다. 그러나 거기에도 '후광 효과(halo effect)'가 있을 수 있다. 즉 단지 엘리트 물리학과에 속해 있다는 사실만으로 그 과학자의 연구가 더 두드러져 보이거나 자주 인용될 수 있다는 점이다.

콜 형제가 후광 효과라고 언급한 것을 사회학자 로버트 머턴은 '마태 효과(Matthew effect)'라고 불렀다. 그는 "과학 연구에 대한 공적이 잘못 배당되는 복잡한 패턴"을 이렇게 표현했다. 그 효과에 따르면, 이미 명성을 얻은 과학자가 자신보다 젊거나 덜 알려진 과학자들을 희생시켜서 특정 아이디어에 대한 공로를 인정받는 경향이 있다는 것이다.[14] 이러한 현상은 공동 연구 프로젝트에서 특히 두드러진다. 무명의 과학자와 노벨상을 받은 그의 지도교수가 함께 논문에 이름을 올렸다면, 실질적인 공로와는 무관하게 노벨상 수상자에게 그 발견의 공로가 돌아갈 것이다. 머턴은 〈마태복음〉에 나와 있는 "무릇 있는 자는 받아 넉넉하게 되되 무릇 없는 자는 그 있는 것도 빼앗기게 되리라"라는 〈마태복음〉 13장 12절을 기초로 마태 효과라고 명명했다.

머턴은 마태 효과가 전체적으로 과학의 소통 체계에 도움이 되리라 믿었다. 왜냐하면 과학 논문이 날로 증가하는 과정에서 특히 중요해 보이는 논문에 관심이 몰리는 편이 도움이 된다고 생각했기 때문이다. 그러나 그는 이 효과의 불합리한 측면, 즉 무명 과학자들의 연구 성과를 가리는 효과도 인식하고 있었다. "상대적으로 덜 알려진 과학자들이 기초 논문을 쓰지만 오랜 기간 동안 무시되는 사례가 과학의 역사에는 비일비재하다." 전기 저항의 법칙에 대한 옴(Ohm)의 발견은 지금은 그의 이름을 붙여서 '옴의 법칙'이라고 부르지만, 처음에는 독일 대학들에 의해 무시되었다. 그들은 쾰른에 있는 예수회 김나지움의 수학 교사였던 옴의 연구 따위에는 주목할 필요가 없다고 생각했다. 유전학의 기본 법칙에 대한 멘델의 저작도 당시 과학계에 널리 유포되었지만 과학적 명성이 없는 무명의 성직자였던 멘델의 연구는 그가 세상을 떠날 때까지 무시되었다.

머턴도 다음과 같은 사실을 인정했다. "마태 효과가 권위의 우상으로 변형될 때, 과학이라는 제도에 구현되어 있는 보편주의를 위배하고 지식의 진보를 왜곡시킨다. 그러나 과학 저널 편집자와 심사위원들이나 그 밖의 과학의 수문장들(gatekeepers of science)[5)]이 이런 관행을 얼마나 자주 받아들이는가에 대해서는 거의 알려진 바가 없다."

이러한 지적이 나온 이래 과학의 수문장들이 얼마나 공정하고 효율적으로 기능을 수행하는지 평가하려는 시도가 여러 차례 이루어졌다. 동료 평가 위원회 위원인 과학자들은 과학에서 가장 중요한 수문장에 해당한다. 그들의 승인이 없으면 연구자가 연구 지원을 받을 길이 거의 없기 때문이다. 그렇다면 과연 동료 평가는 어느 정도까지 공정하고 효율적인 체계인가?

동료 평가 제도가 마치 동창회 연줄망처럼 작동한다는 비난이 제기되곤 한다. 왜냐하면 심사위원들이 같은 엘리트 집단이나 대학 출신이고, 결국 연구비 수혜자도 엘리트 출신이기 때문이다. 애리조나 주 전(前) 하원의원인 존 콘랜(John B. Conlan)은 국립과학재단(NSF)이 운영하는 동료 평가 제도를 이렇게 비판했다. "〔그것은〕 그 프로그램 관리자들이 그들의 연구지원서 평가를 학계의 믿을 만한 친구들에게 의존하는 동창회 조직입니다. …… 그러면 그 친구들은 다시 자신의 친구들을 심사자로 추천하는 거지요. …… 그것은 참신한 아이디어나 중요한 과학적 발견을 질식시키는 근친상간적인 패거리 체계입니다. 그 과정에서 수백만 달러의 연구와 교육 관련 연방 기금은 보조금 타내기 선수들의 독점 게임 속에서 난도질당하는 것이지요."

동료 평가 제도의 효율성을 가장 잘 검증하는 방법은 다양한 미국 정부 기구로부터 연구비를 지원받은 과학자들의 생산성을 추적 연구(follow-up study)를 통해서 측정해보는 것이다. 그렇지만 지금까지 이런 종류의 연구가 이루어진 사례는 한 번도 없기 때문에 확실한 평결을 내리기는 불가능하다. 이 체계를 검증하는 차선책은

5) 과학사회학에서 수문장(gatekeeper)과 문 지키기(gatekeeping)는 과학의 계층 구조를 유지시키는 중요한 메커니즘이다. 머턴과 주커만은 이러한 행위가 학술지 편집인에 국한되지 않고 과학자들이 매 경력 단계에서 수행하는 업적에 대한 지속적인 평가 과정이라고 본다. 문 지키기 행위에는 세 가지 주요 기능이 포함된다. 새로운 지위에 대한 지망자의 평가, 설비와 보상에 대한 배분 결정, 그리고 저작물에 대한 평가 등이다. 예를 들어 젊은 과학자의 지도교수가 과학계에서 명망 있는 인사라면 그 과학자는 수문장의 유리한 위치 덕분에 더 많은 혜택을 입을 수 있다.

국립과학재단이 운영하는 동료 평가 제도에 대한 콜 형제의 연구에서 찾아볼 수 있다. 그 결과는 동료 평가 제도에 대한 지지자와 비판자 모두를 놀라게 만들었다.

콜 형제는 엘리트 연구기관의 연구지원 심사자들이 엘리트 집단 밖의 신청자에 비해 동료 신청자를 유리하게 평가하는 경향이 나타나지 않았다는 점에서 이 제도의 공정성을 발견했다. 그들은 "이 시스템이 매우 공정하다"고 결론지었다. 다시 말해서 그들은 동창회 연줄이나 패거리 체계에 대한 어떤 증거도 찾을 수 없었다.[15] 그러나 콜 형제는 전혀 예상치 못한 훨씬 근본적인 비판점에 도달했다. 그것은 동료 평가 제도가 내린 판정에 엄청난 우연성이 포함된다는 사실이다.

심사 과정이 합리적일수록 동일한 지원서를 평가하는 두 심사 집단 사이에서 합의의 정도가 증가해야 한다. 그래서 콜 형제는 국립과학재단이 이미 심사한 연구비 지원 신청서들을 동일한 자격요건을 갖춘 심사자들로 이루어진 2차 집단에 심사를 의뢰해보았다. 신청서들은 고체 물리학, 화학반응 역학, 그리고 경제학 세 분야에서 각기 다섯 개씩 제출되었다. 그 결과, 두 심사 집단이 동일한 연구지원서에 대해 매긴 등급이 매우 다르게 나타났다. 콜이 의뢰한 심사자들은 앞서 국립과학재단 측이 지원하기로 결정했던 지원서를 기각했고, 그 반대의 경우도 있었다. 특정한 연구지원서의 승인 여부는 절반 정도만이 연구계획성에 따라 결정될 뿐이며 나머지 절반은 어떤 심사자가 배정되는가 하는 '제비뽑기 운'에 따른 지극히 임의적인 요소들에 좌지우지될 수 있다고 콜 형제는 추정했다.[16]

심사자들 사이에 그렇게 불일치가 크게 나타나는 이유에 대해서 콜 형제는 무엇이 바람직한 과학이고 또한 그렇게 되어야 하는지에 대한 과학자들의 의견이 다르기 때문이라고 주장한다. 그들의 결론이 흥미로운 이유는 이 조사에서 선택된 화학반응 역학과 고체 물리학은 합의 수준이 높을 것으로 예상되었던 견고한 과학(hard science) 분야였기 때문이다. 콜 형제는 다음과 같이 결론지었다. "과학의 특징, 즉 무엇이 바람직한 연구이고 누가 뛰어난 연구를 하고 있고 유망한 연구 방향이 무엇인지에 대해 폭넓은 합의 수준이 있다고 믿는 것과는 반대로, 우리 연구결과는 모든 과학 분야에 상당한 불일치가 존재한다는 점을 시사한다."

동료 평가 제도에서 나타나는 임의적 요소는 논문의 질을 판단하는 논문 심사 체계에서도 어느 정도 나타날 것이다. 여러 사례를 살펴볼 때, 논문 심사가 동료 평가에 비해 개인적 편향에 빠지기 더 쉽다. 학술지에 논문 발표를 거부당한 경험이 있는 거의 모든 과학자들에게 헉슬리(T. H. Huxley)의 편지는 상당한 공감을 불러일으킬 것이다. "업적만으로는 충분치 않다. 더 많은 것을 얻기 위해서는 세상에 대한 전술과 지식이 뒷받침된 업적이 있어야 할 것이다. 예를 들어 내가 방금 왕립학회에 보낸 논문은 매우 독창적이고 중요하다고 생각한다. 그리고 만약 그 논문이 내 '특정한 동료'의 심사를 받는다면 실리지 않을 것도 확신한다. 그는 내 논문에 대해 한마디도 반박할 능력이 없지만 내 논문을 무시하리라는 것은 명약관화하다. …… 따라서 나는 내 가련한 논문이 그의 손에 들어가지 않도록 약간의 계략을 써야만 한다."[17]

심사 제도에서의 개인적인 편향은 다른 방식으로도 작동할 수 있다. 영국의 저명한 물리학자인 레일리 경(Lord Rayleigh)은 실수로 자신의 이름을 빠트린 채 논문을 제출했다. 그의 아들과 전기 작가들의 말에 따르면 "위원회는 그 논문을 역설가라 불리는 괴짜가 쓴 것으로 생각하고는 '게재 불허' 판정을 내렸다. 그러나 저자가 누구인지 밝혀지자 그 논문이 중요한 가치를 가진다는 사실이 인정되었다"고 한다.[18] 그 밖에 심사 제도의 편향에 대한 좀더 체계적인 연구 결과들은 여러 가지 사실이 뒤섞인 결과를 보여주었다.

《피지컬 리뷰》의 심사 관행에 대한 연구에서는 조직적인 편향을 전혀 찾아내지 못했다. 로버트 머턴과 해리엇 주커만(Harriet Zuckerman)은 이렇게 말했다. "최소한 이 저널은 심사위원과 저자들의 상대적인 지위가 평가에 특기할 만한 영향을 주지 않았습니다."[19] 그렇지만 심사 제도에 적용된 일관성 검사는 그리 만족할 만한 결과를 보여주지 못했다. 심리학 분야에서 높은 평가를 받고 발표된 열 편의 논문들을 저자명과 소속을 바꿔 약 2년 전에 발표된 같은 저널에 재투고했을 때, 이 가짜 논문들 중에서 겨우 세 편만이 적발되었다. 나머지 일곱 편을 스물두 명의 편집자와 심사자들에게 보내서 게재 여부를 묻자 그들 중에서 네 명(18퍼센트)만이 발표를 추천했다. 논문 저자들은 "저널 편집자들의 심사 관행에서 나타나는 일관성 결여는 광범위하게 만연된 현상"이라고 결론지었다.[20][6)]

논문 평가 과정에서 나타나는 심사자들의 이론적인 편향에 대해 좀더 정교한 조사가 계획되었다. 마이클 마호니(Michael J. Mahoney)는 당시 뜨거운 논쟁이 벌어지던 아동심리학에 관해 가공의 논문을 만들어서 그 문제에 대한 개인적인 입장을 공식적으로 발표한 일흔다섯 명의 심사자들에게 보냈다. 이 원고들은 모두 동일한 실험 과정을 기술했지만 결과는 모두 달랐다. 일부는 심사자들의 관점에 부합했고, 일부는 그들의 생각을 거스르는 것이었다. 그 결과는 다음과 같았다. "같은 논문인데도 데이터의 성격에 따라 전혀 다른 결

6) 이 연구는 한 프리랜서 작가가 전미도서상을 수상한 저지 코신스키(Jerzy Kosinski)의 유명한 소설 《스텝스(*Steps*)》를 다시 타이프로 친 원고를 마치 무명의 작가가 쓴 유망한 작품인 양 가장해서 원래 그 작품을 발간한 '랜덤하우스'를 비롯한 네 곳의 유명 출판사에 보낸 실험에서 착상한 것이다. — 지은이 주

과가 나왔습니다. '긍정적인'(즉 심사자의 특정 성향에 부합하는) 논문들은 대부분 약간의 수정을 거쳐 게재가 허용되었습니다. 그러나 '부정적인' 결과를 담은 원고들은 매우 낮은 평가를 받았습니다."[21]

그런데 의도치 않은 실수로 심사자들에게 보낸 원고에는 모두 커다란 오류가 포함되어 있었다. 그 오류가 심사자들에게 똑같이 적발된 것은 아니었다. '긍정적인' 결과를 담은 논문에서는 심사자들의 25퍼센트만이 문제점을 찾아냈다. 반면 그 결과가 '부정적'인, 즉 심사자의 이론적 관점에 부합하지 않는 논문에서는 71퍼센트가 적발되었다.

기만행위와 부적격을 걸러내는 주된 메커니즘인 심사 제도는 종종 심각한 기능 장애를 일으키는 것 같다. 인도의 우타르 프라데시(Uttar Pradesh)에 있는 수의학연구소 소속의 세 연구자들이 《사이언스》에 발표한 논문과 연관된 유명한 사례를 들어보자. 그들은 달걀 속에서 톡소플라스마(toxoplasma)라 불리는 기생충의 포낭을 발견했다. 이 기생충은 이전에 달걀에서 발견되지 않은 것이었기 때문에 이 새로운 발견은 공중보건상의 우려를 낳았다. 인도의 연구자들은 자신들의 발견이 함의하는 바를 경시하지 않고 이렇게 결론지었다. "우리의 데이터는 날달걀이 사람에게 기생충을 옮기는 감염원이 될 수 있다는 가설을 지지한다."[22]

사람들은 이런 종류의 논문이라면 당연히 철저한 심사를 거쳐서 발표되리라고 생각할 것이다. 그러나 논문에 첨부된 사진들 중 일부는 톡소플라스마의 것이 아님이 밝혀졌다. 먼저, 사진의 배경에 숨어 있는 세포는 분명히 포유류의 적혈구 형태를 띠고 있었기 때문에 달걀에서 발견된다는 것은 기이한 일이었다. 둘째, 논문에 실린 사진 한 장은 두 번째 사진과 같은 것으로, 단지 크기를 확대하고 뒤집어놓았을 뿐이었다. 셋째, 문제의 사진은 이미 5년 전에 다른 과학자가 발표했던 것이었다. 《사이언스》의 한 편집위원은 《감염 질병 저널(*Journal of Infectious Diseases*)》의 편집자들도 같은 인도 과학자들에게 비슷한 일을 당했던 사실을 지적하면서 "이 유감스러운 사태에 대해 독자들에게 사과한다"고 말했다.[23]

동료 평가와 심사 제도에 대해 종종 과장된 주장이 제기되기는 하지만 그것들이 완벽하리라고 기대하는 사람은 아무도 없을 것이다. 그러나 두 가지 메커니즘 모두 임의적인 요소들을 포함하고 있으며, 그 위에 구축된 것처럼 보인다. 어느 정도 임의적인 제도가 엄정한 공정성을 시행하는 시스템에 비해 훨씬 조작이 쉬운 것은 사실이다. 이런 제도는 사람의 의사 결정에 영향을 주는 모든 비논리적 요소들이 작동할 수 있는 여지를 허용한다. 자신의 연구 결과가 좀더 설득력 있게 보이도록 조작할 수 있는 사기꾼 과학자들이 혁신적인 아이디어를 가진 천재들보다 이런 제도를 요리조리 빠져나갈 가능성이 훨씬 크다. 이러한 느슨함 때문에 존 롱과 같은 인물들이 아무런 제재도 받지 않고 과학 분야에 파고들 수 있는 것이다.

관료주의의 폐단

과학이라는 사업 전체가 만연한 엘리트주의에 의해 얼마나 타락할 수 있는지는 스와미나탄(M. S. Swaminathan, 1925~)과 샤바티 소노라(Sharbati Sonora)라고 알려진 소맥 품종 사례에서 찾아볼 수 있다.[24] 이 부정 사례에서는 사건이 진전되는 단계마다 개인적인 편향이 동료 평가와 심사 제도라는 메커니즘을 압도했다. 1967년에 인도의 가장 유명한 농학자였던 스와미나탄은 인도농업연구소 연구팀(IARI)과 공동으로 소출이 높은 신종 소맥을 개발했다고 발표했다. 그는 샤바티 소노라라는 신품종이 부모종(父母種)인 멕시코산 소맥에 비해 단백질과 주요 아미노산인 리신(lysine)을 더 많이 함유하고 있다고 주장했다.

식물성 단백질에는 리신이 적게 들어 있어서 채식을 하는 사람들은 음식을 통한 리신 섭취가 불충분할 수 있다. 따라서 샤바티 소노라의 개발은 개발도상국의 영양 공급을 획기적으로 증진할 수 있는 제3세계 과학의 개가로 크게 환영받았다. 그렇지만 유감스럽게도 단백질과 리신 함유도가 높다는 주장은 부정확한 것으로 밝혀졌다. 처음 소맥이 육종되었던 멕시코의 노먼 보라그 연구소(CYMMYT)가 1969년에 발표한 분석에 따르면, 샤바티 소노라 품종의 리신과 단백질 함유량은 부모종의 것과 다르지 않았다.

CYMMYT 보고서의 반박이 나온 후에도 스와미나탄은 훨씬 강한 주장을 담은 논문을 거듭 발표했다. 그렇다면 처음에 잘못된 결과가 나온 이유는 무엇이었을까? 스와미나탄은 1972년에 인도농업연구위원회 위원장으로 임명되었다. 그런데 몇 달 후, 실무진 중 한 사람인 농경제학자 비노드 샤(Vinod H. Shah)가 자살을 했다. 샤는 스와미나탄에게 남긴 유서에서 승진 관행에 불만을 드러냈고, "당신이 생각하는 기준에 맞추기 위해서 비과학적 데이터가 많이 수집되어 당신에게 전달되었다"고 말했다.

인도 정부는 이 문제를 조사할 위원회를 설치했다. 1968년에 자문위원은 부모종의 밀에 들어 있는 리신 함유량 측정치가 이 연구소의 선임연구원에 의해 "고의적으로 조작"되었기 때문에 "샤바티 소노라가 더 좋은 품종인 것처럼" 보였다고 조사위원회에 보고했다. 그러나 이 조작은 좀더 광범위하게 퍼져 있는 질병의 일개 증상에 불과했다. 자문위원은 다음과 같이 보고했다. "인도농업연구소의 많은 소장 과학자들이, 옳건 그르건 간에 자신들의 과학적 발견을 자유롭게 발표하기 힘들다고 생각하고 있다. 그 결과가 높은 지위에 있는 누군가의 생각과 부합하지 않기 때문이다. 그리고 실제로 비과학적인 데이터가 고위 기관에 전달되고 그 대가로 승진 등의 혜택이 주어진다고 믿고 있다."

자문위원은 이 사건이 예외적인 것이 아니라고 말한다. 보고서는 다음과 같이 이어진다. "몇몇 예외를 제외한다면, 이러한 현상은 이 나라의 과학계와 학계 전반에 만연해 있다. 이 현상의 밑바닥에는 이 집단을 괴롭힌 관료주의적 권력에 대한 갈망과 안락한 삶에 대한 집착이 존재한다."

물론 인도의 문화적 전통은 유럽이나 미국과 다를 수 있다. 그러나 자문위원의 표현에서 간파할 수 있는 숱한 과장을 인정한다 하더라도, 이 보고서는 엘리트주의를 엄격히 점검하지 않는다면 과학 공동체 내에서 심각한 폐해를 일으킬 수 있음을 시사하고 있다. 인도 연구 제도의 관료주의적 권력 구조는 과학적 결과의 진정성을 보증해야 할 메커니즘을 짓밟았다. 인도에서 샤바티 소노라 사건은 스와미나탄에 대한 비난으로 이어지지 않았다. 그는 1982년에 인디라 간디 수상에 의해 인도의 수백 개 연구소들을 책임지는 국가연구위원회 위원장으로 임명되었다.[25]

보편주의는 과학의 이상이지만 실제로는 심각한 한계를 가진다. 모든 과학 분야에 편재하는 엘리트들은 정당한 근거를 가질 수도 있지만, 동시에 보편주의에 대해 직접적인 적대자인 과학 엘리트주의라는 형태로 심각한 불합리성을 보여주기도 한다. 엘리트는 모든 과학자들에게 공평하게 적용된다고 가정되는 엄밀한 조사에서 면제된다.

이러한 면제는 동료 평가와 심사 제도에 중대한 맹점이 된다. 게다가 두 제도에는 임의적인 요소가 내재해 있다. 그것은 무엇이 좋은 과학인지에 대한 합의가 결여된 데서 비롯된다. 이러한 임의성은 새로운 아이디어를 수용하고 나쁜 과학(bad science)이나 부정한 과학을 배격할 수 있는 가능성을 크게 제약한다. 따라서 동료 평가와 심사 제도는 과학자들이 흔히 머릿속에 그리는 것처럼 절대 무오류의 엄정한 식별 체계가 아닌 기껏해야 엉성한 선별 체계에 불과하다. 그것들은 임의적인 분류보다는 나은 근거를 토대로 밀과 겨를 구분하지만, 여전히 많은 양의 겨가 밀과 함께 묻어 들어온다. '좋은 과학'을 일관되게 식별하는 데 중대한 결함이 있는 제도라면 기만행위를 적발해내는 데 항상 성공하기는 어려울 것이다. 사실상 이런 방식으로 기만행위를 찾아내기란 거의 힘들다.

과학의 궁극적인 수문장은 동료 평가도 심사 제도도 재연도 아니고, 이들 세 가지 제도 속에 함축되어 있는 보편주의도 아니다. 그것은 시간이다. 결국 나쁜 이론은 작동하지 않으며, 거짓 개념은 올바른 개념처럼 훌륭하게 세상을 설명하지 못한다. 과학을 이상적으로 작동시키는 메커니즘은 최대한 과거로 소급하여 적용되어야 한다. 한 과학자는 롱 사건에 대해서, 동료 평가가 완전히 실패로 돌아갔는데도, "핵심적인 요소는 동료 과학자들의 비판적인 검토이다"라고 말했다. 모든 쓸모없는 과학을 걷어차 낼 보이지 않는 장화(boot)와 시간이야말로 과학을 지키는 진정한 수문장이다. 그러나 이처럼 철저한 메커니즘이 작동하는 데는 너무 많은 시간이 걸린다. 때로는 천 년 이상이 걸리기도 하다. 그리고 그 사이에 무엇보다 과학 엘리트주의가 제공하는 조사 면제의 장막 아래에서 그것이 은신처를 찾게 된다면 기만행위가 만발할 것이다.

6장 _ 자기기만과 우매함

보고 싶은 대로 보게 되는 현상

1669년, 영국의 저명한 물리학자 로버트 훅(Robert Hooke, 1635~1703)은 놀라운 사실을 발견했다. 태양 둘레를 도는 지구의 움직임으로 인해 별의 위치에 뚜렷한 차이가 나는 항성 시차(stellar parallax)를 증명해 보임으로써, 코페르니쿠스의 지동설을 뒷받침할 증거를 찾아낸 것이다. 이런 목적으로 망원경을 사용한 최초의 사람 중 한 명인 훅은 용자리의 감마성(星)을 관측하고는 감마성이 호(弧)당 30초 정도의 시차를 보인다는 사실을 곧바로 왕립학회에 보고했다. 마침내 코페르니쿠스의 이론을 실증적으로 입증할 나무랄 데 없는 증거가 나타난 것이다.

경험 과학이 거둔 이 쾌거는, 프랑스의 장 피카르(Jean Picard)가 자신이 거문고자리의 알파성을 같은 방법으로 관측했지만 아무런 시차도 발견하지 못했다고 발표했을 때, 일시적이기는 했지만 타격을 입었다. 몇 년 뒤, 영국 최초의 왕실 천문학자이자 뛰어난 관측가인 존 플램스티드(John Flamsteed, 1646~1719)는 북극성이 최소한 40초의 시차를 보인다고 보고했다.

당시 저명한 과학자였던 훅과 플램스티드는 과학사에서 길잡이 같은 존재였다. 그러나 이들 또한 오늘날까지도 많은 과학자들을 위험한 소용돌이에 빠뜨리는 어떤 현상의 희생자였다. 그것은 이른바 '실험자 기대 효과'로서 보고자 하는 것을 보게 되는 현상을 말한다. 항성 시차가 실제로 존재하지만 모든 별들이 지구에서 굉장히 멀리 떨어져 있어서 그 시차는 호당 약 1초에 지나지 않는다. 따라서 훅과 플램스티드가 사용했던 비교적 조악한 망원경으로는 알아낼 수 없다.[1]

자기기만은 과학계에 널리 만연해 있는 심각한 문제이다. 객관적 관찰이라는 가장 엄격한 훈련도 특정 결과를 얻으려는 열망 앞에서는 무기력한 방어책이 되곤 한다. 자신이 발견할 것에 대한 실험자의 거듭되는 기대는 그가 기록하는 데이터에 반영되고 결국 진실을 훼손한다. 이러한 무의식적인 결과의 조작은 수많은 미묘한 방식으로 생길 수 있다. 이는 단지 개인에게만 영향을 미치는 현상이 아니다. 프랑스 물리학자들과 N선(N-ray), 미국 심리학자들과 원숭이 수화(手話) 같은 사례처럼, 때로는 연구자 사회 전체가 미망에 사로잡히기도 한다.

기대는 자기기만을 유도하고 자기기만은 다른 사람을 속이기 쉬운 경향으로 이끈다. 베링거 사건이나 이 장에서 거론될 필트다운인 사건 같은 엄청난 과학적 사기는 믿고 싶어하는 열망으로 인해 일부 과학자들이 속아 넘어가는 우매함의 극단을 잘 보여준다. 사실, 프로 마술사들은 일반인보다 과학자들을 속이기가 더 쉽다고 말하는데, 그것은 과학자가 자신의 객관성에 대해 지나치게 확신하는 데서 비롯된다.

자기기만과 노골적인 기만행위는 의도성 면에서 다르다. 자기기만은 무의식적이지만 기만행위는 고의적이다. 하지만 스펙트럼의 양끝에 자기기만과 기만행위가 있다고 하는 편이 더 정확할 것이다. 실험자 자신조차도 동기가 모호한 일련의 행위가 그 스펙트럼의 중앙을 차지한다. 과학자들이 연구실에서 여러 측정을 하는 동안 판단에 개입하는 요소들이 있다. 가령 일부 외생 요인을 상쇄하기 위해서 실험자가 스톱워치를 조금 늦게 누를 수도 있다. 그러고는 자신에게 '틀린' 답이 나올 결과를 기술적으로 배제하는 것이라고 변명할지도 모른다. 이런 배제가 거듭되면 수용할 만한 실험에서 '올바른' 답의 비율이 이전에는 부족했던 통계적 의미를 획득한다. 당연히 발표되는 것은 '수용할 만한' 실험들뿐이다. 실제로 실험자는 어느 정도 고의적인 조작이지만 의식적인 기만행위라고는 할 수 없는 방식으로 자신의 관점을 입증할 데이터를 골라낸다.

누가 시약을 받았고 누가 위약(僞藥)을 받았는지 의사도 환자도 모르게 하는 이중 블라인드(double blind) 실험은, 환자들은 말할 것도 없고 의사의 기대도 병의 치유에 강력한 영향을 준다는 이유로 임상 연구에서 표준 시험이 되었다. 그러나 실험자의 '눈을 가리는' 이 당연한 습관이 과학에서는 보편화되어 있지 않다. 실험자 기대에 대한 인상적인 실증은 하버드 대학의 심리학자 로버트 로젠탈(Robert Rosenthal)이 실시한 일련의 연구에 잘 나타난다. 이 실험에서 그는 심리학과 학생들에게 두 집단의 쥐를 연구용으로 주었다. '미로에 밝은' 집단의 쥐는 미로를 달리는 지능이 발달하도록 특별히 사육되었고, '미로에 어두운' 집단은 유전적으로 아둔한 쥐들이라고 학생들에게 말한 뒤, 두 집단의 쥐가 미로를 달리는 능력을 시험해보라고 지시했다. 학생들은 확실히 미로에 밝은 쥐들이 어두운 쥐들보다 미로를 훨씬 더 잘 빠져나가는 것을 발견했다. 그러나 실제로는 미로에 밝은 쥐와 어두운 쥐 사이에는 아무런 차이가 없었다. 모두 표준 혈통의 연구용 쥐였다. 차이는 각 그룹에 대한 학생들의 기대뿐이었다. 하지만 학생들은 자신들의 기대 차이를 데이터로 작성했다.[2]

일부 학생들은 기대하는 결과와 일치하도록 의식적으로 데이터를 조작했을 것이다. 그리고 나머지 학생들의 경우 무의식적이었지만 훨씬 더 섬세한 조작이 이루어졌다. 정확히 어떻게 했는지를 설명하기는 더 어렵다. 아마 학생들은 더 잘 수행하리라고 기대하는 쥐들을 훨씬 더 부드럽게 다루었을 것이고, 그러한 행위가 쥐들의 수행 능력을 높여주었을 것이다. 미로를 빠져나가는 시간을 측정할 때 무의식적으로 미로에 밝은 쥐의 경우 조금 빨리, 어두운 쥐의 경우 조금 늦게 스톱워치의 버튼을 눌렀을 것이다. 정확한 과정이야 어떻든 간에 연구자의 기대는 그들이 인식하지 못한 상태에서 실험결과를 빚어냈다.

이러한 현상은 실험실 과학자들만 빠지는 함정이 아니다. 학생들의 지능검사(IQ test)를 실시하는 교사의 경우를 보자. 교사가 아동의 지능에 선입견이 있다면, 그것이 검사 결과에 영향을 미치지 않을까? 대답은 '그렇다'이다. 심리학과 학생들을 대상으로 했던 것과 유사한 한 실험에서 로젠탈은 자신이 학문적으로 대성할 아이들을 예측하는 테스트로 그런 능력을 가진 아이들을 식별했다고 초등학교 교사들에게 말했다. 교사들에게 알리지 않은 이 테스트는 단지 표준 지능검사에 불과했고, '대성할 아이들'이라고 확인한 아이들은 실제로는 무작위로 선발되었다. 학년 말에 이 아이들은 다시 동일한 검사를 받았는데, 이번에는 교사들이 테스트를 했다. 1학년에서는 교사들에게 학문적으로 대성할 것이라고 확인해주었던 아이들이 다른 아이들보다 IQ가 15점 더 높게 나왔다. 2학년에서는 '대성할 아이들'이 표준점수보다 10점 더 높게 나왔다. 고학년에서도 교사들의 기대는 조금도 달라지지 않았다. 로젠탈은 저학년에서 "이 아이들은 아직 그만한 평가를 받지 못했지만, 그 기대는 고학년에서도 바뀌기가 매우 어려우며 다음 학년을 맡을 교사들에게 학생의 수행 능력에 대한 기대를 부여합니다. 학년이 올라가도 아이에 대한 평가는 바뀌기 어려울 것입니다"라고 말했다.[3]

천재 말, 천재 원숭이의 진실

과학에서의 자기기만은 동물과 사람 간의 의사소통 연구 분야에서 현저하게 나타난다. 연구자의 기대감이 실험동물에 투영되면, 조사자는 무의식적으로 그것에 영향을 받게 된다. 가장 유명한 사례로 '영리한 한스(Clever Hans)'의 경우가 있다. 한스는 비범한 말이었는데, 덧셈과 뺄셈을 할 수 있었으며 심지어 제시된 문제도 풀 수 있었다. 한스는 불후의 명성을 얻었는데, 그것은 그 말의 영혼이 이따금씩 실험 심리학자들의 연구실에 출몰해서 귀신 웃음소리로 자신의 존재를 알렸고, 그 웃음소리를 들은 희생자는 거의 다 연구자로서 종말을 맞이했기 때문이다.

한스의 조련사였던, 독일의 퇴직 교사 빌헬름 폰 오스텐(Wilhelm Von Osten)은 자신이 한스에게 셈하는 능력을 가르쳤다고 굳게 믿었다. 한스는 말굽으로 숫자들을 치다가 정답에 도달하면 멈추었다. 주인뿐 아니라 다른 사람들에게도 수를 세어 보였다. 심리학자 오스카 펑스트(Oscar Pfungst)는 이 현상을 조사하면서 폰 오스텐과 다른 사람들이 무의식적으로 이 천재 말에게 신호를 보내고 있다는 사실을 발견했다. 말굽을 치던 말이 정답에 해당하는 수에 이르면 오스텐은 무심결에 머리를 살짝 움직이곤 했다. 그러면 이 무의식적인 신호를 감지한 한스는 말굽 치기를 멈추었다. 펑스트는 이 말이 머리를 0.2 밀리미터만 살짝 움직여도 감지할 수 있다는 것을 알아냈다. 펑스트 자신이 말의 역할을 해보았고, 문제를 낸 스물다섯 명의 실험자 중에서 스물세 명이 말굽 치기를 멈춰야 할 시점에 자신에게 무의식적으로 신호를 보내는 것을 발견했다.

'영리한 한스' 현상에 관한 펑스트의 이 유명한 조사는 1911년에 영어로 출간되었지만, 그 명확한 해설에도 사람들이 폰 오스텐과 같은 함정에 빠지는 것을 막지는 못했다. 다른 생물 종과 의사소통하고 싶어하는 인간의 오랜 열망은 그리 쉽게 꺾일 수 없었다. 1937년까지 말뿐만 아니라 고양이, 개를 비롯한 70여 종의 '생각하는' 동물들이 나타났다. 1950년대에는 돌고래가 새롭게 각광을 받았다. 이때, 인간과 동물 간의 대화에 새로운 전기가 마련되었다. 동물이 인간의 소리를 내는 것은 물리적으로 대단히 어려워서 침팬지에게 말을 가르치려는 초기의 시도는 주춤했다. 그러나 네바다 대학의 앨런 가드너(Allen Gardner)와 베아트리스 가드너(Beatrice Gardner)가 침팬지 워슈(Washoe)에게 미국 수화를 가르치면서 커다란 진전이 이루어졌다.

워슈와 워슈를 따라하던 원숭이들은 상당수의 수화 어휘를 수월하게 익혔으며, 더 중요한 사실은 수화 어휘를 나열해서 마치 문장을 만드는 것처럼 보였다는 것이다. 이 원숭이들이 수화 신호를 사용해 적절한 새로운 조합을 만들었다는 보고는 특히 주목을 끌었다. 워슈가 수박을 보고는 자연스럽게 '마시다'와 '과일'을 뜻하는 수화를 했다고 보고되었다. 이 보고에 따르면, 고릴라 코코(Koko)는 얼룩말을 '백호(white tiger)'라고 표현했다고 한다. 1970년대까지 수화를 하는 원숭이들은 심리학 연구에서 각광을 받았다.

그 무렵, 저명한 언어학자 노엄 촘스키(Noam Chomsky)에 경의를 표해 님 침스키(Nim Chimsky)라고 명명된 한 원숭이로 인해 심각한 문제가 제기되었다. 님의 조련사였던 심리학자 허버트 테라스(Herbert Terrace)는 다른 침팬지들과 마찬가지로 님도 수화를 배워서 수화를 조합하여 사용하는 것을 보았다. 그런데 그 수화의 나열이 적합한 문장을 나타낸 것일까, 아니면 단지 이 영리한 원숭이가 주변 사람들의 손짓이나 몸짓을 보고서 그중 일부를 흉내낸 것일까? 테라스는 님의 언어 발달 과정상에 나타난 일정한 특징들을 보며 이런 의문에 빠졌다. 같은 연령의 인간 어린이와 달리 님은 새로운 어휘를 습득하는 데 갑자기 제자리걸음을 했다. 어린이와 달리 님은 좀처럼 먼저 대화를 시작하지 않았다. 수화를 나열하기는 하지만 님이 만든 문장은 문장론적인 정확성이 부족했다. 기록된 것 중 님이 한 가장 긴 말은 열여섯 개의 수화 기호를 사용한 쉬운 문장으로, "오렌지 줘 나 줘 오렌지 먹어 나 오렌지 먹어 나 줘 오렌지 먹어 나 줘 당신"이었다.

결국 테라스는 침스키와 수화를 사용하는 다른 원숭이들이 인간이 사용하는 언어와 같은 방식으로 수화를 사용하는 것이 아니라는 결론을 내릴 수밖에 없었다. 오히려 이들은 흉내를 내거나 영리한 한스처럼 신호를 이용하여 자신들의 교사를 조롱한 것일지도 모른다. 님의 언어 행위는 여러 면에서 인간 어린이보다는, 지능이 높은 훈련된 개의 언어 행위에 더 가까웠다.

비판가들이 이 분야에 주목하기 시작했다. "우리는 원숭이 '언어' 연구가들이 가장 고상한 동기와 가장 세련된 방법에 따라 행동한다고 자신하는 개성 강한 사람들이라고 알고 있지만, 실제로 이들은 가장 초보적인 곡마단처럼 곡예를 해왔다"고 진 우미커 시벅(Jean Umiker-Sebeok)과 토머스 시벅(Thomas Sebeok)은 말한다.[4]

1980년에 열린 회의에서 시벅은 훨씬 더 솔직하게 다음과 같이 말했다. "내 생각에 원숭이들을 대상으로 하는 실험은 세 그룹으로 나뉜다고 볼 수 있다. 하나는 완전한 기만행위, 두 번째는 자기기만, 세 번째는 테라스가 시행한 실험이다. 이 중에서 그 수가 가장 많은 것은 자기기만이다."[5] 이 논쟁은 아직 끝나지 않았지만 현재의 판세는 비판가들 쪽으로 기울어 있다. 이 비판가들이 옳다는 것이 입증되면, 원숭이 언어 연구 분야의 평판이 급속히 실추되어 다시 한 번 '영리한 한스' 유령에게 놀아난 꼴이 될 것이다.

N선을 둘러싼 프랑스 과학계의 자기기만

인간의 상상과 투영의 매개물로 다른 종이 무대에 등장할 때 연구자의 자기기만 경향이 특히 강하게 나타난다. 그러나 다른 종의 도움 없이도 과학자들은 스스로를 속일 수 있다. 집단적인 자기기만의 예로 가장 잘 알려진 것은, 1903년에 프랑스의 저명한 물리학자 르네 블롱로(René Blondlot)가 새로운 광선을 발견했다고 발표하면서, 이 광선을 자신이 근무하던 낭시 대학의 이름을 따서 N선(N-ray)이라고 명명한 사건이다. 이것은 1900년대 초 프랑스 물리학계에 커다란 영향을 미쳤다.

이보다 8년 전에 뢴트겐(Röntgen)이 발견한 X선 편광 실험을 하던 중 블롱로는 X선원(線源)에서 새로운 종류의 방사선을 발견했다. 끝이 뾰족한 철사 한 쌍 사이에서 일어나는 전기 스파크가 점점 밝아지면서 이 광선의 존재가 분명해졌다. 밝기의 증가는 극히 주관적인 육안으로 판단해야 했다. 하지만 이는 다른 물리학자들이 쉽게 재연하여 블롱로의 발견을 확인할 수 있다는 사실 때문에 그다지 문제가 되지 않았다.

당시 대학의 한 동료는 N선이 X선원뿐 아니라 인체의 신경계에서도 방출된다는 것을 발견했다. 소르본느 대학의 한 물리학자는 사람이 말할 때 언어를 관장하는 뇌의 일부인 브로카 중추(Broca's area)에서도 N선이 방출된다는 것을 발견했다. N선은 가스, 자기장, 화학 약품에서도 발견되었다. 이로써 N선 추적은 프랑스 과학계에 한 분야로 자리잡게 되었다. 1904년에 프랑스 과학아카데미는 블롱로에게 영예로운 르콩트 상을 수여했다. N선의 효능은 "1903년과 1906년 사이에 최소한 40명에게 확인되었고, 백 명의 과학자와 의사들이 쓴 약 3백 편의 논문에서 분석되었다"고 이 사건을 연구한 한 역사가는 적고 있다.[6]

그러나 N선은 존재하지 않았다. N선을 보았다고 보고한 연구자들은 자기기만의 희생자들이었다. 과연 이러한 집단 착각의 원인은 무엇이었을까? 1904년에 미국의 물리학자 우드(R. W. Wood)가 쓴 한 논문에 대한 반응에서 중요한 실마리를 찾을 수 있을지도 모른다. 우드는 블롱로의 실험실을 방문했을 때, 특이한 일이 벌어지는 것을 분명히 간파했다. 하나는 N선이 프리즘을 통과한 후 다른 파장으로 분리되는 실험을 보여주기 위해 블롱로가 실험실을 어둡게 했다는 것이다. 우드는 실험 시작 전에 프리즘을 몰래 자기 주머니 속에 숨겼다. 하지만 블롱로는 실험의 중심 장치가 방문객(우드)의 주머니 속에 있는데도 기대한 결과를 얻었다. 우드는 한 영국 과학잡지에 자신의 실험실 방문에 대해 신랄한 기사를 썼다. 과학은 국경을 초월한다고 했지만 우드의 비판은 그러지 못했다. 다른 나라 과학자들은 즉각 N선에 대한 흥미를 잃었지만 프랑스 과학자들은 수년간 블롱로를 계속 지지했다.

프랑스 과학자 장 로스탕(Jean Rostand)은 이렇게 썼다. "이 사건에서 가장 놀라운 점은 속아 넘어간 사람들이 엄청나게 많다는 것이다. 이들은 사이비 과학자도 허풍선이도 몽상가도 신비주의자도 아니었다. 오히려 그런 것과는 거리가 먼 진정한 과학자였으며, 냉철하고 실험 절차에 능숙하고, 분별력과 건전한 상식을 지닌 사람들이었다. 이러한 사실은 그 후 교수로서, 고문이나 강사로서의 이들의 업적을 봐도 분명히 알 수 있다. 장 바케렐(Jean Bacquerel), 질베르 발레(Gilbert Ballet), 앙드레 브로카(André Broca), 지메른(Zimmern), 보르디에르(Bordier) 같은 이들은 모두 과학에 공헌한 사람들이었다." 7

우드의 비판 이후에도 당시 프랑스의 가장 훌륭한 물리학자들이 계속해서 블롱로를 지지한 것은 처음에 블롱로의 발견을 비판 없이 받아들였을 때와 같은 이유에서일 것이다. 이는 과학과는 전혀 상관 없어 보이는 국가적 자긍심이라는 정서와 관련이 있다. 1900년경 프랑스는 자국의 과학에 대한 국제적 명성이 특히 독일에 비해 내리막길에 있다는 사실을 감지했다. N선의 발견은 프랑스 과학계의 경직된 위계 구조에 대한 내부 불만을 무마시키려는 바로 그 시기에 나왔다. 따라서 우드의 폭로 이후에 해외에서 쏟아지던 비판과 국내의 거센 회의론에 직면한 프랑스 과학아카데미는 진실을 규명하기보다는 블롱로 주위로 결집하는 쪽을 택했다. 낭시 출신의 앙리 푸앵카레(Henri Poincaré)를 비롯한 과학아카데미의 르콩트 상위원회는 유력한 후보였던 전년도 노벨상 수상자 피에르 퀴리(Pierre Curie) 대신에 블롱로를 수상자로 선정했다.

N선 사건에 대해 저술한 역사가나 과학자들 대부분은 그것을 병적이며 비이성적이고 비상식적인 사건으로 기술하고 있다. 메리 조 나이(Mary Jo Nye)는 이에 동조하지 않는 역사가 중의 한 사람이었다. 이 사건의 진상을 해명하기 위해서 나이는 "블롱로의 정신 구조

를 분석하기보다 블롱로가 속해 있던 당시 1900년경의 과학계의 조직 구조와 목표 및 분위기"를 조사했다. 나이의 결론을 간략히 말하면 이 사건은 과학계의 일상적 행동 유형이 과장되어 나온 것뿐이다. N선 사건은 "'병적'인 것이 아니었으며 '비이성적'이거나 '사이비 과학'은 더더욱 아니었다. 이 사건의 조사와 논쟁에 개입된 과학자들은 전통적인 환원주의(모든 자연현상은 물리학적, 화학적으로 설명되리라는 주장)적인 과학 목표와 개인적 경쟁심, 그리고 제도와 지역, 국가에 대한 충성심 등 약간 과장된 측면은 있을지라도 지극히 정상적인 방식의 영향을 받았다"고 나이는 말했다.[8]

과학계 전체가 비이성적 요인 때문에 길을 잃을 수 있다는 사실은 생각해볼 만한 현상이다. 이를 '병적'이라고 치부해버리는 것은 딱지 붙이기에 지나지 않는다. 사실 N선 사건은 과학적 과정에서 나타나는 몇 가지 특유한 문제를 극단적인 형태로 보여준다. 하나는 사람의 관찰은 미덥지 못하다는 점이다. 사실, 아무리 훈련을 잘 받은 사람이라도 자신이 보고자 하는 것을 보는 경향이 강하다. 스파크의 밝기처럼 주관적으로 평가되던 것이 계측기나 출력지와 같은 장치로 대체되어 측정될 때조차 관찰자 효과가 개입된다. 사람들이 측정 장치를 어떻게 읽는가를 주의 깊게 조사한 결과, 무의식적으로 특정 숫자를 선호하는 '숫자 선호 현상'이 밝혀졌다.[9]

이론상의 예단은 과학자의 관찰을 왜곡할 수 있는 한 요인이다. 명성과 인정에 대한 욕구가 이러한 왜곡의 교정을 가로막을 수도 있다. N선의 경우, 프랑스 물리학자들은 개인적 · 지역적 · 국가적 굴레 때문에 과학 연구의 이상적 양식에서 벗어났을 뿐 아니라 잘못이 공개적으로 지적된 이후에도 오랫동안 자신들의 중대한 과오를 고수했다.

과학자들은 자신들이 이런 류의 실험 함정에 빠지지 않도록 적절한 조치를 취하고 있을까? 답이 어떻게 나올지 모르는 연구자가 데이터를 기록하는 맹검(blinded study)은 유용한 예방책이기는 하지만 자기기만을 막기에는 충분하지 않다. 생물과학 분야에서는 자기기만의 늪에 빠져들기가 너무 쉬워서 결점이 없는 방법론을 고안해내기가 어렵다. 바버(T. X. Barber)는 인간을 대상으로 하는 실험 연구에서 빠지기 쉬운 함정에 대한 책을 내면서 다음과 같은 통렬한 후기로 결론을 지었다. "이 글을 출판사로 보내기 전에 젊은 연구원과 대학원생 아홉 명에게 비판적으로 읽어보게 했다. 이들 중 세 명은 글을 다 읽은 뒤에 실험 연구를 수행하기가 너무 어렵다면서 차라리 실험 작업(특히 연구소 실험)을 포기하고, 현장 연구나 참여 관찰 같은 방법으로 지식 탐구를 제한하는 게 더 나을지 모르겠다는 의견을 내놓았다."[10]

사기꾼에게 속아 넘어간 과학자들

다른 학문과 구별 짓는 과학의 기본 원리는 경험적 절차인 관찰과 실험이다. 그러나 관찰은 그것이 가장 필요할 때, 즉 실험자의 객관성이 주춤거릴 때 잘못에 빠져들기가 가장 쉽다. 18세기의 저명한 과학자 요한 야콥 쇼이처(Johann Jacob Scheuchzer)의 경우를 보자. 쇼이처는 노아의 방주 시대에 인류가 가공할 홍수에 휩쓸렸다는 증거 발굴에 나서 마침내 그 증거로 발견한 뼈 화석을 호모 델루비 테스티스(Homo Deluvii testis)라고 명명했다. 몇 년 뒤의 조사에서 그 화석은 오래전에 멸종된 거대한 양서류의 것임이 밝혀졌다.

20세기의 과학도 쇼이처가 빠져든 함정에서 벗어나지 못했다. 1916년 미국의 천문학자 에이드리안 반 마넨(Adriaan van Maanen)

은 나선 모양으로 도는 성운(星雲)을 관측했다고 발표했고, 이 발표는 성운이 근거리에 있는 천체라는 당시의 일반적 믿음을 확인시켜 주는 것으로 받아들여졌다. 몇 년 뒤, 반 마넨의 동료인 윌슨 산 천문대의 에드윈 허블(Edwin Hubble)의 연구에서는 그와 반대로 그 나선 성운이 우리 은하에서 아주 멀리 떨어진 은하로, 반 마넨이 기술한 식으로 선회하지 않는다는 사실이 밝혀졌다. 반 마넨을 속인 것은 무엇이었을까?

《과학 인명 사전(*Dictionary of Scientific Biography*)》 같은 출판물에 기술된 일반적 설명은 "마넨이 변화를 측정하려고 시도하는 데 있어서 장비와 기술의 정밀도에 한계가 있었다"는 것이다.[11] 어림짐작으로 인한 실수라는 식의 설명은 10여 년간 반 마넨이 수많은 성운이 한 방향으로(소용돌이를 감는 방향이 아니라 푸는 방향으로) 자전하고 있다고 보고한 사실을 제대로 설명할 수 없다. 마넨 사건을 연구한 역사가인 노리스 헤세링턴(Norriss Hetherington)은 과학자의 주관성에 자극을 받아서, "오늘날 과학은 학문의 여왕 자리에 등극해 있다. …… 인간의 본질을 밝혀내고 이에 따라 신학에서 인간의 위상을 밝혀낸 역사 연구의 결과 신학의 지배가 쇠퇴했다. 이와 유사하게 과학에서 있을 수 있는 인간적 요소를 조사하기 시작한 역사학과 사회학의 연구로 인해 현재의 여왕 자리가 위협받아 흔들리고 있다"고 기술했다.[12]

자기기만은 대단히 강한 인간 성향이어서 가장 객관적인 관찰자로 훈련받은 과학자들도 다른 사람의 고의적인 기만행위에 무력하게 속아 넘어갈 수밖에 없다. 그 이유는 객관성의 중요성에 대해 훈련받아서 사기꾼들이 의존하는 비이성적 요소를 무시 또는 경시하거나 아니면 자신들 속에 내재하는 이 요소들을 억누르기 때문일지도 모른다. 요한 바돌로메 아담 베링거(Johann Bartholomew Adam

Beringer) 박사의 사례만큼 선입견이 상식을 누르고 완벽하게 승리한 예도 없을 것이다.

18세기 독일의 의사이면서 박식한 호사가였던 베링거는 뷔르츠부르크 대학에서 학생들을 가르쳤으며 대주교의 조언자이자 주치의였다. 단순한 의사와 학자라는 자신의 지위에 만족하지 못한 베링거는 '땅에서 캐낸 것들'을 연구하는 데 몰두했고, 당시 화석이라고 불렸던 '무늬 돌(figured stone)' 같은 희귀한 자연물을 수집하기 시작했다. 이 수집은 1725년에 세 명의 뷔르츠부르크 청년이 아이베르슈타트 산(Mount Eivelstadt) 부근에서 캔 진기한 돌들을 그에게 가져온 그때부터 희한한 양상을 띠게 되었다.[13]

이 새로운 무늬 돌들은 곤충, 개구리, 두꺼비, 새, 거미, 달팽이, 그리고 기타 생물들이 새겨진 귀중한 물건들이었다. 그 후에도 이 청년들이 열정적인 베링거에게 자신들의 발굴물을 더 가져오면서 이 화석들의 주제 내용이 아주 이상해졌다. 1726년에 펴낸 책에서 베링거는 이 놀라운 발견에 대해 이렇게 기술했다. "나뭇잎, 꽃, 식물, 그리고 뿌리와 꽃까지 달린 온전한 풀도 있었고, 그렇지 못한 풀도 들어 있었다." "태양과 달, 별, 그리고 맹렬한 꼬리를 단 혜성이 분명하게 묘사된 것들도 있었다. 그리고 마지막으로 나와 내 동료 연구자들의 찬탄을 자아낸 가장 경이로운 것으로, 감히 입에 담기 어려운 여호와의 이름이 라틴어, 아라비아어, 히브리어 문자로 새겨진 훌륭한 석판이 있었다."

이 책을 발간하고 얼마 뒤에 베링거는 아이베르슈타트 산에서 자신의 이름이 새겨진 가장 기이한 화석을 발견했다고 한다.

이 못된 장난의 진원지를 밝혀내기 위해 베링거의 요청으로 공식적인 조사가 착수되었다. 화석을 캐냈던 청년들 중 한 명이 베링거의 경쟁자 두 사람에게 고용되었던 것으로 밝혀졌다. 그의 두 경쟁자는 한 사람은 뷔르츠부르크 대학의 지리학, 대수학, 해석학 교수인 이그나츠 로데리크(J. Ignatz Roderick)였고, 또 한 사람은 추밀 고문관이면서 법원과 대학의 사서였던 게오르그 폰 에크하르트(Georg von Eckhart)였다. 이들의 목적은 "베링거가 너무 교만해서" 그를 웃음거리로 만드는 것이었다.

조사에서 밝혀진 또 다른 사실은, 못된 장난을 한 이들이 사태가 지나치게 발전해버린 데 겁을 먹고 베링거가 책을 내기 전에 장난이라는 걸 알아채게 하려 했다는 것이다. 그들은 그 화석이 가짜라는 소문을 퍼뜨리기 시작했다. 그래도 아무 소용이 없자, 베링거에게 직접 말해주었다. 배링거는 그 모든 것이 거대한 조작극이었다는 사실을 믿을 수 없었다. 그는 망설이지 않고 책을 펴냈다.

베링거가 생존해 있는 동안에도 이 '가짜 돌'에 대한 소문은 급속히 퍼져나갔다. 1804년에 제임스 파킨슨(James Parkinson)은 자신의 저서 《과거 세상의 유기적 유물(*Organic Remains of a Former World*)》에서 이 사태를 언급하면서 다음과 같은 교훈을 끌어냈다. "의심할 줄 모르는 사람이 너무 쉽게 믿어버리는 얼뜨기가 되는 사태를 막기에는 학식으로도 충분하지 않다는 것을 이 사건은 명백히 보여주었다. 또한 베링거에게 가해진 수많은 비난과 조롱으로 인해 당시 사람들이 기만에 덜 속아 넘어가게 되었을 뿐 아니라 근거 없는 가설에 빠질 위험 앞에서 좀더 신중해졌다는 측면에서도 이 사건은 언급할 만한 가치가 충분하다."[14]

회의론을 조장하는 데 기여한 이 날조 사건의 긍정적 효과에 대해 논평한 사람은 파킨슨만이 아니었다. 1830년에 찰스 배비지(Charles Babbage)는 《영국 과학의 쇠퇴에 관한 성찰(*Reflections on the Decline of Science in England*)》에서 다음과 같이 언급했다. "이 날조에 대한 유일한 변명은 노망기에 접어든 과학계에서 이런 일들이 저질러졌다는 것이다." 배비지는 그 실례로 조에니(Gioeni)라는 사람이 시실리에서 발견했다고 주장하며 자신의 이름을 따서 조에니아 시쿨라(Gioenia sicula)라고 명명한 가공의 동물이 있었는데, 프랑스의 백과사전 편찬자들이 그 말을 곧이곧대로 믿고는 그대로 실은 사례를 들었다.[15]

이러한 날조가 엉뚱한 사태로 비화되는 것은 표적이 된 희생양들이 너무 쉽게 속아 넘어가기 때문이 아니라 조사가 제대로 이루어지지 않기 때문일 때가 많다. 1864년 5월 14일 밤에 프랑스 오르괴유(Orgueil) 마을 인근에 떨어진 돌 소나기, 오르괴유 운석이 그 좋은 예이다. 그 몇 주 전에 루이 파스퇴르(Louis Pasteur)가 프랑스 한림원에서 생물이 무생물에서 발생할 수 있다는 해묵은 자연발생설을 비웃는 유명한 강의를 하면서 격렬한 논쟁이 붙기 시작했다. 오르괴유 운석 물질이 물에 닿으면 반죽처럼 되는 것에 주목한 한 못된 장난꾼이 이 운석으로 씨앗과 석탄 알갱이 운석을 만든 뒤 파스퇴르 반대론자들이 그것을 발견하기를 기다렸다. 이 못된 장난꾼의 속셈은 반대론자들이 우주에서 생물이 자연적으로 발생했다는 증거로 이 씨앗을 제시하면 그때 자신들이 날조한 것임을 폭로하면서 그들을 바보로 만들려는 것이었다.

이 계획은 실패했는데, 논쟁이 진행되는 동안 조작된 운석 조각이 조사되지 않았기 때문이었다. 당시 다른 운석 조각들은 철저히 조사되었지만 날조자들이 용의주도하게 준비한 운석은 조사되지 않은 채 98년 동안이나 프랑스의 몽토방 역사박물관(Musée d'Histoire at Montauban) 유리 전시관 속에 방치되었다. 1964년에 마침내 조사할 기회가 주어졌을 때는 신념을 위한 동기가 사라진 뒤였으며 이 위조품은 즉석에서 모조라는 사실이 밝혀졌다.[16]

만일 이 조각이 당시에 조사되었다 해도 이 날조는 틀림없이 성공을 거두었을 것이다. 유명한 필트다운 인 사건에서 입증되었듯이, 조건만 갖춰지면 사람들을 쉽게 속이는 데 어려움이 없다.

필트다운 인(人) 사건

20세기 초반, 영국 국민의 자존심은 심각하게 혼란스러운 문제로 상처를 입었다. 대영제국은 절정기에 있었으며 빅토리아 시대의 영광이 여전히 빛나고 있어서 당시 교양 있는 영국인들에게는 한때 세계 문명의 요람이었던 영국이 이제 세계 문명의 지배자라는 것은 너무나 자명한 일이었다. 그런데 초기 인류의 뚜렷한 증거(유골뿐 아니라 구석기 시대의 동굴 벽화와 도구까지)가 영국이 아닌 프랑스와 독일에서 출토된 사실을 어떻게 설명한단 말인가? 이 딜레마는 1907년에 독일 하이델베르크 부근에서 초기 인류의 턱뼈가 대량 발견되면서 더욱 심화되었다. 이는 최초의 인류가 독일인이라는 실망스러운 증거처럼 보였다.

필트다운 인(Piltdown man)은 찰스 도슨(Charles Dawson)에 의해 발견되었다. 변호사인 그는 영국 남부 지방에서 살며 취미 삼아 지질학에 손을 대고 있었다. 열렬한 아마추어 화석수집가였던 도슨은 서식스 주 루웨스 부근의 필트다운 공유지에서 왠지 예감이 좋은 자갈 채취장에 주목했다. 그곳에서 자갈 채취를 하고 있던 한 인부에게 부싯돌을 발견하면 자신에게 가져오라고 부탁했다. 몇 년 뒤 1908년에 그 인부는 뼛조각 하나를 가져왔는데, 도슨이 보기에 인간의 두개골 조각 같았다. 그 뒤 3년 동안 더 많은 두개골 조각들이 나왔다.

1912년, 도슨은 자신의 오랜 친구인 아서 스미스 우드워드(Arthur

Smith Woodward)에게 쓴 편지에서 하이델베르크에서 발견된 독일인 화석을 능가할 귀한 것을 자신이 갖고 있다고 말했다. 우드워드는 영국 자연사박물관의 지질학 분과에 근무하는 물고기 화석 분야의 세계적인 권위자였다. 우드워드는 도슨과 함께 필트다운의 자갈 채취장을 수차례 방문했는데, 한번은 채굴 도구로 채취장 바닥을 파내자 아래턱 뼛조각이 튀어나왔다. 세밀한 조사를 한 뒤, 우드워드와 도슨은 그 뼈가 자신들이 복원해놓은 두개골의 일부라는 것을 확신했다.

흥분을 가누지 못한 스미스 우드워드는 이것들을 가지고 자연사박물관으로 돌아가서, 두개골과 턱뼈를 맞추고 빠진 부분은 상상력을 발휘해 점토로 채워 넣었다. 그 결과는 정말 대단했다. 조립된 이 두개골은 필트다운의 '최초의 인간(dawn man)'이 되었다. 이 사실은 기밀에 부쳐졌다가, 1912년 12월 영국 지질학회에 참석한 청중 앞에서 공개되어 큰 반향을 일으켰다. 인간의 두개골과 원숭이뼈와 비슷한 턱뼈는 서로 어울리지 않는다고 주장한 사람들도 있었고, 두 어금니의 이상한 마모로 보아 그 턱뼈가 인간의 것이라고 판명하기에 충분하지 않다고 지적한 사람들도 있었다. 그러나 이러한 반론은 무시되었고, 이 발굴물은 위대한 진짜 발견으로 받아들여졌다.[17]

클럽과 식당에서는 최초의 인간이 영국인이었다는 것을 증명하는 이 새로운 발견을 기뻐하는 대화가 만발했다. 필트다운 두개골은 과학적인 관심 또한 불러모았다. 당시 여전히 논쟁 중이었던 다윈의 진화론이 가정한 원숭이와 인간 사이의 중간적 형태인 '잃어버린 고리'로 생각되었기 때문이다. 그 뒤 계속된 자갈 채취장 발굴은 성공적으로 끝나 새로운 화석들이 나왔다. 두 번째 필트다운 인이 발견되고 몇 년 후 채취장에서 수킬로미터 떨어진 곳에서 결정적인 증거가 나왔다.

하지만 필트다운 발굴에 대해 우려하는 사람들도 있었는데, 대영박물관에서 근무하는 젊은 동물학자인 마틴 힌턴(Martin A. C. Hinton)도 그중 한 사람이었다. 1913년에 현장을 방문한 힌턴은 그 모두가 날조라는 결론을 내렸다. 힌턴은 분명히 가짜로 보이는 화석을 묻어놓고 그 반응을 지켜보면서 사기꾼을 색출하기로 했다. 힌턴은 박물관 소장품 중에서 원숭이 이빨을 가져와서 스미스 우드워드가 점토로 만든 모형 송곳니와 어울리게 그 이빨에 줄질을 했다. 그러고는 공범자와 함께 그 명백한 날조품을 채취장에 갖다 놓고, 그것이 발견되어 필트다운 발굴의 전모가 드러나기를 기다렸다.

그 이빨은 발견되었지만 힌턴의 계획대로 일이 진행되지 않았다. 그 '발견'에 참여한 모든 사람은 너무나 기뻐했으며, 바로 국민들에게 새로운 발견물에 대해 알렸다. 힌턴은 과학계 동료들이 그런 명백한 가짜에 속아 넘어갈 수 있다는 사실에 경악했으며, 게다가 용의자로 의심되는 찰스 도슨이 자신이 만든 모조품으로 명성을 얻는 것을 보고 굴욕감을 느꼈다. 힌턴은 온 국민이 발견자를 경멸하며 조롱할 정도의 터무니없는 실험을 다시 한 번 시도해보기로 했다.

힌턴은 박물관 상자에서 멸종된 코끼리종의 다리뼈를 발견했다. 그러고는 다리뼈를 깎아서 최초의 영국인에게 어울릴 만한 홍적세의 크리켓(11명식의 두 팀이 교대로 공격과 수비를 하면서 공을 배트로 쳐서 득점을 겨루는 경기로 영국의 국기이다) 배트를 만들어서 필트다운으로 가져가 매장한 뒤, 웃음소리가 나기를 기다렸다.

오랜 기다림이었다. 드디어 배트가 발굴되자 스미스 우드워드는 기뻐했다. 그리고 홍적세 인의 도구 중 가장 중요한 표본이라고 발표했다. 그와 유사한 것이 이전에는 발견되지 않았던 것이다. 스미스 우드워드와 도슨은 전문 잡지에 이 가공품에 대해 상세하고 진지하게 기술했지만 현재의 크리켓 배트와 같다고 말하지는 않았다.[18] 힌턴은 과학자들 중 어느 누구도 사실 여부를 알아보기 위해 그 뼈와 화석의 귀퉁이를 그저 부싯돌 조각으로라도 살짝 긁어보려 하지 않는 데 놀랐다. 그렇게 했다면 진짜에서는 나올 수 없는 칼자국이 크리켓 배트에 생긴다는 사실을 발견했을 것이다. "이런 쓰레기가 받아들여지는 것을 보고 날조한 사람들은 완전히 좌절해서, 사태의 전모를 폭로하여 웃음거리로 만들려는 시도를 포기해버렸다"라고 필트다운 사건을 다룬 한 역사가는 썼다.[19] 어쩌면 힌턴과 그 친구들은 스미스 우드워드라는 이름이 새겨진 뼈를 묻는 게 나았을지도 모른다.

아프리카에서 사람의 것으로 추정되는 화석이 발견된 1920년대 중반까지 필트다운 인은 과학적 영예를 누렸다. 이 화석은 필트다운 두개골이 제시한 것과는 아주 다른 인간 진화 유형을 나타냈다. 원숭이를 닮은 턱뼈를 지닌 인간 두개골과 반대로 아프리카 화석은 인간과 흡사한 턱뼈에 원숭이를 닮은 두개골을 갖고 있었다. 필트다운 인은 처음에는 예외적인 것으로 취급되었다가, 1950년대 초 연대 측정 기술로 필트다운의 두개골과 그 유명한 턱뼈가 가짜이며, 깎아낸 어금니와 원숭이 턱뼈, 사람의 두개골 모두 오래된 것처럼 보이게 하려고 적절히 흠집을 냈다는 사실이 밝혀지면서 점차 관심에서 멀어졌다.

정황 증거로 미루어볼 때, 두개골의 발견자인 도슨이 용의자였다. 하지만 많은 사람들은 도슨이 주범인지에 대해 의문을 가졌다. 물론 도슨이 채취장을 조작하기에 가장 알맞은 곳에 살고 있기는 했지만, 필요한 화석 수집품들에 접근하기 어려웠으며 필트다운 채취장에 맞는 연대의 화석을 조립할 만한 전문 과학 지식도 부족했다. 정말로 불가사의한 것은, 누가 했느냐가 아니라 어떻게 모든 과학자들이 그렇게 명백한 장난에 속아 넘어갔느냐 하는 점이다. 위조한 이들은 전문가가 아니어서, 도구가 형편없이 깎여 있었고, 이빨은 조잡하게 닳아 있었다. "인공적인 마모라는 증거가 바로 눈에 띄었다. 그렇게 명백한데도 전에는 어떻게 눈에 띄지 않았는지 묻고 싶을 정도이다"라고 인류학자 르 그로스 클라크(Le Gros Clark)는 말한다.[20]

과학자들이 잘 속는 이유

희생자들이 항상 돌이켜보며 되묻는 이런 의문을 예측하여 미리 조처가 취해진 적은 거의 없었다. 사기꾼이나 허풍선이에게 특히 잘 걸리는 과학자 집단은 텔레파시나 초감각적 지각, 기타 과학적으로 알 수 없는 현상을 연구하는 데 과학적 방법을 적용하려는 초심리학자나 연구자들이다. 일반적으로 초심리학은 정통 과학 분야가 아니라 부차적 영역으로 간주되기 때문에 초심리학자들은 정확한 과학적 방법론을 더 엄격히 준수하려고 한다.

초심리학의 창시자인 라인(J. B. Rhine)은 초심리학을 확고한 과학적 토대 위에 올려놓는 데 크게 기여했다. 초심리학의 과학적 수용 가능성이 점차 증대하고 있는 증거로, 1971년에 초심리학협회가 미국과학진흥협회에 가입을 승인받았다. 이 분야는 과학적 수용이라는 목표를 향해 확실하게 전진하고 있는 것처럼 보였다. 1974년, 라인은 이러한 발전에 만족해하면서 기만행위를 하는 연구자의 수가 감소한 데 대해 다음과 같이 언급했다. "시간이 경과하면서 우리가 이룬 발전 덕분에 비록 단기간일지라도 그런 위험한 사람들을 용인하지 않게 되었다. 그 결과, 지난 20년간 노골적인 기만행위는 거의 찾아볼 수 없었다. 특히 우리 분야에 필요한 사람을 찾아내서 어느 정도 선별할 수 있게 되었다는 점에서 쾌거라 할 수 있다." 또한 라인은, 주관적인 측정의 함정에 빠지지 않겠다는 이유로 자동 데이터 기록 장치에 의존하는 것은 위험하다고 경고했다. 그는 이렇게 썼다. "기만행위를 방지하려고 고안된 기계가 오히려 속임수를 숨기는 가리개로 이용될 수도 있다."[21]

라인이 이 글을 쓴 지 3개월도 안 되어 노스캐롤라이나 주 더럼에 소재한 라인의 초심리학연구소는 한 스캔들 때문에 흔들렸다. 라인의 후계자로서 연구소장으로 임명될 예정이었던 젊은 제자 월터 레비(Walter J. Levy)가 연루된 사건이었다.

레비는 쥐의 영적인 능력을 증명하는 실험에 성공했다. 이 실험은 쥐들이 염력으로 뇌의 쾌락 중추에 심어놓은 전극을 활성화하여 전기 발전기를 돌릴 수 있다는 것이었다. 실험은 1년에 걸쳐서 긍정적인 결과를 나타냈고, 라인은 레비에게 다른 실험실에서도 이 실험을 되풀이해볼 것을 지시했다. 그러나 실험은 갑자기 최악의 상황으로 바뀌었고, 결과들은 우연의 수준으로 떨어졌다.

이 무렵, 한 후배 연구원은 레비가 실험 장비에 보통 이상으로 주의를 기울이는 데 주목했다. 그래서 그와 그의 동료들은 안 보이는 곳에서 자신들의 선배 연구원을 관찰해서 의혹을 확인하기로 결정했다. 이들은 레비가 긍정적인 결과를 내기 위해 실험 장치를 조작하는 것을 목격했다. 라인은 쉽지 않은 일이지만 용단을 내려 이 사건의 전모를 자세히 밝힌 논문을 발표했다.[22] 라인은 "처음부터 바로 실험자의 개인적인 치밀함이나 정직성을 신뢰하는 것은 가급적 피해야 한다"고 결론을 내렸다.

초심리학자들은 대부분 통상적인 과학적 훈련을 받으며 훈련받은 내용을 초자연적인 현상 연구에 적용한다. 이 연구의 수행 능력은 훈련의 양이 말해줄 것이다. 그럼에도 그동안 이들 초심리학자들은 불가사의한 세계의 예기치 못한 문제들을 다루는 데 확실한 성공을 보지 못했다. 이들의 피실험자인, 신비한 힘을 지녔다고 주장하는 사람들을 체계적으로 관찰하면 두 가지 유형 중에 반드시 어느 하나에 속했다. 그들의 힘이 '사라졌거나' 아니면 사기꾼이라는 사실이 드러나는 것이다. 이러한 이유로 초심리학자들은 초능력을 가졌다고 주장하는 사람이 나오면 어느 정도 의심을 하며 접근하게 되었다. 그러나 이스라엘의 독심술사 유리 겔러(Uri Geller)가 미국 전역을 순회하며 초능력을 시연했을 때 초심리학자들이 실험실에서 그 능력을 확인하고 그에게 엄청난 지지를 보냈다.

스탠퍼드 연구소의 레이저 물리학자 해럴드 푸토프(Harold Puthoff)와 러셀 타그(Russell Targ)는 금속 상자 속에 숨긴 주사위의 숫자를 짐작하는 겔러의 능력을 입증하는 과학 논문을 썼다. 이 논문은《네이처》에 발표되었다.[23] 영국 런던 대학의 물리학자 존 테일러(John Taylor)를 비롯한 다른 과학자들도 겔러의 초능력을 인정했다. 겔러 현상의 배후를 대중들에게 설명하는 일은 과학자도 초심리학자도 아닌 직업적인 마술사의 몫으로 돌아갔다. 뉴저지 주 럼선에 거주하는 제임스 랜디(James Randi)는 관중들 앞에서 지극히 간단한 마술로 겔러의 모든 묘기를 똑같이 보여주었다. 수학 칼럼니스트 마틴 가드너(Martin Gardner)는 "아마 마술사들은 세상에서 과학자가 가장 속이기 쉬운 사람이라고 할 것이다"라고 말했다.[24] "겔러는 증인으로 과학자들을 선호하며 프로 마술사들 앞에서는 시연을 하지 않을 텐데, 그럴 만한 이유가 있다. 과학자들은 지적 · 사회적 훈련을 받았기 때문에 마술사가 속이기 가장 쉬운 사람들이다"라고 기만을 연구하는 두 학자는 말했다.[25]

미국의 몇몇 뛰어난 물리학자와 기술자들이 쉽게 속아 넘어가는 어리석음을 극명히 잘 보여준 예로, 토리노 수의(壽衣) 연구 프로젝트 사건이 있다. 이들은, 예수가 매장될 때 입었던 진짜 수의라는 성 유물을 연구한 과학자였다. 이들 중에는 미국의 핵무기를 설계하는 로스알라모스 국립연구소에 근무하는 사람도 있었고, 다른 군사연구소에 근무하는 사람도 있었다. 한 기사는 "그들 대다수는 간단한 폭탄에서부터 핵폭탄과 고에너지의 '살상(殺傷)' 레이저에 이르기까지 무기를 설계, 제조, 검사하는 일에 종사하거나 최근까지 종사했었다"라고 감탄했다.[26]

이들 과학자들은 틈 나는 대로 최신 과학 장비로 토리노 수의를 연구하고 있었다. 이들은 조심스러운 태도를 취해서 그것이 진짜라고 말하지는 않았지만, 진품이라는 인상을 강렬하게 풍기면서 자신들은 그것이 가짜라는 것을 입증할 수 없으며, 게다가 현대 기술로 설명할 수 없는 수의의 특징이 있다고 말했다. 수의에 있는 십자가에 못 박힌 남자의 전신상은 도료의 흔적이 없는 것으로 봐서 그려진 것이 아니며, 사진의 음화(陰畵)처럼 상이 뒤바뀌어 있고, 3차원 정보로 암호화되어 있다고 말한다. 이들이 기자들에게 말한 바로는, 그 상은 신체 내부에서 파장이 짧은 강한 빛이 터져 나와서 생긴 것 같다고 했다.

그렇지만 토리노 수의에 대해 몇 가지 간단한 사실을 생각해보자. 첫째, 수의는 1350년경에 처음 발견되었는데, 이 시기는 중세 유럽이 온갖 성지 유물로 들떠 있을 때였다. 둘째, 수의가 처음 발견된 프랑스 트루아 지방 교구의 주교 후계자 중 한 사람이 1389년에 교황에게 쓴 편지에 보면, "주교가 기만행위라는 사실을 발견하고 화가로부터 어떻게 교묘하게 그려 넣었는지 실토받았다"고 적혀 있다. 셋째, 수의에서 채취한 입자에서 중세 시대의 두 종류의 안료 흔적이 발견되었다.[27] 3차원으로 암호화된 정보를 지닌 음화 상은 시신을 덮은 천이라는 인상을 주기 위해서 화가가 그리려 했던 것의 결과물일 뿐이다. 그 화가가 시신의 윤곽을 나타내기 위해 음영을 넣고 안료를 아주 묽게 사용해서 현대 기술로도 그 사실을 밝혀내는 데 거의 실패했다. 어떻게 해서 미국의 엘리트 폭탄 설계자들이 그렇게 쉽게 자신들 손에 기적이 있다고 스스로(그리고 수많은 기자들)를 설득했을까?

19세기 천문학자 존 허셜(John Herschel)은 이렇게 말했다. "연구자들이 과학 연구를 시작하기 전에 제일 먼저 노력해야 할 것은 연구하려는 대상이나 상관관계들에서 성급하게 조잡한 개념을 발견해내려는 집착을 버리거나, 최소한 그런 집착을 완화하고 진실을 받아들일 마음의 준비를 하는 것이다. 그렇지 않으면 당황하거나 잘못된 길을 갈 수도 있다." 훌륭한 조언이지만, 과학에서 끊임없이 일어난 자기기만과 맹신의 기나긴 역사에서 볼 수 있듯이 따르기는 무척 어렵다.

회의하는 마음가짐이야말로 과학자가 세계에 접근하는 데 필수 요소라는 사실을 기억할 때만이, 빈발하는 자기기만과 속임수 문제가 의미심장하게 다가올 것이다. 일반적으로 과학적 방법은 세계와 자연을 있는 그대로 이해하기 위한 강력한 자기교정적인 장치로 여겨진다. 그렇다면 과학적 방법이란 무엇이며, 이처럼 견고한 갑옷마저도 예기치 못한 일에 그토록 취약하게 만드는 결함은 무엇인가?

7장 _ 논리의 신화

과학이라는 이념

과학은 20세기 서구 문명을 특징짓는 획기적 사업임에도 가장 잘 이해받지 못하고 있다. 이러한 괴리의 주요한 이유는 과학이 어떻게 작동하는지에 대한 일반적 개념을 구축하는 과학철학자들이 과학을 순전히 논리적 과정으로 기술하기 때문이다.

대부분의 과학 지식에 논리적 구조가 있는 건 사실이다. 그러나 논리는 사후적으로, 즉 지식이 모두 축적된 '뒤에' 더 잘 보인다. 과학 지식이 생산되고 보급되는 방식은 이와는 완전히 다른 문제이다. 그것은 창의성이나 개인적 야망 같은 비합리적 요소들이 뚜렷이 작용하는 활동이다. 물론 논리적 사고가 시나 예술, 여타 고도로 지적인 활동보다 과학적 발견에서 훨씬 더 필수적인 요소인 것은 사실이지만 그렇다고 유일한 요소는 아니다.

모든 교과서, 논문, 강의 등에서 거듭 단언하는, 과학이 순수한 논리적 과정이라는 신화는 과학자들이 자신들이 하는 일을 인식하는 데 절대적으로 영향을 미친다. 과학자들은 자신들의 작업에 비논리적 요소가 있다는 사실을 알지만 이를 은폐하거나 하찮은 것으로 치부하려 든다. 이처럼 부정된 존재 또는 의미가 과학적 과정에서 주요한 요소이다.

논리의 신화가 만연한 데는 영향력 있는 일군의 유럽 철학자들의 책임이 크다. 1920년대와 1930년대에 비엔나 학파(Vienna Circle)라고도 알려진 논리실증주의자들은 과학에 대해 무척 매력적인 분석을 정립했다. 이들의 견해에 따르면, 과학 지식은 경험적으로 입증 가능하기 때문에 다른 어떤 지식보다 더 뛰어나다고 한다. 과학자들은 귀납적 논리의 토대 위에서 가설을 제시하고 경험적 검증으로 이를 확증하거나 논박한다. 이러한 가설에서 자연에 관한 일반 원칙, 즉 과학 법칙이 도출될 거라고 본다. 이 법칙들은 이론이라고 하는 고도의 인지적 구조에서 도출되거나 설명된다. 낡은 이론이 실패하면 더 설명력이 높다는 이유로 새로운 이론이 제시되고 채택된다. 그리고 과학은 진실을 향해 다시 주저 없이 발걸음을 내딛는다.

논리실증주의자들은 새로운 아이디어에 대한 직관이나 상상력, 감수성 같은 심리적 요소뿐 아니라 과학의 역사적 맥락도 고의적으로 무시했다. 과정으로서의 과학보다는 논리적 구조로서의 과학에 관심이 더 많은 이들은 과학의 변화라는 의미심장한 주제를 간과했다. 논리실증주의 철학자의 추상화를 전형적으로 보여주는 것이, 런던 대학의 칼 포퍼(Karl Popper)가 제시한 반증 가능성 원리이다. 포퍼의 견해에 따르면, 과학 이론은 결코 진실을 입증할 수 없고 논박만 받을 수 있으며, 일단 통렬한 논박을 받으면 그 이론은 폐기된다고 한다.

포퍼의 이론은 명백한 진실이기도 하지만 동시에 터무니없는 것이기도 하다. 이론은 아무리 잘 확증되었더라도 항상 반증 가능성에 노출되어 있으므로 과학 이론은 포퍼가 규정한 일시적 · 제한적 토대 위에서만 받아들여지게 된다. 하지만 실제로는 그렇지 않다. 과학자들은 통렬한 반박을 받을지라도 더 나은 이론이 나올 때까지 그 이론을 고수하며, 종종 더 오랫동안 낡은 이론에 매달리기도 한다.

논리실증주의자들의 과학관은 일반인뿐 아니라 과학자들에게도 커다란 영향을 주었다. 과학자들은 오랜 훈련 기간 동안 논리와 객관성이 절정을 이루는 사고 영역이 과학이라는 관념에 물들게 된다. 이들은 철학자가 생각하는 대로 과학이 작동한다고 교육받아왔다. 이들은 마치 이상이 현실인 양 배운다. 신화가 과학의 중심적인 의사소통 체계에까지 침투해서, 절대적인 권위로 모든 과학 논문과 교과서의 기술 방식을 지배하고 있는 것이다.

문학에 빗대어 말하자면, 과학 논문은 소네트(14행시)만큼이나 양식화되어 있어서 엄격한 작성 규칙을 지키지 않으면 출간되지 못한다. 본질적으로 이 규칙은 철학자들의 규정에 따라 절차상의 모든 면이 시행된 것처럼 실험을 보고하도록 한다. 과학 보고 양식의 규정은 객관성을 부여하기 위해서 작성자의 감정을 완전히 배제하기를 요구한다.

그러므로 과학자는 발견 당시의 흥분, 잘못된 단서, 희망과 낙담, 각 실험 단계에서 그때그때 자신을 이끌어주었을 사고의 변화 등을 기술할 수 없다. 과학자가 연구를 하게 된 동기도 극히 정형화된 방식으로만 기술되는데, 보통은 해당 분야의 현황을 언급한다. 그 다음에 '재료와 방법'의 절이 오는데, 여기서는 성분과 기술이 세계 어느 누구라도 그 실험을 재연해볼 수 있는 형식이라 가정된 간결한 형식으로 기술된다. '결과' 절은 언급된 기술로 도출된 데이터의 무미건조한 도표로 이루어진다. 마지막으로 '결론' 절에서, 연구자는 자신의 데이터가 현재의 이론을 어떻게 확증하거나 논박 또는 확장했는지를 지적하고, 장래의 연구를 위해 데이터가 함축하는 바를 언급한다.

과학 논문은 본질적으로 반역사적이다. 출발선에서부터 과학 보고의 지침이 누가 무엇을 왜 언제 했는가 하는 역사가의 기본 원칙을 내던져 버릴 것을 요구하기 때문이다. 과학은 시간과 공간, 또는 개인과 상관없이 보편적 진리이기를 추구하므로 과학 양식의 철칙은 이런 특정 사항들에 대한 언급을 생략하라고 요구한다. 객관성이라는 미명 하에 모든 목적과 동기는 억눌러야 한다. 논리라는 미명 하에 이해를 돕는 역사적 과정은 언급하지 않고 지나쳐야 한다. 달리 말하면 과학 논문이라는 문헌의 틀은 신화를 영속시키기 위해 고안된 허구인 것이다.

방식은 다를지라도 과학 교과서 역시 반역사적이기는 마찬가지이다. 어느 정도는 과거에 대해 언급하지만, 그것도 현재에 대한 견해나 관심을 반영하는 데 불과하다. 많은 노력을 쏟아부은 과학 연구의 상당 부분이 잘못된 출발, 부정확한 이론, 실패한 실험으로 점철되어 있다는 사실은 모두 무시하고, 과학의 역사를 흔들림없이 전진하는 직선으로 그리고 있다. 과학사가인 토머스 쿤(Thomas Kuhn)은 다음과 같이 논평했다. "이러한 참고문헌들에서 학생들이나 연구자들은 모두 기나긴 역사적 전통에 자신들이 참여한 것처럼 느끼게 된다. 그러나 교과서가 도출한 전통에서는 과학자들이 자신들의 참여를 느낄 만한 것이 사실상 없다. …… 얼마간 선별과 왜곡을 함으로써, 과학 이론과 방법 면에서 가장 최근에 일어난 혁명으로 인해 과학성을 띠게 된 것과 동일한 확고한 문제 집합과 확고한 규범(canon) 집합에 따라, 과거의 과학자들이 연구해온 것처럼 묘사되었다. 역사적 사실에 대한 경시는 "과학자라는 직업 이데올로기 속에 깊이, 그리고 기능적으로 뿌리 박혀 있다"고 쿤은 보았다.[1]

이러한 이데올로기는 거의 논의되거나 검토된 적이 없지만 실제로는 훨씬 더 강력히 내재해 있다. 과학에는 이데올로기가 없느냐고 질문하면 대부분의 과학자들은 과학 자체가 이데올로기의 반대라고 단언할 것이다. 그러나 사실 과학자들은 과학이 어떻게 기능해야 하고, 과학적 방법론과 관련하여 무엇이 적합한 절차이고, 무엇이 부적합한 절차인지에 관해 견고하고 명확한 견해를 갖고 있다. 이러한 견해들이 결국 하나의 이데올로기가 되는데, 왜냐하면 그것들이 오로지 사실들에서 나온 것이 아니라 선입관으로 받아들인 이상에서 비롯되었기 때문이다.

과학자라는 직업에 대한 이데올로기는 과학철학자, 과학사학자, 과학사회학자 등 세 외부 관찰자 집단의 저술에 나타나 있다. 이 세 집단은 각각 과학이 어떻게 기능하는가에 대해 자신의 직업적 편향을 바탕으로 기술했다. 이들은 모두 과학이 현실 세계에서는 존재하지 않는 이상을 구현해주리라고 기대한다. 정의, 공정함, 편견의 배제, 진리에 대한 열망, 권위나 자격, 지위에 관계 없이 업적의 공과로만 사람과 생각을 판단하는 등의 미덕을 과학에서 찾았다. 이들은 유토피아에서 제작된 안경으로 과학의 장면들을 묘사하고 있었던 셈이다.

따라서 비엔나 학파의 철학자들은 과학을 논리적이고 순수한 경험적 과정으로 설명했다. 사회학자들은 과학을 '체계적 회의주의'라는 장점을 바탕으로 한 아이디어의 수용, 불편부당한 진리 추구 등으로 특징지을 수 있다고 주장하면서 규범을 과학의 '에토스'로 설정했다. 너무도 빛나는 전범(典範)처럼 보이는 과학 지식의 진보적 개념에 고무된 과학사학자들은 과학이 거둔 성공, 위대한 과학자들, 미신을 이겨내고 이성을 밝힌 도덕적 교훈이라는 견지에서 과학의 역사를 그리려고 했다.

과학자들은 철학자, 사회학자, 그리고 역사학자들이 말한 것들을 읽고 언급하고, 자신을 바라보는 일반적 근거로 채택했다. 철학자들은 과학자가 객관적이어서 과학 문헌에 주관적 경험에 대한 언급을 엄격히 금한다고 말했다. 사회학자들은 과학자가 사리사욕이 없어서 경쟁이나 명성 추구 같은 것을 공공연하게 표명하는 일을 경멸한다고 말했다. 역사학자들은 과학이 비이성에 대항할 방어책이므로, 과학 연구 어디에도 인간의 열정이 개입할 여지가 없다고 주장했다.

과학적 에토스의 규범을 기술한 로버트 머턴의 영향력 있는 논문은 제2차 세계대전 중인 1942년에 쓰였다. 비엔나 학파가 과학에 대한 자신들의 견해를 공식화한 시기는 유럽이 정치적 · 경제적으로 혼란기에 접어든 때였다. 아마도 이들은 자기 주위의 현실 세계에서는 존재하지 않는, 사실을 다루는 방식, 합리성, 공정함, 정의 등을 과학에서 보았을 것이다. 적어도 과학은 인간성을 말살하는 어두운 야만적 힘이 아니라 지성이라는 순수한 빛에 이끌려 행동하는 존재라고 주장할 수 있는 작은 독립된 영역이었다.

에드워드 기번(Edward Gibbon)은 "역사는 인류의 범죄, 우매함, 불운의 기록에 지나지 않는다"고 주장했다. 정의가 부정을 물리치고 진리가 오류를 몰아내고 이성이 미신과 무지에 승리했다고 변함없이 보고될 수 있는, 인간 노력의 유일한 영역인 과학의 역사에 많은 사학자들이 눈을 돌리면서 위안을 얻었다.

오늘날, 특히 학식 있는 사람들 사이에서 과학이 차지하고 있는 높은 지위는 과학의 실제 업적과 무관하다. 서구 사회에서 과학이 숭배되는 이유는 과학이 생산해낸 기술적인 장난감들이나 그것이 제공하는 편리함 때문이 아니다. 훨씬 더 근본적인 이유는 인간을 이성적으로 이끌어주는 이상이나 가치, 그리고 인간사의 도덕적 표준을 과학이 대표하는 것처럼 보이기 때문이다. 20세기 세속적인 세계에서는, 산업화가 덜 이루어진 사회에서 신화와 종교가 수행하던 영적인 기능을 과학이 담당하고 있다.

과학을 있는 그대로 보기 어려운 까닭은 이러한 영적인 역할 때문이다. 과학자들은 세계에 대한 자기들의 사고방식, 즉 과학적 방법이 다른 사람들과 다르다는 것을 당연시한다. 그러나 과학적 방법이 실제로 존재하는 것일까? 만약 존재한다면 과학자들은 항상 그것을 따르고 있을까?

토머스 쿤의 새로운 과학관

전통적인 과학관은 여전히 과학자와 일반인 모두의 상상 속에 확고히 자리잡고 있지만, 그것을 정식화한 사람들 사이에서는 오래전에 그 토대가 붕괴되기 시작했다. 논리실증주의자들은 과학의 심리적·역사적 맥락을 의도적으로 무시했기 때문에 이들의 분석이 지적으로 매력적이었음에도 비판에 취약한 상태였다. 가장 심각한 도전은 토머스 쿤이 1962년에 쓴 《과학 혁명의 구조(*Structure of Scientific Revolution*)》라는 뛰어난 저술이었다.[2] 비록 과학사학자가 썼지만 이 책은 과학철학에 깊은 영향을 미쳤는데, 그것은 과학을 정적인 과정이 아니라 변화하는 과정으로 파악함으로써 그동안 철학자들이 무시해온 중요한 일반적 통찰을 드러냈기 때문이다.

쿤은 진리를 향한 객관적 진보라는 논리실증주의자들의 과학관을 타파하는 데 시간을 낭비하지 않는다. 그 대신 과학이 비합리적 절차들에 크게 영향을 받으며, 새로운 이론은 낡은 이론보다 더 복잡해 보이지만 그렇다고 진리에 더 가까이 접근하는 것은 아니라는 구조를 세웠다. "전통적인 과학 해석의 자부심이었던 객관성과 진보가 모두 내버려졌다"고 한 평론가는 비평했다.

쿤의 견해에 따르면, 과학은 교과서가 그리고 있는 것처럼 꾸준히 축적되어 획득되는 지식이 아니라 지적으로 격렬한 혁명들에 의해 끊어졌다 이어졌다 하는 일련의 평화로운 간주곡 모음집이다.[6] 이 간주곡에서 과학자들을 이끄는 것은 쿤이 '패러다임(paradigm)'이라고 표현한 이론과 기준, 방법이다.

패러다임은 연구 전통의 기반이다. 그것은 어떤 문제가 흥미로운지, 어떤 것이 관련이 없는지를 규정한다. 쿤이 '정상 과학(normal science)' 기간이라고 부른, 한 패러다임이 지배하는 간주곡 기간 동안 과학자들은 새로운 패러다임이 제기한 퍼즐을 푼다.[7] 뉴턴의 《프린키피아》가 등장한 이후, 역학 연구는 정상 과학 기간의 한 예이며, 코페르니쿠스 이후의 천문학도 마찬가지의 예이다.

자연은 마구잡이로 탐구하기에는 너무 복잡하다. 패러다임은 퍼즐을 제기하고 그 퍼즐을 풀 수 있음을 보증하는 탐구 계획이다. 사회과학처럼 패러다임 전(前) 단계에 머물러 있는 학문에 비해 자연과학이 급속히 진보하는 이유도 바로 이 때문이다.

그러나 정상 과학의 평온은 오래 지속되지 못한다. 조만간 패러다임을 확장하려는 과학자들이 스스로 풀 수 없는 퍼즐을 발견한다. 처음부터 그런 변칙 사례가 있는 경우가 많지만 패러다임을 성급하게 적용하는 과정에서 무시될 수도 있다. 사실 정상 과학 기간 동안에 과학자들은 새로운 것을 억압하려고 한다. 하지만 패러다임의 배경에 어긋나는 변칙 사례들이 점차 두드러져, 더 이상 그것들

6) 이러한 점에서 쿤의 관점은 불연속적인 역사관이라 불린다.
7) 쿤은 정상 과학의 기간을 퍼즐 풀기(puzzle-solving)로 표현했다. 이 기간에 과학자들은 패러다임의 보증을 받으면서 다양한 분야에서 퍼즐 풀기를 통해 과학을 발전시킨다.

을 무시할 수 없는 시기가 온다. 그러면 코페르니쿠스 이전의 천동설 천문학이나 산소를 이해하기 이전의 플로지스톤 연소설(phlogiston theory)[8)]에 닥친 것처럼 그 분야는 위기에 직면한다.

위기 기간에 과학자들은 퍼즐 풀기에서 근본에 대한 논의로 전환하게 된다. 이 때 새로운 패러다임이 제시될 수 있으며, 그 기초적인 발견은 대개의 경우 "그 패러다임 분야의 젊고 새로운 연구자"에 의해 이루어진다고 쿤은 말한다. 구(舊) 패러다임의 수호자들은 임시방편으로 낡은 패러다임을 땜질하고, 자신의 공동체에 충성하기 위해서 다른 패러다임의 지지자들과 경합을 벌인다.

이 싸움에 이용되는 수단은 아주 중요하다. 쿤의 견해에 따르면, 비합리적 요소가 싸움에서 절대적인 역할을 하고, 논리와 실험은 충분한 역할을 하지 못한다. "패러다임 간의 경쟁은 증명으로 해결될 수 있는 종류의 싸움이 아니다." 사실 과학자가 이 패러다임에서 저 패러다임으로 옮겨 충성하는 것은 "강제로는 안 되는 개종 경험"이다. 개종의 밑바탕에는 새 패러다임이, 그리고 위기를 불러온 변칙 사례를 더 잘 해결할 수 있다는 믿음뿐 아니라 타당성에 대한 개인적인 의식과 미적 감각에 호소하는 논리까지 존재한다.

두 패러다임 간의 경쟁을 해결하는 데 왜 논리만으로는 충분하지 않은가? 그것은 이들 패러다임을 논리적으로 하나의 기준으로 측정할 수 없는 공약 불가능성(incommensurable) 때문이다. 두 패러다임은 동일한 언어와 동일한 개념을 사용하는 것처럼 보이지만, 사실은 이 두 요소는 논리적으로 서로 다르다. 가령 뉴턴 물리학에서는 질량이 보존되지만, 아인슈타인 물리학에서는 질량이 에너지와 상

8) '플로지스톤 연소설은 산소가 발견되기 이전에 연소를 설명한 이론으로, 지금은 잊혀진 실패한 과학 이론의 대표적인 예이다. 당시에는 연소를 플로지스톤이라 불리는 요소의 작용으로 보았다. 물질이 타고 난 후 무게가 줄어드는 것은 이 요소가 사라지기 때문이라고 설명했다.

호 전환될 수 있다. 코페르니쿠스 이전의 이론에서 지구는 고정되어 있었다. 서로 다투고 있는 패러다임 지지자들은 똑같은 언어로 말하는 것이 아니다. 언급하는 용어들이 비교할 수 없는 것이어서 서로 엇갈리는 이야기를 하게 된다.

경합하는 패러다임의 공약 불가능성은 쿤의 이론에서 또 하나의 중요한 결과를 가져온다. 새로운 패러다임은 그것이 계승하는 구 패러다임의 토대 위에 구축되는 것이 아니라 구 패러다임을 밀어내고 세워질 수밖에 없다는 점이다. 과학은 교과서에서 기술하듯이 누적적 과정이 아니다. 그것은 혁명의 연속이며, 각각의 혁명에서 하나의 개념적인 세계관이 다른 개념의 세계관을 대체해나간다. 하지만 쿤은 새로운 패러다임이 구 패러다임보다 세계를 '더 잘' 이해한다고 믿을 만한 근거는 없다고 주장한다. 과학에서 진보라는 개념은 새로운 패러다임이 대체한 구 패러다임보다 더 진화되었다거나 더 복잡하다고 인식되는 상대적 의미에서만 용인될 수 있다. "패러다임의 전환이 과학자나 그들에게 배우는 사람들을 진리에 더 가까이 접근시켜 주리라는 생각은, 명시적이든 암시적이든 모두 버려야 한다"고 쿤은 말한다.

그렇다고 쿤이 과학에서 논리와 실험의 중요성을 부정한 것은 아니다. 다만 비합리적 요소도 중요하며, 특히 한 패러다임에서 다른 패러다임으로 힘겹게 전환하는 시기의 과학적 신념에는 종교적 신념과 비슷한 요소가 있다고 주장한다.

논리실증주의에 대해 훨씬 더 과격하게 비판한 사람은 빈 출신의 캘리포니아 대학 버클리 분교의 철학자 폴 파이어아벤트(Paul Feyerabend)이다. 파이어아벤트는 과학적 과정에 존재하는 비합리적 요소를 인정할 뿐 아니라 이 요소들이 지배적이라고 보았다. 과학은 역사적 · 문화적 맥락에 따라 적절한 순간에 완벽하게 모습을 갖추는 하나의 이데올로기라고 그는 말한다. 과학 논쟁은 그 공과로 해결되는 것이 아니라 마치 법적 소송처럼 주장자들의 극적 연출력과 변론 기술로 해결된다. 모든 시간과 장소에 들어맞는 과학적 방법이란 없다. 그의 관점에서 과학적 방법은 아예 존재하지 않는다. 과학자들의 주장과 달리 과학에서의 규칙이란 '무엇이든 괜찮다'는 것이다.

파이어아벤트는 과학적 방법이 없기 때문에 과학에서의 성공은 합리적 논증뿐 아니라 계략, 수사(rhetoric), 선전 등이 뒤섞인 것들에 좌우된다고 주장한다. 통상적으로 과학과 여타 사고방식 사이의 구별은 정당하지 않으며, 이는 과학자들이 다른 사람들보다 자신들을 우위에 두기 위해 만든 인위적 장벽에 불과하다고 그는 생각한다. "과학 문제에 국가가 간섭하는 것을 좋아하지 않는 사람들은 과학에서 큰 부분을 차지하고 있는 극단적 쇼비니즘을 상기해야 한다. 대부분의 과학자들에게, '과학의 자유'라는 구호는 과학에 참여하는 사람들뿐 아니라 여타의 사회 구성원들에게도 과학의 도그마를 주입하기 위한 자유를 의미한다. 이러한 관측을, 과학에는 특별한 방법이 없다는 통찰과 연결지어 보면, 과학과 비과학의 분리는 인위적일 뿐 아니라 지식의 진보에도 해가 된다는 결론에 도달하게 된다"고 파이어아벤트는 《방법에의 도전(*Against Method*)》에서 기술하고 있다.[3]

완고한 노인처럼 변화를 싫어하는 과학계

과학적 방법이 단지 철학자들의 추상적 개념에 지나지 않을까? 과학자들은 논리만이 자신들의 지표라고 가정하면서 스스로를 속이는 것일까? 수사와 선동이 정치와 법, 종교에서처럼 과학에서도 큰 역할을 할까? 새로운 생각에 대한 과학자들의 저항이라는 아주 일상적인 현상을 생각하면 이 문제에 관한 흥미로운 사실을 알게 된다.

과학이 논리를 빛으로 삼고 사실적 증거를 유일한 지표로 삼는 합리적 과정이라면, 과학자들은 새로운 개념이 더 적합하다는 합리적인 설득력이 밝혀지는 순간 곧바로 새로운 개념을 받아들이고 낡은 개념을 버려야 한다. 그러나 실제로 과학자들은 낡은 개념이 불신을 받은 지 오랜 뒤에도 여전히 그것을 고수할 때가 많다. "때로는 과학자들 스스로가 과학적 발견의 저항자라는 사실만으로도 '편견이 없는 사람'이라는 과학자의 전형적인 상과 충돌을 일으킨다"고 사회학자 버나드 바버(Bernard Barber)는 말한다.[4] 그러나 역사는 편견 없이 열린 생각과 객관성이 실패한 예로 가득하다. 당대 위대한 관측천문학자였던 티코 브라헤(Tycho Brahe)는 최후까지 코페르니쿠스의 이론에 저항했으며, 이에 자극을 받은 다른 많은 천문학자들도 마찬가지로 행동했다. 19세기 토머스 영(Thomas Young)의 빛의 파동 이론, 파스퇴르의 발효라는 생물학적 성질의 발견, 멘델의 유전학 이론은 모두 관련 분야의 과학자들에게 거부되거나 저항을 받았다.

20세기는 그런 결점에 면역력이 생겼다고 생각하는 사람이 있다면 1922년에 독일의 기상학자 알프레드 베게너(Alfred Wegener)가 주창한 대륙이동설을 생각해보라. 지구본을 언뜻 보아도 남아메리카 대륙의 어깨 부분이 아프리카 대륙의 겨드랑이 밑에 얼마나 꼭 들어맞는지 알아챌 수 있다. 어린아이라도 베게너의 이론이 그럴듯하다는 것을 직관적으로 알 수 있다. 그러나 지질학자와 지구물리학자들이, 대륙이 이동하고 있다는 사실을 받아들이는 데 1922년에서 1960년까지 거의 40년이 걸렸다. 대륙이 움직이는 메커니즘을 지질학자들이 몰라서 그랬다는 변명도 나오지만, 이는 사실이 아니다. 1928년에 이미 지질학자 아서 홈스(Arthur Holmes)가 쓴 유명한 논문에서 대륙을 움직이는 힘은 대류라는 정확한 주장이 나왔기 때문이다.

반대 진영의 선두에 선 사람은 영국의 해럴드 제프리스(Harold Jeffreys)와 미국의 모리스 유잉(Maurice Ewing)이었다. 1960년대에 지질학자들이 지구의 대륙이 이동한다는 사실을 어쩔 수 없이 인정하게 된 것은 해저 퇴적물의 연대에서 장님도 알아볼 정도로 부정할 수 없는 증거가 나왔기 때문이었다.

과학자들이 새로운 생각에 저항하는 이유는 다양하지만, 일반인들이 자신들이 의지하고 있거나 익숙해진 생각을 포기하지 않으려는 이유와 공통점이 많다. 19세기의 과학자들은 자신들의 종교적 신념으로 인해 다윈의 진화론과, 지구의 엄청난 나이를 가리키는 지질학자들의 발견에 저항했다.

흔히 나이 든 사람들은 젊은이들의 생각에 저항하는데, 이는 과학에서도 다르지 않다. "보통 완고한 노인네들이 지배하는 학회나 학문 사회가 새로운 생각에 느리게 반응하는 것은 당연하다. 베이컨(Bacon)이 과학의 거만꾼(scientia inflat)이라고 표현한, 즉 과거의 업적으로 높은 명예를 얻은 고위 인사들은 눈에 잡히지 않을 만큼 빨리 흘러가는 진보의 흐름을 보고 싶어하지 않는다"고 생물학자 한스 진저(Hans Zinsser)는 말한다.[5] 양자론의 창시자인 독일의 막스 플랑크(Max Planck)는 비슷한 생각을 훨씬 강하게 표현했는데, 그는 과학에서 낡은 이론은 그 이론을 주장하는 사람들이 죽어야 비로소 사라진다는 유명한 말을 남겼다. "중요한 과학적 개혁이 점진적으로 승리하여 반대자들의 생각을 바꾸면서 전진하는 경우는 거의 없다. 즉 사울(Saul: 구약 성서에 나오는 인물로 이스라엘 민족의 초대 왕)이 변해 바울(Paul: 사도 바울, 그리스도 제자 중 하나로 구약 성서의 저자 중 한 명)이 되는 일 따위는 일어나지 않는다. 반대자들이 점차 죽어서 사라지고 자라나는 세대들이 처음부터 새로운 생각에 익숙해지는 일만이 가능하다."[6] 분명히, 죽음이 설득자가 되는 시점에 지적 저항은 최정점에 이른다. 하지만 인간 사고의 모든 영역 중, 어째서 과학에서 그런 예를 볼 수 있는가?

과학이 보편적이라는 주장과 달리 사회적 혹은 직업상의 지위가 새로운 생각을 수용하는 데 영향을 줄 때가 많다. 혁명적인 신 개념의 주창자가 자기 학문 분야의 엘리트 사회에서 낮은 지위에 있거나 외부에서 온 사람이라면, 그 개념은 진지한 검토 대상이 되지도 않을 것이다. 새로운 생각은 그 자체의 기준이 아닌 주창한 사람이 기존에 쌓아놓은 공적으로 판단된다. 하지만 학문을 발전시키는 독창적인 아이디어를 내놓는 사람은 대부분 그 학문 분야에 이미 확립되어 있는 도그마에 세뇌되지 않은 외부자이거나 신참자이다. 과학사에서 새로운 생각에 대한 저항이 늘 존재하는 이유는 바로 그 때문이다.

전기 저항의 법칙을 발견한 19세기 독일인 게오르게 옴(George Ohm)은 쾰른에 있는 제수이트교 김나지움의 수학 교사였다. 독일 대학의 과학자들은 그의 이론을 무시했다. 멘델의 유전 법칙은 뒷마당의 손바닥만 한 땅을 실험실로 사용하는 신부라서 아마추어처럼 보인다는 이유로 35년간 그 분야의 전문가들에게 외면을 당했다. 외부인에 대한 전문가들의 멸시는 기상학을 전공한 베게너에게 보인 지질학자들의 태도에서도 잘 나타난다. 특히 의학 분야는, 내부적이든 외부적이든 간에 과학적 혁신에 오랫동안 저항한 역사를 가지고 있다. 루이 파스퇴르(Louis Pasteur)는 병원체 이론을 주창하면서 의사들의 격렬한 저항에 직면했다. 의사들은 파스퇴르를 자신들의 과학적 영역을 침입한 단순한 화학자쯤으로 간주했다. 조지프 리스터(Joseph Lister)가 발견한 소독법은 처음에 영국과 미국에서 모두 무시당했는데, 그 이유는 글래스고와 에든버러에서 의사로 일하는 그를 시골뜨기로 취급했기 때문이다.

과학 진보의 빛나는 역사 속에서 19세기의 헝가리 의사 이그나츠 제멜바이스(Ignaz Semmelweis)의 사례만큼 두드러진 예는 없을 것이다. 제멜바이스는 유럽 전역의 산부인과에서 10~30퍼센트의 사망률을 보인 산욕열을, 의사가 산모를 검사하기 전에 염소 용액으로 손을 씻는 간단한 방법으로 퇴치할 수 있다는 사실을 발견했다. 제멜바이스가 처음 자신의 생각을 시험해본 빈의 산부인과에서는 사망률이 18퍼센트에서 1퍼센트로 떨어졌다. 1848년까지 제멜바이스는 산욕열로 단 한 명의 임산부도 잃지 않았다. 그러나 이러한 실험 증거로는 그 병원의 상관들을 설득하지 못했다.

1848년은 자유주의 정치 혁명이 유럽을 휩쓴 해였으며, 제멜바이스는 빈에서 이 운동에 참여했다. 그의 정치 활동 때문에 산욕열 예방에 관한 그의 아이디어는 더욱 강한 저항에 부딪혔을 뿐이다. 병원에서 해고당한 제멜바이스는 헝가리로 돌아가서 이후 10년간 산부인과 경험을 토대로 소독 기술이 산욕열로 인한 죽음을 막을 수 있다는 방대한 증거를 축적했다. 제멜바이스는 자신의 발견을 책 한 권에 요약해 1861년에 출판했고, 그중 몇 권을 의학계 및 독일, 프랑스, 영국의 주요 산부인과에 보냈다.

유럽 전역에서 산욕열이 산부인과 병원을 휩쓸고 있었는데도 의학 전문가들은 대부분 이 책을 외면했다. 프라하에서는 산모의 4퍼센트와 신생아 22.5퍼센트가 1861년에 사망했다. 스톡홀름에서는 1860년에 모든 여성 환자의 40퍼센트가 산욕열에 걸렸고 16퍼센트가 사망했다. 1860년 가을, 빈의 종합병원에서는 12년 전에 제멜바이스가 이 질병의 박멸법을 보여준 같은 병동에서 101명의 환자 중 35명이 사망했다.

의사들과 의학자들은 왜 제멜바이스의 이론을 무시했을까? 이론에 동의하지 않는다 할지라도 의심의 여지가 없는 그의 방대한 통계를 어째서 무시했을까? 어쩌면 그들은 고의는 아니었더라도 씻지 않은 자신들의 손이 환자를 죽음의 길로 이끈다는 그의 주장을 받아들이기 어려웠을 것이다. 제멜바이스 또한 사람들이 자신의 생각을 받아들이도록 요령 있게 대처하지 못했다. 그의 수사는 귀에 거슬렸고, 그의 선전은 부드럽지 않은데다 설득력도 없었다. 그가 사실들을 강조하고 명확히 하는 데는 더할 나위가 없었지만, 전 유럽의 의사와 의학자들에게 그들의 손이 질병 유포의 원인이라는 점을 설득하기에는 턱없이 부족했다.

죽지 않을 수도 있었던 많은 여성들이 죽어나갔고, 어느 누구도 죽음을 예방할 수 있는 간단한 원리에 귀 기울이지 않는 상황에서 제멜바이스는 다소 신경증적인 편지를 여기저기에 보내기 시작했다. 산부인과 교수들에게 띄운 1862년의 공개 서한에서 제멜바이스는 다음과 같이 썼다. "산부인과 교수들이 제자들에게 내 원리를 가르치는 데 바로 동의하지 않는다면 …… 내가 직접 속수무책인 대중들에게 말하겠소. '한 가족의 가장인 당신은 아내 곁에 산부인과 의사나 산파를 부르는 것이 무엇을 뜻하는지 아시오? …… 그것은 당신 아내와 아직 태어나지 않은 당신 자식을 죽음의 위험에 노출시키는 것이나 마찬가지입니다. 홀아비가 되고 싶지 않다면 그리고 아직 태어나지 않은 아이가 죽음의 병균에 감염되기를 원치 않는다면, 1크로이처짜리 표백분을 사서 물에 탄 다음 산부인과 의사나 산파가 당신이 보는 앞에서 염소 용액으로 손을 씻을 때까지는 당신

아내를 검사하지 못하게 하시오. 그리고 또한 산부인과 의사나 산파가 손을 오랫동안 닦아서 손이 미끌미끌해진 걸 당신이 직접 만져 확인하기 전까지는 당신 아내를 내진하지 못하게 하시오.'"[7]

제멜바이스는 정신이 산란해지기 시작했다. 어떤 날은 한마디도 하지 않았고, 어떤 날은 격렬한 장광설로 동료들을 당황하게 만들었다. 1865년에 친구들은 그를 설득해 정신요양원에 보냈다. 친구들이 나가자 그는 무력으로 제압되어 구속복이 입혀진 채 어두운 방에 수감되었다. 그는 2주 후인 1865년 8월 13일에 사망했다. 제멜바이스가 꼬박 15년간 기대를 걸었던 리스터가 소독제로 석탄산 사용을 처음 시험하기 시작한 것은 바로 그 하루 전이었다. 리스터가 싸움에서 이기고 파스퇴르가 의료 전문가들을 설득해서 병원균이 실재한다는 사실을 받아들이게 한 뒤로도 약 30년이 지나서야, 의사들은 산부인과 검사를 실시하기 전에 반드시 손을 씻어야 한다는 '사실'을 일깨운 제멜바이스의 '이론'을 비로소 이해했다.

과학의 비합리적 요소

"그러나 원칙적으로 관찰 가능한 양으로만 이론을 수립하려는 것은 큰 잘못이다. 실제로는 정반대의 일이 발생한다. 우리가 무엇을 관찰할지 결정하는 것이 이론이다." 1927년에 하이젠베르크가 불확정성 원리를 제창하기 1년 전에 아인슈타인은 베르너 하이젠베르크(Werner Heisenberg)에게 쓴 편지에서 이렇게 말했다. "우리가 무엇을 관찰할지 결정하는 것이 이론이다." 이는 '사실에 따라 이론을 검증(test-theory-by-facts)'하고 그로 인해 항상 과학이 전진한다고 보는 철학자들의 방법과는 정반대이다. 아인슈타인의 관찰은 다른 사람들과 마찬가지로 과학자들에게 중요한 것이 생각과 이론임을 강조하고 있다. 생각이 사실을 설명하고, 이론이 세계를 이해시킨다. 사실 자체는 사소한 것이다. 사실은 기본 원리나 이론을 밝힐 때에야 비로소 흥미로워진다. 이론이 실험에서 나온 사실과 모순될 때도 과학자들이 이론을 계속 믿어야 한다는 것은 심리적 근거에 바탕을 둔다면 놀라운 일이 아니다.

사실보다 이론을 믿는 것이 잘못이라고 판명나는 경우도 있지만, 그 모순이 표면적일 뿐 실재가 아님이 판명되어 이론이 정립된 경우도 있다. 1925년에 미국 물리학회가 회장인 밀러(D. C. Miller)로부터 특수 상대성 이론(마이컬슨-몰리 실험의 '적극적 효과')과 모순되는 증거를 발견했다는 이야기를 들었을 때, 학회 회원들은 아인슈타인의 이론을 즉각 폐기하든지 아니면 최소한 잠정적 지위를 부여했어야 했다. "하지만 아니었다. 그때, 회원들은 아인슈타인의 세계상으로 획득된 새로운 합리성을 위협하는 어떤 제안에도 마음의 문을 닫아 걸어서 다른 관점에서 재고하도록 할 수 없었다"고 물리학자 마이클 폴라니(Michael Polanyi)는 말한다. "그 실험에 어느 누구도 주목하지 않았으며 언젠가 잘못된 것임이 밝혀지리라는 희망으로 그 증거는 외면당했다."[8] 실제로, 정밀한 실험 결과, 오늘날 밀러의 연구는 효력이 없는 것으로 간주되지만, 과학자들이 거북스러운 실험 결과가 부정확한 것으로 판명되리라고 가정한 것은 믿음에 따른 단순한 행위였다.

폴라니는 실제로 이론의 검증에는 처음 이론을 세울 때와 마찬가지의 본질에 대한 직관이 필요하다고 지적한다. 비합리적 요소인 직관은 철학자들의 머릿속에 들어오지 않는다. 과학적 법칙에 관해 검토할 때 철학자들은 항상 의심의 여지가 없는 법칙을 예로 든다. "이들은 과학 법칙의 비판적 검증이 아닌 실제적 증명에 대해 기술하고 있다. 그 결과, 명확한 방법을 따르지 않았다는 이유로 발견 과정을 무시하고, 실제 검증이 일어나지 않은 예만 언급함으로써 검증 과정에도 눈을 감아버리는 과학적 방법에 관해 설명하고 있다."

초기의 과학사가들은 철학자들이나 과학자들처럼 진리를 향한 직선적이고 객관적 진보로서 자기 분야의 주제를 보려고 했다. 좀 더 최근에는 역사학자들이, 철학자들의 가설 연역 체계에서 규정한 엄격한 객관적 태도로 과학자들이 항상 행동하고 있는지에 대해 의심하기 시작했다. "과학자들이 주관적인 방식으로 행동할 때가 많고, 실험적 검증이 적어도 과학 분야에서 발생한 몇 가지 주요한 개념의 변화에서는 철학적 논의에 비해 부차적이라는 인식 하에 자신들의 역할에 대해 달리 생각하기 시작했다"고 과학사학자인 스티븐 브러시(Stephen G. Brush)는 말한다.[9]

브러시 자신이 이처럼 견해를 바꾸게 된 것은 19세기 물리학의 세 가지 주제를 분석한 데서 비롯되었다. 세 가지 주제는 열의 파동 이론과 기체 분자의 운동론, 원자 간의 힘으로, 과학자들이 이론과 모순되는 직접적 실험적 사실들보다 이론적 고찰을 우선시한 주제였다. "이러한 결정은 개별 과학자들에 의해 이루어진 최초의 예로서, 동료들은 그 결정의 비합리성에 이의를 제기하기보다 지도자를 묵묵히 따랐을 뿐이었다. 이러한 사례는 과학자 사회의 본연의 자세가 무엇인지 제시하고 있다"고 브러시는 말한다. "부적절한 행동은 한줌밖에 안 되는 위대한 과학자들의 고유의 속성이 아니라 과학자들 대부분의 특징이다. 브러시는 자신의 연구 사례를 토대로 대다수 과학자들이 '가설 연역법(모든 실험 사실들과 일치하지 않으면 이론을 부정하는 방법)'을 엄격한 의미로 상용하고 있다고 주장하는 사람은 누구든지 이를 증명할 책임이 있다"고 결론지었다.

이성은 정치적 · 종교적 신념을 수정하거나 버려야 한다고 암시

해도, 인간의 정신은 이미 잘 알려져 있듯이 그러한 신념을 굳건히 지키는 능력이 있다. 과학은 증명할 수 있는 이성에만 의존한다는 점에서 여타의 신념 체계와는 기본적으로 다르다고 과학계는 주장한다. 하지만 과학자들이 과학적 사고에 저항하고 고유한 이론의 프리즘을 통해 세계를 보려는 경향이 강하다는 역사학자들의 견지에 비추어 이 주장은 수정되어야 한다.

과학이 실제로 작동하는 방식, 즉 현재 축적된 과학 지식이 확대되거나 재구성되는 과정은 결코 합리적인 과정이 아니다. 이미 수용된 과학 지식의 실체에서 논리적 구조가 사후에 식별될 수도 있다. 과학 지식에 논리적 구조가 존재한다는 사실은 그 구조가 논리적으로 구축되었으리라는 가정으로 이어졌다. 그러나 과학을 수행하는 과정은 과학 지식과는 뚜렷이 구별되는 다른 종류의 원칙에 따라 창조되고 통제된다. 물론 논리적 추론과 객관성 지향도 중요하다. 그러나 수사, 선전, 권력에 대한 호소, 그리고 온갖 일상적 인간 설득술 또한 과학적 이론이 승인을 얻는 데 중요한 영향을 미친다.

철학자들이 그토록 많은 주의를 기울인, 검증이나 재연 같은 명확하게 논리적인 메커니즘은 실제에서는 비합리적 결정에 종속된다. 논리실증주의자들이 다른 모든 지식보다 상위에 둔 과학의 결정적 특징인 검증은 사실에 지배를 받는 만큼이나 과학자들의 기대와 실험 중인 이론에 대한 믿음의 강도에 지배된다. 재연은 통상적인 과학 절차가 아니다. 이례적으로 중요한 결과나 다른 이유로 인해 기만행위로 의심될 때처럼 특수한 상황에서만 수행이 된다.

과학의 과정에 비합리적 요소가 포함된다고 해서 합리성이 부재한다고 말하는 것은 아니다. 과학은 논리적이면서도 비논리적이고 합리적이면서도 비합리적이며 편견 없이 열려 있으면서도 교조적이다. 각 요소의 정확한 비율은 시간과 동기, 장소에 따라 그리고 학문에 따라 다르다. 과학적 사고에서 비합리적 요소의 정도는 다른 신념 체계에 비해 낮은 것이 분명하지만 아주 낮지는 않을 것이다. 아주 낮다는 것을 증명할 부담은 과학과 과학자를 특별대우하는 사람들이 져야 한다.

과학적 과정을 지배하는 비합리적 요소 중 직관이나 상상력, 특정 이론에 대한 집착 같은 것들은 현장에서 연구하고 있는 대부분의 과학자들이 기꺼이 인정하는 요소이다. 그러나 수사, 선전 같은 요소들이 가설을 승인하거나 거부하는 데 중요하고 때로는 결정적인 역할을 함에도 불구하고, 과학 이데올로기는 이런 요소가 과학에서 공식적인 역할을 한다는 사실을 전면 부정한다. 과학자들은 자신이 이런 형태의 논의와 무관하다고 믿기 때문에 훨씬 더 영향을 받기 쉽다.

과학에서 비합리적 요소의 존재를 인정할 때만이 비로소 과학의 기만행위라는 현상을 이해할 수 있다. 반대로 기만행위에 대한 연구는 과학의 과정에서 비합리적 요소가 어떻게 작용하는지를 밝혀준다. 기만행위는 비합리적 요소와 함께 과학에 침투하고 그러한 요소들이 과학에 유리하게 작용하기 때문에 성공할 때가 많다.

기만행위의 용인은 새로운 생각에 대한 저항이라는 익숙한 동전의 이면이다. 기만행위가 그럴듯하게 제시되거나, 만연해 있는 편견과 기대에 들어맞거나, 엘리트 기관에 속하는 적절한 자격을 갖춘 과학자의 소행이라면, 그 결과는 과학에서 쉽게 받아들여진다. 과학에서 급진적인 새로운 아이디어가 저항을 받기 쉬운 것은 이러한 조건이 빠졌기 때문이다.

논리와 객관성이 과학의 유일한 수문장이라는 가정 하에서도 기만행위가 만연하고 성공하기 쉽다는 것은 놀라운 일이다. 재연이야말로 모든 결과가 제출되어야 하는 냉혹한 검사라는 가정 하에서도 기만행위가 끊임없이 일어나는 것은 이해하기가 어렵다. 충실한 신자들 사이에서 범죄가 일어나서는 안되는 것처럼 과학계 내에 기만행위가 존재해서는 안 되며, 번성하도록 방치해서도 안 된다. 그런 일이 일어나는 것은 현실이 이념과 다르기 때문이다.

과학의 이념을 강조하는 사람들에게, 기만행위는 금기이며 어떤 경우에든 그 의미를 철저하게 부정해야 하는 추문이다. 그러나 세계를 이해하려는 인간의 노력을 과학이라 여기는 사람들에게, 기만행위는 과학이 이성과 수사라는 양 날개로 날고 있다는 증거일 뿐이다.

8장 __ 지도교수와 제자

펄서 발견의 숨은 공로자 조셀린 벨

1960년대의 극적인 과학 사건 중 하나는 영국 케임브리지 대학의 전파천문학자가 새로운 천체를 발견한 일이었다. 맥동(脈動)하는 전파 항성, 즉 '펄서(pulsar)'라고 알려진 이 천체는 매우 빠르고 규칙적으로 전파를 방출했다. 격렬한 흥분의 도가니에 휩싸였던 이론 천문학자들은 펄서가 중성자별, 즉 오랫동안 가설로 남아 있던 항성 진화의 잔재라는 결론을 내렸다. 그때까지 학자들은 중성자별이 너무 희미해서 지구에서 찾을 수 없는 별이라고 가정한 터였다. 이 사건을 주시한 사람들은 케임브리지 대학의 천문학자들이 이 별의 신호가 다른 문명에서 보낸 것일지도 모른다고 잠시 생각했다는 사실을 알고는 놀라움을 금치 못했다. 게다가 천문학자들은 이를 기념하기 위해 이 펄서에 '작은 초록 외계인(Little Green Men)'이라는 뜻으로 LGM이라는 별명을 붙였다고 한다.

이 극적인 사건은 자연히 바다 건너 스톡홀름의 노벨상 위원회의 관심을 끌었다. 1974년에 노벨 물리학상은 "펄서 발견에 결정적 역할을 한 공로로" 케임브리지 대학의 천문학 연구 책임자였던 앤터니 휴이시(Antony Hewish)에게 수여되었다. 그러나 한 가지 문제가 있었다. 펄서를 처음 발견하고 항성상(恒星狀) 천체로서의 펄서의 성질을 처음 인식한 사람은 휴이시가 아니라 조셀린 벨(Jocelyn Bell)이라는 젊은 여자 대학원생이었다.

휴이시가 노벨상을 어떻게 가로챘는지에 대한 이야기는 과학 연구 조직에서 나타나는 이해하기 어려운 경향의 첫 단계를 잘 보여준다. 그것은 지난 수십 년 동안 볼 수 있었던 사제 관계의 붕괴이다. 지적 관심과 공유를 바탕으로 구축된 유대는 오늘날 장비 구입과 연구비 획득 같은 물질적 필요에 기반하는 경우가 많다. 사제 관계의 비인간화는 펄서의 발견에서 볼 수 있듯이 온갖 폐해를 낳고 있다. 지도교수는 일상적인 연구에 거의 또는 전혀 관여하지 않아도 그의 밑에 있는 젊은 연구팀 대부분이 오로지 실험실 책임자의 영광을 위해 일할 만큼 공적 전유(專有)의 문제가 확대되고 있다. 거의 기여한 바가 없는데도, 한 저명한 생의학 연구자의 이름이 젊은 연구자들이 작성한 5, 6백 편의 논문에 올라 있는 것은 이상한 일이 아니다. 이 장에서 거론되는 여러 사례에도 나타나듯이 연구와 보상의 어긋남은 연구소를 냉소주의와 노골적인 기만행위의 온상으로 바꾸어놓았다. 그렇다고 혹사당하는 모든 대학원생들이 엄격한 과학 규범을 외면한 것은 아니다. 펄서 발견의 경우에는 대학원생 벨이 자신의 이야기를 털어놓기로 결정했다.[1]

물리학으로 학사학위를 받은 벨은 박사과정 대학원생으로 1965년에 케임브리지 대학의 전파천문학 연구팀에 합류했다. 왜소한 체구의 벨은 케임브리지를 떠날 무렵 9킬로그램이나 나가는 큰 망치를 휘두르게 되었는데, 이는 박사과정 첫 2년간을 자신이 사용할 전파망원경을 제작하며 보낸 결과였다. 휴이시는 태양에서 나오는 전파가 지구에서 보이는 별들의 '반짝거림'에 어떤 영향을 주는지를 연구하기 위해서 이 특수 목적 망원경을 설계했다.

1967년 7월, 드디어 이 망원경이 완성되어 스위치를 켜기만을 기다리고 있었다. 벨의 임무는 망원경을 혼자 조작해, 박사 논문을 위한 자료가 충분히 확보될 때까지 데이터를 분석하는 일이었다. 분석은 망원경 제작 못지않게 힘들었다. 망원경은 매일 약 29미터 길이의 용지에 세 줄의 기록을 쏟아냈다. 천공 전체를 관측하는 데는 나흘이 걸렸으므로 벨이 하늘을 전부 분석하려면 약 120미터의 기록 목록을 들여다봐야 했다. 목록을 꼼꼼히 살펴본 뒤 프랑스의 텔레비전과 비행기 고도계, 해적의 무선 전파같이 인공 간섭원에서 나온 신호는 버리고 진짜 반짝이는 전파원에서 나오는 신호를 지도로 작성하는 것이 벨의 일이었다. 지름길로 가고 싶은 유혹이 상당했을 것이다. 10월까지 벨의 분석은 300미터 분이 지연되고, 11월 말까지 530미터 분이 밀려 있었다.

벨이 펄서를 발견한 것은 10월이었다. 벨이 '작은 앙금'이라고 묘사한 이 신호는 목록의 120미터 부분에서 1.27센티미터를 차지하고 있었다. 미숙한 관찰자였다면 목록상의 수많은 다른 신호와 구별하기 어려웠을 것이다. 그러나 벨의 머릿속에 이전에 본 적이 있는 한 가지 기억이 떠올랐다. "맨 처음 내가 알아챈 사실은 목록 내에 내가 전혀 분류할 수 없는 신호들이 가끔 있었다는 것입니다. 이 신호들은 반짝이는 것도 아니었고 그렇다고 인공 간섭 전파도 아니었지요. 이 작은 앙금 같은 것을 전에도 하늘의 같은 지역에서 본 적이 있다는 게 기억났습니다. 그것들은 항성들의 자전 주기인 23시간 56분을 유지하는 것처럼 보였어요." 밝혀야 할 것들이 아직 많았지만, 순간적인 판단으로 발견의 단초는 마련되었다.

천문학자들이 '항성시(sidereal time)'라고 부르는 23시간 56분의 주기를 유지하는 것은 대부분 항성의 일종이 틀림없다. 하지만 강력한 반증이 곧 나왔다. 기록을 다시 검토한 벨은, 이 앙금이 처음 나타난 시기가 1967년 8월 6일이었음을 발견했다. 벨은 휴이시와 이 신호에 대해 논의했고, 이들은 더 명확한 신호의 상을 얻기 위해 천문대의 고속 기록기로 살펴보기로 했다.

기록기를 이용할 수 있게 된 11월 중순부터, 벨은 신호원이 망원경의 전파를 통과하는 시각에 관측소로 갔다. 그러나 몇 주 동안 아무 일도 일어나지 않았다. 시시각각 변하는 그 신호는 너무 희미해서 포착할 수 없었다. "휴이시는 당시 그것이 섬광성(閃光星: 표면에 홍염이 일어나서 단시간에 밝기가 더했다가 돌아오는 항성)이고 우리가 그것을 놓쳤다고 생각하고 있었습니다"라고 벨은 회상했다. "어느 날 그 신호를 잡을 수 있었고, 기록기에서 나오는 일련의 펄스를 확보했습니다. 펄스는 정확히 약 1.5초 간격이었습니다. 그것은 바로 인공 신호에서 나오는 주기였지요. 휴이시는 그 기록을 내게 맡겼습니다. 나는 그에게 전화를 걸어 펄스에 대해 이야기했고, 그는 '아, 이제야 결말이 났군. 틀림없이 인공 신호일 거야'라고 말했습니다."

다음날, 휴이시는 벨이 또 다른 고속 기록을 작성하는 것을 지켜보기 위해 천문대로 찾아왔다. 그날은 신호가 아주 강해서 벨은 지도교수가 만족할 만한 멋진 펄스 행렬을 작성할 수 있었다. 휴이시는 기록을 검토한 다음 신호원이 항성시를 유지하고 있음을 확인했다. "우리는 이 난제를 해결하기 위해 엄청나게 고생했습니다"라고 벨은 털어놓았다. 문제는 당시에 알려진 가장 빠른 변광성의 주기가 여덟 시간이었으며, 어느 누구도 1.5초의 주기를 가진 별을 상상할 수 없었다는 것이다. 하지만 그 신호원은 지구의 자전이 아니라 별들의 자전과 함께 나타났으므로 인공적인 것일 리 없었다. 아니면 달이나 특이한 궤도를 그리는 어느 위성에 부딪혀 반사된 레이더 신호였을까? 그것도 아니었다. 그러고 나서 벨과 휴이시는 지구상에서 23시간 56분의 항성시를 유지하는 유일한 존재는 천문학자들밖에 없다는것을 깨달았다. "휴이시는 모든 천문대에 10월 이후로 진행하고 있는 프로그램이 있는지 문의하는 편지를 보냈다." 모두 없다고 회신을 해왔다.

그때 '작은 초록 외계인'이라는 주제가 부상했다. 그것에 대해 벨은 이렇게 설명했다. "아주 진지하게 생각한 것은 아니지만, 전파천문학자들은 자신들이 최초로 다른 문명과 접촉할 거라 믿고 있었습니다. 그래서 휴이시는 도플러 편이(Doppler shift)가 있는지 알아보려고 펄스의 시간을 측정했습니다." 그 이론적 근거는 어느 행성에 외계인이 살고 있다고 가정할 때, 그 행성의 태양계 궤도 운동으로 행성이 지구 쪽으로 움직이면 펄스 다발을 방출하고 행성이 지구에서 멀어지면 방출되는 펄스가 감소한다는 것이었다.

케임브리지 대학의 전파천문학자 그룹이, 펄스가 다른 문명에서 온 신호일지 모른다고 생각할 무렵의 조사에서 벨이 기록한 일지는 놀랄 만큼 간결하고 조심스럽게 기술되어 있었다. 1967년 12월 19일자의 기록에는 '벨리샤 교통 표지(Belisha beacon)'라는 선견지명이 있는 제목으로 전파 신호원에 대해 언급하고 있다. 벨리샤 교통 표지는 '주황색 깜빡이'라고 불리는데, 영국에서 운전자들에게 보행자가 건너고 있다는 것을 경고하는 규칙적으로 깜빡이는 주황색 구(球)이다. 천문학자 그룹이 이 전파 신호원을 'LGM 별'이라고 호칭한 반면에, 벨은 고속 기록기로 그 전파 파동을 찾기 전부터 그 신호원에 이 별명을 붙였다.

공교롭게도, 휴이시는 도플러 변이를 발견하지 못했다. 같은 시기, 또는 그보다 조금 먼저 벨은 그 '신호원'의 정체를 궁극적으로 해결할 단계를 밟고 있었다. 또 다른 신호원을 발견한 것이다. 크리스마스 휴가로 케임브리지를 떠나기 전날의 일이었다. "그날 밤 나는 차트를 분석하고 있었습니다. 우리가 조사하던 앙금과 무척 흡사한 것을 보았습니다. 그것은 망원경으로 관측하기 매우 어려운 영역에 있었지만, 거기에 앙금이 있다는 것을 확인하기에는 충분했습니다. 오전 한 시에 이 영역이 망원경의 빔을 통과할 예정이었습니다. 매우 추운 밤이었는데, 망원경은 추운 날씨에는 잘 작동하지 않습니다. 그래서 나는 망원경에 더운 입김을 불어 넣었고, 발길질을 하고 욕을 퍼붓다가 딱 5분간 망원경을 작동시킬 수 있었습니다. 그러나 그것은 나무랄 데 없는 5분이었고 설정도 흠잡을 데가 없었습니다. 그 신호원은 약 1.25초의 다른 주기이긴 했지만 일련의 펄스를 나타냈습니다."

그렇다면 벨은 휴이시에게 전화를 걸어 두 번째 발견을 알렸을까? "아니요, 그때는 오전 세 시였어요. 나는 그의 책상에 그 기록을 던져놓고 휴가를 떠났어요. 나는 그가 그걸 진짜로 믿었을 거라고는 생각하지 않아요. 하지만 내가 떠나 있는 동안 그는 친절하게도 망원경을 작동하고 잉크통에 잉크를 가득 채워놓았어요."

휴이시는 1월 중순의 어느 날 한밤중에 직접 기록을 했고 펄스의 두 번째 신호원을 확인했다. "그래서 작은 초록 인간에 대한 우려는 사라졌습니다. 왜냐하면 외계인이 우리한테 두 군데에서 서로 다른 주파수로 신호를 보낼 리는 없기 때문입니다. 따라서 분명히 우리는 자전 속도가 매우 빠른 항성을 다루고 있었던 것입니다. 1월의 언젠가 나는 또 다른 두 신호원을 서둘러 조사했습니다." 그것은 벨이 발견한 마지막 두 펄서였다. 왜냐하면 1월 중순경은 벨이 박사학위 논문을 쓰기 시작한 때였으며 펄서에 대한 기록은 논문 부록에 게재되었다.

펄서의 발견을 밝힌 논문은 《네이처》에 발표되었고, 벨의 이름은 다섯 명의 저자들 중 두 번째로 올라 있었다. 제1 저자 이름은 휴이시였다. 과학 논문작성법에 따르면, 논문 저자 기재는 과학계에 명백한 메시지를 전하는 것이었다. 그것은 네 명의 연구원을 이끌고 펄서를 발견한 사람이 휴이시라는 의미였다.

펄서의 발견 사실이 영국 천문학자들 사이에 널리 알려졌음에도 휴이시 혼자 노벨상을 타기 전까지 어느 누구도 벨의 역할이 격하된 데 이의를 제기하지 않았다. 휴이시가 노벨상을 수상한 이후 1975년 3월에 저명한 이론 천문학자인 프레드 호일(Fred Hoyle)은 이 수상을 '추문'이라고 적나라하게 비평했다. 호일은 벨의 상사들이 벨이 처음 발견한 사실을 6개월간이나 고의로 비밀에 부치면서 "고의로 그녀의 발견을 빼앗았거나 아니면 결과적으로 그렇게 되어버린 것"이라고 비난했다. 런던의 《타임스(*The Times*)》는 호일의 발언을 인용했다. 며칠 뒤, 이 신문사에 보낸 해명 서신에서 호일은 다음과 같이 썼다. "엄청난 양의 기록을 헤집으면서 단지 찾고 또 찾는 작업이 너무 단순해 보이기 때문에 벨 양이 이룬 업적의 중요성을 오해하는 경향이 있다. 과거의 모든 연구로 미루어보아 불가능하다고 판단했던 현상에서 기꺼이 진지한 가능성을 발견해낸 데서 그 업적은 비롯되었다. 전광석화 같은 과학적 발견의 비슷한 예로 앙리 베크렐의 방사능 발견이 생각난다."

호일의 서신에 대한 회답으로, 노벨상 수상자 휴이시는 《타임스》에 답변을 보냈다. 벨이, 휴이시가 시작한 천체 관측을 위해 그의 지시로 그의 망원경을 사용했다는 것이었다. 그리고 우연히 발견한 펄스가 인공 신호이거나 외계인이 보냈을 가능성 여부는 자신의 결정으로 판명되었다고 말했다. 신호원은 1967년 8월에 처음 발견되었지만 필요한 테스트를 마칠 수 있었던 것은 발표 한 달 전인 1968

년 1월이 되어서였다.

휴이시의 변명은 호일의 비난이 세부적으로는 아닐지라도 전반적으로 사실임을 확인해주는 셈이 되었다. 사실, 그 망원경은 휴이시의 것이긴 하지만 휴이시가 벨에게 그 망원경으로 펄서를 찾으라고 말한 것은 아니었다. 그는 벨에게 전혀 다른 현상을 관측하라고 지시했다. 펄서의 물리적 성질을 해명한 코넬 대학의 이론 천문학자 토머스 골드(Thomas Gold)는 "벨은 반짝이는 전파원들의 지도를 만들라는 지시를 받았지만, 자신만의 방식으로 전혀 다른 종류의 현상에 주목하고 그것을 추적했다"고 적고 있다. 휴이시가 공을 차지했던 명분인, 펄서의 근원이 인공이냐 대기권 밖이냐의 문제는 벨이 두 번째 펄서를 발견함으로써 결정적으로 해결되었다.

공정하게 생각하면 펄서의 발견은 공동 작업이었으므로 벨은 신호를 맨 처음 알아보고 열심히 추적한 데 대한 공적을 인정받고 휴이시에게는 조언자로서 역할을 하고 필요한 장비를 제공한 데 대한 공이 주어지면 된다. 그러나 휴이시는 그렇게 생각하지 않았다.

"벨은 쾌활하고 유능한 여성이지만, 단지 할 일을 한 것뿐이었습니다"라고 휴이시는 말했다. "그녀는 이 신호원이 이런 활동을 한다는 것을 알아냈습니다. 만약 그것을 알아내지 못했다면 그건 임무태만이었을 겁니다."

벨이 아니라 다른 대학원생이 그런 발견을 할 수도 있었겠지만, 그 가능성은 매우 희박하다. '만약 이랬다면 어떻게 되었을까'라는 식의 논리라면 모든 발견은 결국 조만간 다른 누가 하게 될 것이므로 거의 모든 과학자들은 자신의 공을 빼앗길 수 있다. 더욱이 휴이시의 논리를 벨에게 적용한다면 휴이시 자신에게도 해당될 수 있다. 그렇지만 펄서 신호를 발견한 사람은 다름 아닌 벨이라는 것이 역사적 사실이다.

조작을 부추기는 연구실 내의 착취 구조

펄서 발견의 공적이 누구에게 돌아갔느냐 하는 문제는 오늘날 과학이라는 사업 도처에 존재하는 중요한 특징을 보여준다. 이른바 과학 엘리트층은 권력 구조에 기대고 있고, 권력을 쥔 사람은 보상과 명성을 배분하는 데도 영향력을 행사한다.

신진 학자들을 과학자 사회에서 제몫을 하는 일원이 되도록 훈련시키는 집중적인 교육과정이 오늘날 과학의 중심적인 기능이다. 이 훈련 기간은 신진 연구자가 박사학위를 받을 때까지인 3년에서 10년에 이르는 기간에 들어서면서 본격적으로 시작된다. 젊은 박사학위 소지자가 '박사후 연구원(postdoc)' 자격으로, 대개는 박사학위를 취득한 곳이 아닌 다른 곳에서 첫 독립적인 연구 과제를 맡게 될 때까지도 이 훈련 과정은 계속된다.

이런 대학원생이나 박사후 연구원을 훈련시키는 교수는 그들과 일종의 신탁-피신탁 관계를 맺으며 그들에게 연구 방법과 기술을 가르치고 그들의 관심을 중요한 과학적 문제로 이끌어서 진지한 연구 전통이 몸에 배게 만든다. 바람직한 환경에서는 이러한 관계가 가장 강력한 지적 유대를 형성한다. 마스터의 의자 곁에 앉아 있는 도제처럼 이 대학원생들은 자신들의 직업 기술과 향후 생계 수단에 대해 배운다. 교수도 자신의 지식을 나눠줌으로써 큰 보상을 얻는다. 그 교수의 지도 하에 있는 대학원생과 박사후 연구원들은 교수가 시작한 연구를 계속 진행하며, 교수의 연구는 사후에도 제자들의 연구를 통해 계속 존재하기 때문이다. 이처럼 교수와 제자 사이에 움트는 친밀한 유대는 지적 호기심과 진실을 향한 공동의 헌신을 그 기반으로 삼는다.

그러나 오늘날 과학에서는 엄격한 사제 관계가 악용될 때가 많다. 일부 교수들은 연구 전통을 확립하는 데 만족하지 않고 즉각적인 명성과 인정이라는 단기적인 목표를 좇는다. 지적 유대는 감소하거나 사업적 거래로 대체되기도 한다. 연구 책임자는 하급자의 업적으로 명성을 취하는 대가로 일자리와 후원을 제공한다.

어떻게 해서 과학계에서 지도교수와 제자의 관계가 타락하게 되었을까? 20세기 초까지만 해도 많은 사람들은 연구를 소명이라 여겼고, 과학을 하는 데 필요한 요소라고는 날카로운 지성과 철물상에서 구입하는 기구가 고작이었다. 그러나 과학의 전문화가 진행되고 연구실 설비 비용이 늘어남에 따라, 이제 막 경력을 쌓기 시작한 젊은 연구자는 지적 스승이 아니라 거액의 정부 지원금을 쥐고 있는 후원자를 찾아야 한다. 후원자의 입장에서는 지원금을 계속 타내 급여를 주려면 성공의 외양을 갖추는 데 전력해야 한다. 연구 책임자가 자신의 지도 하에 있는 연구원들에게 지적 방향을 제시하는 한 이 제도에는 아무런 문제가 없다. 그러나 문제는 그렇게 간단하지 않다. 연구 책임자가 다른 데 관심을 쏟거나 그 창조적 에너지가 고갈되었다면, 수하 연구원들의 연구 공적을 차지하고 싶은 강렬한 충동을 느낄 것이다. 그 후원자는 이렇게 혼잣말을 할지도 모른다. "결국 내가 아니면 연구원들은 연구비를 마련할 수 없을 것이고, 내 모든 시간을 지원금을 마련하는 데 쏟지 않으면 나도 벤치에 물러나 앉게 될 것이다."

오늘날에는 저명한 과학자의 이름이 수백 편의 논문에 실리는 것이 이상한 일이 아니다. 19세기의 물리학자 켈빈 경(Lord Kelvin)이 생전에 약 660편의 과학 논문을 발표한 것으로 알려져 있지만 과거에는 그렇게 많은 논문을 한 사람이 저술하는 일이 드물었다. 그러나 최근 이런 터무니없는 숫자가 빈번해진 이유는 창조적 에너지와 진리를 향한 헌신이 아니라 연구 책임 제도의 교묘한 착취에서 비롯된다. 그처럼 다수의 논문을 발표하게 되는 것은 대부분 대학원생과 박사후 연구원이 연구실에서 오랜 시간을 일해서 생산해낸 보고서나 논문에 연구 책임자가 우아하게 자신의 이름을 서명한 결과이다. 대학원생과 박사후 연구원의 이름도 논문에 오르지만, 후순위인 경우가 많다. 이들이 거주하는 위계질서라는 감옥을 감안하면, 과학자 사회에서 공적은 연구 책임자의 손아귀에 쥐어진 것으로 보인다. 이러한 환경에서 과학적 진실은 거의 우연한 부산물이 될 수밖에 없다. 실험실은 과학 논문을 대량생산하기 위한 연구 공장으로 보는 것이 타당하다.

젊은 과학자가 기라성 같은 선배 과학자들 이름 옆에서 자신의 이름이 들러리밖에 되지 않는 논문을 발표하도록 강요당하면, 편법을 쓰고 싶은 유혹과 결과에 손을 대고 싶은 유혹, 심지어 데이터를 완전히 조작하고 싶은 유혹에 빠지기 쉽다. 엄밀한 의미에서 노동자인 이들이 연구 발표 과정에서 아무런 지적 보상도 받지 못할 때 이러한 유혹이 가장 강해질 것이다. 일은 그들이 했지만, 그들의 이름은 발표된 논문에 나오지 않는다. '고용인 조사(hired-hand research)'라고 이름 붙인 방대한 연구를 수행한 사회학자 줄리어스 로스(Julius A. Roth)에 따르면 "자신이 수행해야 할 중요한 연구라는 생각으로 시작한 사람들조차 자신의 제안이나 비판이 무시되고, 자신의 과제에 어떤 상상력이나 창의성도 허용되지 않고, 최종 결과물에 대해 아무런 보상도 받지 못하며, 요컨대 다른 누군가의 더러운 일을 대신해주기 위해 고용되었다는 것을 자각할 때, 그들은 고용인의 사고방식에 굴복하게 된다. 이런 생각에 빠지면 더 이상 주의를 집중하거나 정확하고 세심해지려고 애쓰지 않는다. 그들은 시간과 에너지를 절약하기 위해 편법을 써서 보고서의 일부를 조작할 것이다."[2]

로스는 연구자들이 데이터를 조작한 사실을 시인한 사례 몇 가지를 폭로했다. "그런 행동은 이상하거나 예외적인 것이 아니라 오히려 생산 라인에 있는 사람들이 어떠할 거라고 예상할 수 있는 그런 종류의 행동이다"라고 로스는 적고 있다.

생산 압력을 받고 있는 하급자들에게서 나타나는 각성은 로버트 걸리스(Robert J. Gullis)의 사례에서 잘 드러난다. 걸리스는 1971년부터 1974년까지 영국의 버밍엄 대학에서 연구했던 젊은 박사과정생이었다. 그의 연구 주제는 뇌가 만들어낸 화학전달물질에 관한 것이었다. 실제로 그는 박사과정 연구 기간 동안 이 전달물질이 모든 뇌 세포벽의 물리적 성질을 바꾼다는 사실을 보여주었다. 동료들은 그의 연구를 중요하게 여겼다. 그중 한 사람, 미시간 대학의 윌리엄 랜드(William Land)는 이 연구를 당시 2년간 자신이 보았던 연구 중에서 가장 흥미로운 것이라고 평했다.

걸리스의 연구 분야는 인내와 고도의 기술, 장시간 연구실 근무를 요구했다. 하루는 보통 오전 일곱 시경에 시작되었다. 밤늦게까지 3일간 일한 뒤에 실험 하나를 마치면 다음 실험에 들어간다. 걸리스는 한 기자에게 말했다. "연구를 궤도에 올려놓는 데만 9개월이 걸렸습니다. 처음 6개월간은 아무것도 얻지 못했습니다."[3] 4년간의 노력 끝에 1975년에 드디어 박사학위 연구 논문이 발표되었는데, 이 논문은 전문 저널 33쪽을 가득 메울 만한 분량이었다. 논문 상단에는 걸리스의 이름과 함께 지도교수 찰스 로(Charles E. Rowe)의 이름도 있었다.

이 논문에 문제가 있음을 발견한 사람은 로가 아니라 걸리스가 박사후 연구원으로 근무했던 독일의 막스 플랑크 생화학연구소(Max Planck Institute for Biochemistry)의 과학자들이었다. 독일인 동료 일곱 명의 이름이 오른 논문 네 편을 작성한 뒤에 걸리스는 이 연구소를 떠났고, 그 뒤 연구소 직원들이 그의 실험을 재연해보려고 시도했다. 여러 번 시도했지만 실패하자 이들은 걸리스에게 돌아와 달라고 요청했다. 2주간 신경이 곤두선 가운데 실험 결과를 재연하려고 시도한 뒤에 결국 걸리스는 데이터 일부를 조작했다는 사실을 시인했다. 걸리스가 실험은 했지만 결과를 속였다는 것이 명백해졌다. 걸리스는 자신의 지도교수 로에게 박사 논문을 비롯한 이전의 실험 결과들도 조작했다는 사실을 털어놓았다. "발표된 그래프와 수치는 단지 내 상상 속의 허구들이었다"고 걸리스는 《네이처》에 보낸 편지에 썼다.[4] "그리고 짧은 연구 기간 동안 나는 실험으로 확정된 결과보다는 내 가설을 발표했다." 이 사건으로 논문 열한 편이 모두 철회되었다.[5]

이 와중에서 연구 책임자 로는 후배 연구자에게 모욕당한 선배 연구자들이 천편일률적으로 터트리는 불평을 늘어놓았다. 로는 "만약 당신이 과학 연구에서 누군가와 함께 일하게 된다면 어느 정도 그 사람을 신뢰해야 한다"고 말하면서 그 문제의 본질에 대해 언급하는 걸 잊지 않았다. "그렇지 않으면 당신이 그 모든 일을 직접 해야 할지도 모른다." 걸리스가 버밍엄 대학에 있는 동안, 로는 이 박사과정생이 생산한 일곱 편의 논문에 자신의 이름을 포함시켰다.

걸리스는 자신을 악화 일로를 걷는 이 제도의 희생양으로 간주했다. "그것은 당신이 도처에서 부딪히는 문제입니다. 자신의 연구를 계속해나가기를 원하기 때문에 어느 누구도 다른 사람 문제로 심각하게 고민하려 들지 않습니다. 그러나 대학에서 이런 일이 벌어진다는 것은 정말 어처구니 없는 일입니다. 왜냐하면 대학은 가르치는 곳이고 박사과정은 연구를 올바르게 하는 방법을 배우는 곳이기 때문이지요. 만약 이에 대한 적절한 지침이 만들어지지 않는다면 이 제도 전체에 뭔가 문제가 있는 것입니다." 걸리스는 공적과 논문

작성이라는 주제에 대해서 특히 신랄하게 비판했다. "나는 한 번도 내 연구로 보상을 받은 적이 없었다"고 말했다. "반면에 그들은 연구 결과로 아주 행복해했다. 그들은 연구 결과만을 추구하고 누군가가 그 연구 결과를 얻기 위해 그리고 박사학위를 따기 위해 열심히 일하고 있다는 것에 아주 즐거워했다."

데이터 조작이 발각되었기 때문에 걸리스가 이 제도를 비판하면서 자신에게 유리한 측면만을 말했을 수도 있다. 그러나 걸리스가 지적했듯이 결과 생산에만 압력을 가하면서 지도는 게을리하는 일은 그리 드물지 않다. 걸리스의 경우에는 이 환경이 그로 하여금 노골적인 기만행위를 저지르게 만들었다. 유명한 윌리엄 서머린(William T. Summerlin) 사건의 경우에 그가 파멸한 직접적인 이유는 데이터를 '개선시키는' 사소한 일에서 비롯되었다.

성과는 챙기지만 잘못은 책임지지 않는 공동 저자

1974년에 서머린은 존경받는 면역학자 로버트 굿(Robert A. Good) 연구팀의 신진 연구원이었다. 둘은 맨해튼에 있는 세계적인 연구소인 슬론 케터링 암연구소(Sloan Kettering Institute for Cancer Research)에서 일했다. 당시 52세였던 굿은 가르치는 데도 재능이 있는 비범한 과학자로, 아주 정력적이었고 추진력이 뛰어났으며 자신감도 높은 인물이었다. 뿐만 아니라 자신을 홍보하는 데도 적극적이어서 1973년에는 그의 사진이 《타임(*Time*)》 표지에 실리기도 했다. 또한 그는 훌륭하게 조직된 연구소를 상징하는 우두머리였다. 5년간 약 700편의 논문을 공동 집필했는데, 이는 굿이라는 개인의 깃발 아래에 연구 노동자들의 거대한 제국을 설립하여 그들의 도움으로 이룩한 업적이었다. 그가 서명한 논문은 과대평가와는 거리가 멀었고, 실제로 높은 평판을 얻었다. 굿의 이름으로 된 논문이 다른 과학자들의 논문에 14년간 1만 7천 6백 번 이상 인용되면서 굿은 연구 역사상 가장 많이 인용된 저자가 되었다.[6]

35세의 서머린은 키가 크고 머리가 벗겨지기 시작한 붙임성 있는 사람이었다. 사우스캐롤라이나 주의 작은 도시에서 태어난 서머린은 자신과 자신의 연구를 확신했다. 그러나 자기 생각을 실행에 옮길 연구지원금을 거의 받지 못했다. 그래서 서머린은 1971년에 굿의 밑으로 들어갔는데, 그 당시 굿은 미네소타 대학에 재직하면서 미국에서 가장 큰 면역학 연구소 중 한 곳의 책임자로 있었다. 이 결합은 두 사람 모두에게 이익이 되었다. 굿은 서머린을 지원할 돈이 있었고, 무명의 서머린은 이식술 연구에서 자신이 이루었다고 믿는 획기적인 연구를 계속하기를 원했다. 곧 연구비가 쇄도하기 시작했다. 서머린은 초기 논문에서 국립보건원, 재향군인회, 마치오브다임스(March of Dimes, 동전을 모아 소아암 소아마비 등 환자를 지원하는 자선 재단)에서 연구지원금을 준 데 사의를 표했다. 이것은 서머린의 논문에 굿이 자신의 이름을 넣은 첫번째 논문이었다.

굿이 자신의 공동 연구자들과 지속적으로 접촉한 적이 없다는 것은 미네소타 대학의 연구자들 사이에 잘 알려진 사실이었다. 그는 여행을 자주 다녔다. 그가 대학에 머물러 있을 때면 수십 명의 사람들이 그에게 눈도장을 받으려고 서로 다투었다. "굿과 나는 실제로 함께 연구한 적이 없었습니다"라고 서머린은 슬론 케터링 사건이 터진 뒤에 한 기자에게 말했다.[7] "사실 그와 얘기하기도 어려울 때가 많았습니다. 몇 분간 그를 보기 위해서 새벽 네 시나 다섯 시에 일어나야 할 때도 있었지요. 그러나 그것은 별 문제가 되지 않았습니다. 미네소타 대학의 연구자들은 모두 아주 착하고 친절했으니까요."

서머린이 미네소타 대학에 오고 얼마 뒤에, 굿은 50명의 연구원들을 데리고 임원으로 초빙받은 슬론 케터링 연구소로 옮기기로 결정했다. 당시 서머린은 이미 자리를 잡은 연구자였으며, 굿이 여전히 그가 쓴 논문에 서명을 하고 있었지만 재정적으로는 혼자서 꾸려나가야 했다. 1973년 3월에 서머린은 미국 암학회가 주최한 과학 저술가 세미나에 참석해서 자신의 연구 진행 상황을 개략적으로 발표했다. 서머린은 신문과 텔레비전, 라디오의 우호적인 보도가 학회로부터 지원금을 받는 데 도움이 되기를 기대했다. 그는 5년간 13만 1,564달러에 이르는 지원금을 신청했었다.

그 세미나에서 서머린은 취재에 열심인 기자들에게 "사람의 피부가 조직 배양액에서 4주 내지 6주간 유지된 뒤에는 거부반응 없이 보편적으로 이식할 수 있게 된다"고 말했다. 그뿐 아니라 자신이 인간의 각막을 배양한 뒤에 거부반응 없이 토끼 눈에 이식했다고 발표했다. 모든 이식 수술에서 가장 큰 장애 요인 중 하나가 이제 막 극복되는 것처럼 보였다. 이튿날 《뉴욕 타임스》에는 "연구소에서 이루어진 발견이 이식에 도움을 줄지도 모른다"고 공언한 3단짜리 머리기사가 실렸다. 하룻밤 사이에 서머린은 과학계의 유명 인사가 되었다.

대중적인 성공과 과학 회의에서 열린 서머린의 강의에도 불구하고 다른 연구자들은 서머린의 연구를 재연하는 데 실패했고, 그러자 점차 회의가 들었다. 서머린의 연구에 지적 영감을 불어넣었을 것으로 짐작되는 굿은 자신의 명성으로 일부 면역학자들을 안심시켰다. 가장 곤란한 점은 영국의 면역학자 피터 메더워(Peter Medawar)와 그의 연구원들이 서머린의 결과를 재연할 수 없었다는 사실이다.

메더워는 이식에 관한 연구로 노벨상을 받았다. 그는 슬론 케터링 연구소의 이사이기도 했다. 1973년 10월에 각막 이식에 관한 그의 연구를 이사들에게 소개하는 자리에서 두 눈에 각막 이식을 받왔다고 서머린이 말한 토끼를 보여주었다. 훗날 메더워는 당시 상황을 다음과 같이 기술했다. "그 토끼는 완전히 투명한 눈으로 이사진을 응시했는데, 그 솔직하고 확고한 시선은 완전히 맑은 의식을 가진 토끼만이 취할 수 있는 시선이었습니다. 그 토끼가 어떤 종류의 이식을 받았다고는 믿기 어려웠어요. 그것은 완전히 투명한 각막 때문만이 아니라 각막 주위의 고리에 있는 혈관의 패턴이 어떤 교란도 받은 적이 없음을 보여주었기 때문입니다. 그런데도 당시 나는 우리가 조작이나 기만행위의 희생자가 된 것 같다고 솔직하게 말할 용기가 없었습니다."8

서머린 자신의 연구실 사람들조차도 이 실험으로 애를 먹고 있었다. 1974년 3월 무렵에는 상황이 더욱 악화되어 굿은 서머린의 실험을 재연하는 데 실패했다고 공표한 서머린 연구실 젊은 연구원의 보고서를 발표할 필요가 있다고 느끼는 상황에까지 왔다. 이 보고서는 서머린의 경력을 곤두박질치게 만들 것이었다. 3월 26일 오전 4시, 서머린은 비상 사태에 대비해 사무실에 놔두었던 간이침대에서 일어나 굿과 함께할 결정적인 회의를 준비했다. 그의 목표는 성공이 목전에 있기 때문에 부정적인 보고가 필요 없다는 점을 강조하여 굿을 설득하는 것이었다. 생쥐들 간에 피부를 이식하는 새로운 실험이 원활하게 진행되고 있어서 서머린은 이 두 동물을 스승에게 보여줄 계획이었다.

오전 일곱 시에 서머린은 굿의 사무실로 향했다. 사무실로 가던 도중에 서머린은 사인펜을 꺼내 흰 쥐의 몸에 있는 검은 반점에 색칠을 했다. 훗날 서머린은 그 행동이 단지 이식된 피부의 검은 반점이 더 선명하게 나타나도록 하기 위한 조치였을 뿐이라고 해명했다. 굿은 서머린이 한 손장난을 눈치 채지 못했다. 조작을 알아채고 상관에게 알린 사람은 생쥐를 돌려받은 연구실 조수였다. 서머린은 바로 정직 처분을 받았다.

왜 서머린은 기만행위를 저질렀을까? 슬론 케터링 연구소 집행부의 설명은 그가 정신이 나갔다는 것이었다. 이 연구소의 소장인 루이스 토머스(Lewis Thomas)는 5월 24일에 공식 성명을 발표했다. "서머린 박사의 최근 행동에 대한 가장 합리적인 설명은 그가 정서불안으로 고통받고 있었다는 것이다. 그는 자신의 행동이나 주장에 전적인 책임을 질 수가 없는 상태이다. 그래서 연구소는 서머린 박사에게 향후 1년간 그에게 필요한 휴식과 요양을 위해 병가와 함께 급여 전액(4만 달러)을 지급하기로 합의했다." 이는 되풀이되는 주제이다. 기만행위 사건은 정신이상으로 인해 일어난 것으로 설명될 때가 많은데, 적어도 기만행위가 일어난 곳의 책임자들은 모두 그렇게 말한다.

메더워는 서머린이 연구 초기에 유전적인 관계가 없는 생쥐들 사이에서 피부 이식에 성공했지만 그후 다시는 그 실험을 재연할 수 없었을 것이라는 좀더 신중한 설명을 내놓았다. "자신은 진실을 말하고 있다고 절대적으로 확신한 그는 불행하게도 곧바로 기만행위에 의지하게 된 것이지요." 비록 서머린의 손으로 이루어진 것은 아니지만 최근의 실험은 서머린의 접근 방법이 어느 정도 가능성이 있다는 사실을 보여주었다.[9]

이 사건을 조사하기 위해 토머스가 설치한 위원회에서는 서머린 사건에 대해, 특히 충분히 확인도 하기 전에 서머린이 언론에 자신의 실험 결과를 떠벌리는 것을 방치한 점에서 굿도 어느 정도 책임을 져야 한다고 제언했다. 또한 위원회는 "여러 연구자들이 서머린 박사의 실험을 재연하는 데 큰 곤란을 겪고 있을 때 굿은 그의 부정직함을 비난하는 주장에 늦장 대처했다"고 의견을 피력했다.

이렇게 온건하게 비판했지만, 위원회는 굿과 같은 고위직 관리자는 너무 바빠서 부하를 감독할 시간이 없었고 "공동 연구자의 입장에서 통상적으로 상대방의 진실성과 신뢰성을 기대하는데, 이런 상황에서는 기만행위라는 생각을 품기 어려웠을" 것이라는 점을 들어 굿을 변명하며 조사를 종결했다. 메더워도 굿을 옹호하기에 이르렀다. 메더워는 《뉴욕 리뷰 오브 북스(*The New york Review of Books*)》에 게재한 글에서 서머린에 대한 굿의 감독에 관한 질문이 나오자 이렇게 답변했다. "굿이 완전히 무죄는 아니지만(그 자신은 그들이 그렇게 했다고 생각하지 않았지만), 위원회는 굿의 적대자들이 바라는 것보다는 훨씬 더 우호적인 견해를 피력하고 있다. 먼저, 자신의 일로 바쁜 와중에도 부하 연구원을 내팽개치지 않고 그들의 관심 분야를 지지해주고 격려했다는 사실이 이 연구소 책임자에게 훨씬 더 애정어린 입장을 취하게 만들었다." 그 자신이 연구소 책임자이기도 한 메더워는 서머린이 굿에게 빚진 은혜가 무엇인지 간파했다. "서머린이 조금이라도 연구 경력을 쌓을 수 있었던 것은 미니애폴리스의 미네소타 대학에서 굿의 후원을 받은 덕분이다." 하지만 메더워는 그 관계의 다른 측면, 즉 서머린이 쓴 논문의 공저자가 됨으로써 굿이 얻은 명성에 대해서는 조금도 언급하지 않았다.

과학의 불명예 전당에서 가장 거리낌 없는 구성원 중 한 명인 서머린 자신은 이런 주장들이 굿의 무죄를 입증한다고는 생각하지 않았다. 서머린은 공식 성명에서 "내 잘못은 고의로 거짓 데이터를 발표한 것이 아니라 오히려 정보를 발표하라고 강하게 압박한 이 연구소 임원에게 굴복한 것이었다"라고 말했다. 그는 《미국 의학협회저널(*Journal of the American Medical Association*)》 기자에게 한 말에서 이 문제를 더 확대했다. "실험 데이터를 발표하고 공공 기관과 사설 기관에 지원금 신청서를 낼 준비를 하라는 요청을 끊임없이 받았다. 내가 획기적인 새로운 발견을 하지 못하고 있던 1973년 가을의 어느 시점에서 굿 박사는 내가 중요한 연구 결과를 내지 못하는 실패한 낙오자라고 잔인하게 비난했다(굿 박사는 이 사실을 부인했다). 나는 이렇듯 성과를 내놓으라는 극심한 압력을 받고 있었다."[10] 서머린은 다른 기자에게 쥐에게 색칠을 한 것은 굿의 주의력과 통찰력을 시험하기 위한 일종의 도전이었다고 말했다.[11]

개인은 단죄돼도 조직은 무죄

젊은 연구자들의 수치스러운 데이터 조작 사실이 적발되면 이 범죄 행위로 타격을 입은 해당 연구소는 의무적으로 저명 인사들로 구성된 특별위원회를 조직해 사건을 조사하는 경우가 많다. 그런데 이런 위원회가 내놓는 결과가 예정된 답안에서 벗어나는 경우는 거의 없다. 이들의 기본 역할은 과학의 제도적인 메커니즘에서 만사가 순조롭게 돌아가고 있다는 사실을 보여주어 외부 사람들을 안심시키는 일이다. 형식적인 비난이 연구소 책임자에게 가해지지만 비난의 무게중심은 항상 길을 잘못 들어선 젊은 연구자에게 부과된다. 현행범으로 잡혔기 때문에(항상 책임자가 아니라 동료 연구원들에게 적발된다), 자신의 죄뿐 아니라 조직 전체의 죄를 떠안고, 저주받은 짐승이 황무지로 쫓겨나는 관습의 속죄양처럼 자신에게 배당된 이 역할 말고는 달리 선택할 길이 없다.

가령 존 다시의 부정행위가 적발되었을 때(1장에서 언급함), 하버드 의대 학장이 소집한 8인위원회는 그의 지도교수를 무죄라고 판정했다. 다시 사건은 감독과 성과 압력에 대해 심각한 문제점을 제기했지만 재빨리 면죄부가 주어졌다.[12] 유진 브론월드는 두 곳의 연구소를 책임지는 바쁜 관리자였으며 하버드 대학에서 가장 권위 있는 두 병원의 내과과장이었다. 그리고 심포지엄과 세미나에 참석하기 위해 분주하게 전국을 돌아다녔다. 다시가 일했던 연구소는 다시보다 한 살 적은 연구원이 브론월드를 대신해서 운영하고 있었다. "다시의 초기 연구를 우리가 전적으로 신뢰했던 이유는 원 데이터가 수집된 때에 가장 근본적인 수준의 검사가 이루어졌기 때문입니다. 그런데 그 이후 다시의 역할이 바뀌었습니다. 대략 18개월 후에는 매번 동료 연구원이 검사하는 관례가 없어졌으니까요." 브론월드는 기자에게 이렇게 말했다.

특별위원회는 문제가 모두 다시에게 집중되어 있음을 발견했다. 다시는 하버드 대학에서 브론월드의 지도 하에 백 편에 이르는 연구 초록과 논문을 발표했는데, 대부분 그의 스승과 공동 집필한 것이었다.[13] "현재의 문제가 심장 연구 실험실의 기준이나 정책, 절차에서 기인한 것으로 보이지 않을 뿐더러 감독관인 브론월드 박사가 지나친 압력을 가해 일어난 것 같지도 않다"고 보고서에 적혀 있다.

로버트 걸리스와 윌리엄 서머린, 존 다시는 모두 그들이 속한 길드의 원칙을 배신한 도제들이었다. 모든 책임이 도제에게 있다는 이들 조직의 주장은 설득력이 떨어졌고, 1978년 보스턴 대학에서 밝혀진 유명한 사건에는 이런 식의 변명이 더욱 설 자리를 잃었다. 한 명이 아니라 40명이나 되는 암 연구팀의 젊은 연구자 그룹 전체가, 책임자인 마크 스트라우스(Marc J. Straus)가 데이터와 기록을 조작하라는 압력을 가했다고 주장했기 때문이다.

34세의 스트라우스는 폐암을 전공한 연구 의사로 추진력이 강하고 열정적인 인물이었다. 그는 자신의 연구에 민간 및 연방 기금을 끌어들이는 데 성공해 3년간 약 100만 달러를 받았다. 그는 40여 편의 논문을 발표했고 책 한 권을 출판했으며, 보스턴 대학의 제휴 병원에 여섯 개의 암 전문 클리닉을 세워 전국적인 명성을 얻었다.

1978년 봄 어느 날, 스트라우스는 연구실 직원들과 함께 보스턴 의대의 14층 강의실에 앉아서 노벨상을 타는 백일몽을 꾸고 있었다.

그러나 노벨상의 꿈에 잠긴 지 석 달도 채 지나지 않아 스트라우스의 연구 제국은 갑자기 붕괴되었다. 특별연구원 지위에 있던 두 명의 의사와 세 명의 간호사가 보스턴 대학의 임원들을 찾아가서 그 연구팀의 보고서에 수많은 거짓이 포함되어 있다고 폭로한 것이다. 조작은 환자의 생일을 이리저리 바꾸는 자잘한 것에서부터 실제로 하지도 않은 치료와 실험 연구를 한 것처럼 보고하고, 있지도 않은 한 환자의 종양을 있다고 날조한 것에 이르기까지 다양했다. 그 다섯 명은 스트라우스의 지시에 따라 이런 조작을 했다고 고발했다. 그러나 스트라우스의 다른 직원들은 환자의 부족으로 앞으로 연구비 확보가 어려울지도 모른다는 우려 때문에 그런 잘못이 저질러졌다고 말했다. 스트라우스는 사퇴 압력을 받고 물러났지만, 자신은 조작을 알지 못했으며 단지 음모의 희생자일 뿐이라고 주장했다.

스트라우스가 조작에 명백한 역할을 했는지 여부는 아직도 뜨거운 논쟁거리이다. 스트라우스는 여전히 그 조작을 몰랐다고 강력히 주장한다. 그러나 제대로 거론되지 않은 사실은 최소한 여덟 명이 데이터를 변조했고, 이들은 연구 결과가 마크 스트라우스의 이름과 명성을 높이는 데 기여하는 거대 연구 연합체에서 이런 사실이 적발되었다는 점이다.

모든 기준에서 스트라우스는 이례적인 속도로 인상적인 경력을 쌓았다. 그는 1974년 여름에 워싱턴 시 외곽에 있는 국립암연구소(NCI)에서 보스턴 대학병원으로 왔다. 그 후 곧바로 폐암 치료와 연구를 위해 설립한 특별 시설에서 일할 조수와 간호사, 의사들을 조직했다. 그는 최고의 과학 저널에 다양한 보고서를 발표했다. 1977년에 보스턴 청년상공회의소는 "보스턴의 걸출한 젊은 지도자 10

인" 중의 한 사람으로 그를 선발하기도 했다.

스트라우스가 연구한 주요 의학 프로그램 중 하나는 권위 있는 40개 병원의 국제적 연구팀인 동부 종양학 협동그룹(ECOG)이 후원하는 임상 실험이었다. 조작이 폭로되었을 당시 ECOG는 여러 연구를 수행하고 있었는데, 그중 하나가 스트라우스가 추진한 연구를 기초로 한 실험적 처치였다. 스트라우스는 두 가지 약을 정확한 시간표에 따라 복용하면 암 환자의 생존율을 극적으로 개선할 수 있다고 믿었다.

이 연구를 위한 데이터가 스트라우스의 연구팀원인 간호사와 의사들에 의해 수집되고 체계적으로 분류되어 ECOG의 컴퓨터 정보은행에 입력되었다. 연구팀원들의 말에 따르면,[14] 데이터는 '조금씩 조금씩' 변조되었다고 한다. 허위 실험이나 검사 결과에 대한 보고를 비롯해서 대부분의 변조는 ECOG 연구에 필요한 특별 요구 사항을 따르면서 연구팀이 저지른 실수를 은폐하기 위해서, 또는 해당 사례에 대한 '신뢰를 떨어뜨리지 않으면서' 의사들이 ECOG의 처치에서 빠져나가도록 하기 위해서 이루어졌다. 후일 보스턴 대학에서 조사를 진행했을 때, 관계자들은 데이터의 약 15퍼센트가 조작된 것을 발견했다. 사기꾼들이 스스로 사태를 폭로한 까닭은 환자의 진찰 기록 속에 주로 보관되어 있던 변조된 데이터로 인해 잘못된 치료가 이루어질까 두려웠기 때문이다. 연구팀들이 변조를 하고 있던 무렵 스트라우스는 3년간의 연구 지원금을 갱신하기 위한 신청서를 작성하느라 상대적으로 떨어져 있는 상태였다.

보스턴 대학을 떠나, 계속 학생들을 가르치고 연구를 수행하기 위해 발할라에 있는 뉴욕 의대로 갔던 스트라우스는 1981년에 처음으로 대중 앞에서 이 사건을 언급했다.[15] "우리 팀에는 간호사들과 데이터 관리자를 포함해 전일제 근무를 하는 사람만 40명이 있었고, 내 생각에 점검과 평가가 아주 잘 이루어지고 있었다. 그리고 우리는 단계를 차근차근 밟아나갔기 때문에 수없이 회의를 열어, 환자의 동의를 얻었는지, 서류가 제대로 갖춰졌는지, 데이터 기록이 정확한지를 검토할 수 있었다." 그리고 이렇게 말을 이었다.

"완전한 감독을 할 수 없는 종류의 연구들이 있다. ECOG의 연구가 바로 그런 것이다. 당시에 47개의 다른 연구를 진행하던 전국 암 협동 연구가 있었다. …… 한 사람이 ECOG의 기록 하나를 작성할 때, 평균 수천 종의 데이터가 있어야 한다. 이때 방대한 데이터를 컴퓨터에 정확히 입력하는 사람들의 성실성을 신뢰해야 한다. …… 수술이나 내과 치료, 그리고 기타 분야에서 일정 수준의 감독이 이루어졌고, 그것은 당신 밑에서 일하는 연구원들이 적절하게 행동하고 있다는 믿음을 필요로 한다."

현대의 연구팀은 과거 연구팀이 가졌던 상대적인 순진함에서 이미 멀리 벗어나 있다.

9장 _ 엄격한 심사의 면제

표절을 고발한 편지 한 통

1979년 3월 어느 날 아침, 예일 대학 의대 학장인 로버트 벌리너(Robert Berliner)의 사무실에 이상한 편지 한 통이 배달되었다. 벌리너가 맡고 있는 학부의 두 연구원이 표절이라는 중대한 과학적 범죄를 저질렀다는 사실을 고발하는 편지였다. 파이프 담배를 즐기는 64세의 세련된 행정가 벌리너는 예일 대학에 오기 전에 국립보건원에서 20년간 고위 관리로 재직했다. 편지를 다 읽고 동봉된 원고를 대충 훑어본 벌리너는 곧바로 고발 내용이 과장되었다고 결론내렸다.

미국의 일상적 연구 관행의 실체를 폭로한 이 사건은 이렇게 시작되었다. 기만행위와 관련된 이 일은 사건 자체만 보면 전형적인 예라고 말할 수 없다. 그러나 이 사건에 연루된 인물들의 일반적 행동은 일상적 연구 행위에서 보이는 과학자들의 행동 양식을 완전히 똑같지는 않지만 잘 대표하고 있다. 이 사건에 휩쓸린 사람들의 행동과 태도를 들여다보면, 자신들의 행동을 이끌어준다고 과학자들이 말하는 규범이 어떤 것인지 이해하는 데 도움이 된다. 즉 냉철한 진리 추구, 진실에만 근거한 인물과 주장에 대한 판단, 모든 연구 주장에 대한 비판적 심사, 논문 제출자의 지위 불문, 공익을 위한 생각과 지식 공유, 엄격한 자기규찰 등이 그것이다.

벌리너의 책상에 배달된 문제의 편지는 국립보건원의 한 젊은 여성 연구원이 보낸 것이었다. 그녀는 예일 대학의 연구원들이 자신의 미발표 논문 원고에서 열두 곳 이상의 구절을 도용해 그들의 논문에 실었다고 고발했다. 또 예일의 연구가 완전히 날조되었다고 주장하면서 그들 데이터의 '신빙성'에 의문을 제기했다. 편지는 조사 요청으로 끝을 맺었다.

벌리너는 너무 오랫동안 험난한 연구 세계에 몸담아 온 터라 이런 요구에 쉽게 마음이 움직이지 않았다. 원고를 대충 훑어보니 소위 그 표절 부분은 모두 60여 단어로, 별로 중요하지 않은 몇 구절에 불과했다. 이러한 도용은 분명히 잘못된 것이지만 범죄라고 보기 어려우며 대체로 용납될 수 있는 수준이었다. 그 논문의 대표 집필자인 37세의 비제이 소먼(Vijay R. Soman)은 1971년에 인도 푸나에서 미국으로 왔으며, 특별히 창의적이지는 않지만 존경받는 조교수였다. 그는 그때까지도 영어가 능숙하지 않았다. 더욱이 연구가 수행되지 않았다는 것은 있을 수 없는 일이었다. 소먼을 지도 감독하고 문제 연구를 공동 집필한 선임 과학자는 43세의 필립 펠리그(Philip Felig)로서 저명한 연구원이었다. 그는 200여 편의 논문을 발표했고, 15개의 상과 서훈을 받았으며 노벨상을 수여하는 스웨덴의 카롤린스카 연구소(Karolinska Institute)에서 명예 학위를 받았다. 펠리그는 예일 의대의 석좌교수로, 의학과 부학과장 겸 내분비학연구소 소장이었다.

벌리너는 단지 그 주장을 확인만 할 생각으로 연구의 과학적 근거가 되는 데이터 시트 사본을 두 연구원에게 요청했다. 이 시트에는 신경성 식욕 부진증(병적인 음식 혐오)에 걸린 여성 여섯 명에 대한 실험이 기록되어 있었다. 이렇게 준비를 마친 벌리너는 이의를 제기한 국립보건원의 젊은 연구원에게 편지를 보내 연구가 이루어졌다는 데 의심의 여지가 없다고 말했다. 게다가 그 일로 소먼을 질책한 터라, "이제는 이 문제가 종결된 것으로 이해하기 바란다"고 그는 썼다.

그렇지만 1년 반 동안 헬레나 바쉬리히트 로드바드(Helena Wachslicht-Rodbard)는 편지를 쓰고 전화를 걸고 소먼과 펠리그를 전국 회의에 고발하겠노라고 위협했으며 자신의 일도 그만두겠다고 협박했다. 그녀는 표절을 확신하고 있었으며, 이제 그 연구 전체의 타당성에 대한 조사를 원했다. 왜냐하면 그 연구는 너무 완벽해 보이는 데이터로 가득 채워져 있었기 때문이다. 결국 조사를 통해 문제의 연구는 예일 대학의 문제 중 극히 일부에 지나지 않는다는 사실이 밝혀졌다.[1]

수줍음이 많고 말투가 부드러운 브라질인 로드바드는 기자를 만나기를 꺼리고 말수가 워낙 적어서 아무도 그녀의 열정과 모험심을 알아채지 못했다. 로드바드는 1975년에 특별연구원으로 국립보건원에 왔으며, 2년 뒤 승진해 제시 로스(Jesse Roth) 연구소에서 근무하게 되었다. 42세의 제시 로스는 로드바드의 관심 분야인, 인슐린 분자가 건강한 사람의 혈구와 환자의 혈구에서 각각 어떻게 결합하는지에 대한 연구를 개척해온 당뇨병 전문가였다. 로스의 연구는 급격한 체중 감소를 동반하는 일종의 정신장애인 신경성 식욕부진증 환자에게서 인슐린이 결합하는 방식을 관찰하는 부문까지 점차 확대되었다. 29세의 로드바드가 이 일을 자임했다. 이 인슐린 결합 연구는 로드바드의 국립보건원 경력에서 절정을 이루었음은 물론, 연구팀의 주임 연구원으로서 맡은 첫 과제이기도 했다. 그녀는 이 연구 과제에 전력투구했다.

선취권 경쟁 앞에서 내팽개쳐진 학자의 양심

선임 집필자로서 로드바드는 1978년 11월 9일, 의학 연구원들에게 영향력이 큰 《뉴잉글랜드 의학 저널(*New England Journal of Medicine*)》에 〈신경성 식욕 부진증에서의 인슐린 수용체의 이상: 비만의 거울 상〉이라는 제목의 논문을 제출했다. 이 원고는 연구소장 로스와 함께 환자들의 상태를 관찰해온 한 심리학자와 공동으로 집필한 것이었다. 정해진 절차에 따라 두 명의 심사위원이 논문을 정밀 검토했다. 심사 결과, 한 명은 채택이고 다른 한 명은 게재 불가였다.

1979년 1월 31일, 이 잡지의 책임 편집자인 아널드 렐먼(Arnold Relman)은 두 달 반이나 회신이 지연된 데 사과하면서 그녀의 연구가 "심사위원들 간에 상당한 의견 차이를 불러일으켰다"고 썼다. 제3의 심사위원이 초빙되었고, 《뉴잉글랜드 의학 저널》 편집위원회는 논문을 수정하지 않으면 채택할 수 없다고 결정했다. 이 지연 사태는 젊은 연구원에게 커다란 좌절을 안겨주었다. 로드바드는 논문 게재를 지연시킨 부정적 평가가 말 없는 경쟁자인 예일의 소먼과 펠리그에게서 나왔다는 사실을 모르고 있었다.

소먼은 인도 푸나의 한 의대에서 강의를 하다가 1971년에 앨버니 의대에 부임했다. 뉴욕 주 교육위원회에 보관된 서류의 사진을 보면 소먼은 부드러운 둥근 얼굴에 이목구비가 뚜렷하고 눈이 크며 머리를 한쪽으로 단정히 빗어 넘겨 신뢰감을 주는 인상의 소년 같은 모습이다. 앨버니 대학에서 소먼과 함께 일했던 한 연구원은 그가 "매우 유능하고 정직하며 존경할 만한 연구원"이었다고 말한다. 이 시기에 그는 세 편의 논문을 발표했다. 1975년에 소먼은 예일 대학의 특별 연구원이 되어 경력에 큰 진전을 이루었다. 나아가 다음해에는 예일 대학 교수로 임명되었다. 1977년, 의대 조교수로 임용된 소먼은 두 가지 연구 제안서로 국립보건원으로부터 지원금을 받게 되었다. 그중 하나가 많은 사람들이 탐내는 임상 의학자 상(Clinical Investigator Award)을 겨냥한 '포도당 항상성에서 글루카곤과 인슐린 수용체'라는 제목의 연구였다. 소먼은 펠리그의 지도를 받으며 연구했다. 펠리그는 연구원들을 혹사시켜서 발표 가능한 자료들을 얻어내기로 유명했다. 소먼은 그를 실망시키지 않았다. 1980년까지 소먼의 생산성은 몇 배 이상 증가했다. 예일에 온 이후 14편의 논문을 공동 집필했고 국립보건원 지원금을 거의 10만 달러나 받고 있었다.

예일에서 일한 지 얼마 안 된 1976년에 대학 내 심의위원회로부터 신경성 식욕 부진증 환자에 대한 인슐린 결합 연구를 승인받았다. 2년간 서두르지 않고 논문을 써오던 소먼은 경쟁자의 존재를 알고 연구에 박차를 가했다.

1978년 11월에 펠리그는 《뉴잉글랜드 의학 저널》로부터 로드바드의 논문 심사 요청을 받았다. 저널의 관행에 어긋나는 일이었지만 펠리그는 그 원고를 소먼에게 넘겼다. 로드바드의 원고가 제공해준 이 새로운 정보로 소먼의 연구 과제는 상당한 속도를 내게 되었다. 로드바드의 연구가, 소먼이 1976년 당시 처음에 생각했던 것과 같다는 사실은 분명했으며, 소먼의 주장에 따르면 그 이후 그는 무수히 많은 다른 연구 과제들과 함께 그 연구도 계속해왔다. 로드바드의 원고를 읽은 뒤에 소먼은 자신의 연구 데이터를 서둘러 모으기 시작했다.

펠리그는 로드바드의 논문을 《뉴잉글랜드 의학 저널》에 반송하면서 잡지사에 논문 게재를 거부하도록 권고했다. 펠리그는 자신의 연구원인 소먼이 그 논문을 읽었다는 사실과 그가 개인적으로 같은 연구를 하고 있다는 사실은 언급하지 않았다. 한편, 소먼은 펠리그에게는 알리지 않은 채 로드바드의 논문을 복사해 자신의 연구 준비에 이용하고 있었다.

로드바드의 논문 심사가 있은 지 꼭 한 달 뒤인 1978년 12월 하순에 소먼은 〈단핵 백혈구에 대한 인슐린의 결합 및 신경성 식욕 부진증에 있어서 인슐린 감도〉라는 제목의 논문을 우송했다. 소먼이 제1저자였고 펠리그가 공동 저자로 명단에 올라 있었다. 이 논문은 펠리그가 편집고문으로 있는 《미국 의학 저널(*American Journal of Medicine*)》로 보내졌다.

로드바드의 논문을 받아본 펠리그는 자신의 동료인 소먼이 최초 발표라는 경주에서 뒤지고 있다는 것을 알았다. 그렇다면 그는 소먼의 역전을 도와주려 했던 것일까? 정확한 언행과 냉철한 태도를 지닌 펠리그는 로드바드의 논문을 순전히 내용으로만 심사해서 게재 불가 판정을 내렸을 뿐이며 소먼에게 시간을 벌어주려고 한 것이 아니었다고 주장했다. 펠리그는 자신의 이름으로 된 논문이 200편이나 있기 때문에 자신이 선취권을 다투거나 또 하나의 논문을 발표하는 데 관심을 가질 이유가 없다고 말한다. 그리고 소먼과의 관계에서 주된 이익을 얻는 쪽은 소먼이라고 주장했다. 고어 청문회에서 펠리그는 하원의원들에게 "이 사건의 핵심은 내가 소먼에게 과학적 신뢰성이라는 외투를 입혀놓고 있었다는 점이다"라고 말했다. 펠리그에 따르면 반대로 소먼에게는 우선권을 다툴 동기가 명백히 있었다. 그 당시 소먼은 스스로를 몰아붙이면서 미국의 학문적 위계 체계에서 더 높은 지위에 오르려고 애쓰고 있었다.

펠리그의 진술은 그 자체로는 의심의 여지 없이 정확했지만, 저절로 늘어나는 그의 논문 수에 부하 연구원들이 그에게 주었을 도움과 영향을 간과하고 있었다. 그는 200편의 논문이 있다고 주장했지만, 펠리그 자신이 단독 저자인 논문은 35편에 불과하다. 그 밖의 논문에서는 그의 이름이 공저자의 이름에 묻혀 있다. 그의 연구 경력 초기에 이 공저자들은 논문 발표에 미미한 공헌밖에 못한 선임 연구원들이었다. 하지만 후기에는 상황이 역전되어 이 세계의 다른 소먼들이 펠리그의 경력에 도움이 될 만한 것을 제공했다. 펠리그는 로드바드의 논문을 거부하는 한편 소먼에게 식욕 부진증 연구를 서두르도록 강력히 종용하지 않았을까? 펠리그는 이 가능성을 부정한다. 그러나 소먼은 자신이 데이터를 날조했다는 사실을 조사관에게 시인한 뒤에 그런 가능성을 언급하는 듯한 인상을 풍겼다. "선취권을 얻으려는 엄청난 압력 속에서 〔나는〕 행동했다" 그러나 그는 압력의 성격에 대해서는 명확히 하지 않았다.

젊은 여성 연구원의 외로운 싸움

소먼이 《미국 의학 저널》에 보낸 원고는 심의에 회부되었고, 운명이었는지 그 원고는 국립보건원의 로스에게 보내졌다. 로스는 그것을 다시 부하 연구원인 로드바드에게 넘겼다.

그녀는 깜짝 놀랐다. 자기 논문이었기 때문이다. 문장 한 구절 한 구절이 다 그대로이고 심지어 세포마다 수용체 자릿수를 계산하기 위해 자신이 고안해낸 공식도 그대로였다. 그러나 동료들과 《뉴잉글랜드 의학 저널》 편집자들 외에는 누구도 자신의 논문을 본 적이 없었다(익명의 세 심사원을 제외하고는). 그녀는 자신의 논문에 대한 심사평을 자세히 읽어보고 자신이 방금 받은 원고의 인쇄 서체와 심사평의 서체를 비교한 뒤, 자신의 논문에 대해 부정적 평가를 쓴 사람이 펠리그였다는 것을 정확히 추론해냈다. 그녀는 분노를 억누르며 《뉴잉글랜드 의학 저널》의 렐먼에게 소먼-펠리그 논문 복사본과 함께 세 장에 걸친 편지를 써서 보냈다.

그녀는 편지에서 표절과 논문 심사에서의 이해 충돌, 자신의 논문 채택을 지연시키려 한 점들을 거론하며 소먼과 펠리그를 비난했다. 그리고 "한 분야에서 두세 개의 연구소가 경쟁하는 경우, 저널 편집자들이나 동료 평가 제도가 부딪치는 문제점을 우리는 인식한다. 우리는 명백한 이해 충돌을 피하기 위해, 이 논문에 대해 편향적이지 않고 공평한 심사위원의 역할을 맡기를 정중히 사절한다는 뜻을《미국 의학 저널》에 즉각 알리겠다"고 썼다.

렐먼은 로드바드의 비판에 부분적으로 동의했다. 그는 나중에 "그 표절은 아주 사소했으며, 펠리그의 인도인 동료가 일부 표준 문구를 그대로 베낀 것은 옳지 못한 판단이었지만 치명적인 죄는 아니었다"고 말했다. 하지만 소먼과 펠리그가 그녀의 논문을 심사한 것은 "직접적이고 자명한 이해관계 충돌이었다. 이는 단지 같은 과제를 연구하고 있다는 문제가 아니라 논문 발표 시기와 선취권이 걸린 문제라서 서로 부딪치는 상황이었다."

"놀라고 실망한" 렐먼은 1979년 2월 말에 펠리그에게 전화를 해 그 이해관계 충돌의 문제에 대해 이야기했다. 펠리그는 로드바드 논문의 공적을 토대로 심사를 했으며, 소먼의 연구는 2년 전에 시작되었다고 대답했다. 또한 렐먼에게 자신들의 연구는 로드바드의 논문을 받기 전에 완료되었다고 말했다. 펠리그는 나중에 이 말이 거짓이었다고 밝혔다. 이 전체적인 정황에 몹시 화가 난 렐먼은 바로 로드바드의 논문을 게재했다.[2] 그러나 렐먼은 이해관계 충돌이 밝혀지면서 그 논문에 대한 입장이 신속하게 바뀌었다는 사실을 부인하고 있다.

렐먼의 전화를 받은 날, 펠리그는 로드바드의 상사면서 공동 집필자인 국립보건원의 로스에게서도 전화를 받았다. 로스는 국립보건원의 기둥이었으며 저명한 연구원이자 국립 관절염 · 신진대사 · 소화기 질환 협회의 당뇨병 분과 과장이었다. 게다가 로스는 펠리그와 모르는 사이가 아니었다. 경쟁자이기는 하지만 브루클린에서 함께 자라고 같은 초등학교를 다닌 아주 가까운 친구이기도 했다. 로스는 소먼이 로드바드와 무관하게 독자적으로 연구했다는 점을 의심하지 않지만, 이 문제에 대해서는 좀더 토론해야 할 필요가 있다고 펠리그에게 말했다.

그로부터 채 일주일이 지나지 않아, 펠리그는 로스를 만나기 위해 비행기를 타고 국립보건원으로 날아가, 3월 3일 토요일 베데스다에 있는 홀리데이인 호텔에서 로스를 만나 함께 두 논문을 비교했다. 광범위하지는 않았지만 표절이 명백했다. 펠리그는 돌아가서 소먼을 만나보기로 합의했다. 이 문제를 신속히 그리고 조용히 해결하기 위해서 이 두 사람은 소먼이 저지른 부정을 바로잡으려는 계획을 세웠다. 나중에 펠리그가 자신의 자료에 메모해 놓았듯이 "우리 쪽의 잘못조차 인정하지 않으려는" 계획이었다. 펠리그는 로스에게 첫째, 소먼-펠리그의 논문에 로드바드 연구를 참고문헌으로 넣는다. 둘째, 로드바드 논문에 선취권을 주기 위해 1980년까지 논문 발표를 연기한다. 셋째, 5월에 개최될 예정인 미국 임상의학회에서 자신의 발표 시간에 로드바드의 연구에 대해 언급하겠다고 약속했다. 그리고 최후의 양보로, 펠리그는 연구의 독자성에 관한 정당한 의혹이 남아 있는 한 원고 발표를 보류하겠다고 약속했다. 후에 이 마지막 사항이 펠리그를 괴롭히는 올가미가 되었다.

다음 일요일에 펠리그는 로드바드에게 전화를 걸어 최근 일어난 일에 대해 유감의 뜻을 전하고, 사태를 바로잡을 계획을 제안했다. 후일 로드바드가 술회한 데 따르면 그는 '면책의 뜻을 담은 편지 교환으로' 사태를 수습할 수 있다고 제안했다. 로드바드는 그 계획이 전혀 탐탁하지 않았다.

월요일에 펠리그는 뉴헤이번으로 돌아와 소먼을 만났는데, 그 자리에서 소먼은 로드바드의 논문을 복사했으며 자신의 논문을 준비하는 데 사용했다고 털어놓았다.

어떻게 소먼은 펠리그 모르게 그 같은 부정행위를 저지를 수 있었을까? 나중에 펠리그는 캠퍼스 내 건물 위치가 한 가지 요인이었다고 설명했다. 소먼은 헌터 빌딩에 있는 펠리그 사무실과 두 블록이나 떨어진 예일 의대 부속 건물인 파넘 빌딩에 있는 연구소에서 근무했다. 또 하나의 요인에 대해서도, 펠리그는 그 뒤에 열린 의회 청문회에서 상세히 설명했다.[4] "우리 관계는 신뢰를 바탕으로 하고 있었고, 소먼은 그의 경력 초기에 내가 아주 잘 아는 특정한 기술을 전수받아 내 지도 하에서 연구를 수행했다. 연구 초기에는 부정직성을 시사하는 아무런 증거도 없었다." 나중에 방청인들은 반대 증거를 발견하게 된다. 펠리그는 소먼과의 관계에 대해 다음과 같이 기술했다. "그 뒤, 그는 계속해서 새로운 기술을 개발했고 그 기술 개발로 소먼은 자신의 연구실을 마련하고 연구비를 확보했다. 대개 그렇듯이 공동 연구에서는 동료들이 틀림없이 성실하게 일할 거라고 신뢰하게 된다."

1979년 3월, 소먼이 로드바드의 원고를 복사했다고 펠리그에게 고백하자, 연구소장인 펠리그는 소먼에게 환자들을 연구한 날짜를 확인하기 위해 연구 노트를 보여달라고 요구했다. 그날 펠리그는 로스로부터 두 번째 전화를 받았다. 로드바드가 소먼-펠리그 연구를 자신의 논문을 토대로 완전히 날조된 것으로 현재 믿고 있다는 내용이었다. 그리고 그 비난은 자신과 무관하다고 로스는 덧붙였다. 그날 로스는 펠리그에게 소먼-펠리그 연구가 독자적으로 시작되었으며 로드바드의 원고가 심의를 받기 전에 그들의 연구가 "대부분 또는 전부 끝났다"는 사실을 의심하지 않는다는 편지를 보냈다. 또한 로스는 로드바드에게 그 편지에 서명할 것을 요구했지만 로드바드는 거절했다고 썼다. 로스가 펠리그에게 보낸 1979년 3월 5일자의 이 편지는 실질적인 증거 자료를 보지 않은 채 쓴 것이었다. 3월 13일에 펠리그는 그들 연구 일자를 보여주는 표지와 함께 데이터 사본을 로스에게 보냈다.

로드바드를 좌절시킨 것은 외부가 아닌 내부에서 벌어지는 상황이었다. 그녀는 펠리그와 소먼이 중대한 잘못을 저질렀으며 그와 관련해 더 강력한 조치가 취해져야 한다고 느꼈다. 《뉴잉글랜드 의학 저널》에 자신의 논문이 먼저 발표되는 것만으로는 충분하지 않았다. 그녀의 상관이 자신의 입을 막으려 한다고 느꼈기 때문에 로드바드의 좌절감은 더 커졌다. 그녀와 로스는 이 문제에 대해 격론을 벌였고 냉랭한 메모를 주고받았으며, 결국 로스는 국립보건원 내에서 근무 시간에 자신의 불만을 제기하는 행동을 하지 말라는 명령을 내렸다. 이때, 로드바드는 국립보건원 내에서 이 문제를 밀고나가는 것을 중단하고 예일 대학 의대학장인 벌리너에게로 방향을 선회했다. 이 젊은 연구원이 예일 의대를 혼란으로 몰아넣은 편지를 쓴 것이 바로 이때였다. 그녀는 심각한 윤리적 문제를 해결하기 위해 벌리너의 협조를 요청했다. 1979년 3월 27일 편지에서 그녀는 자신이 《뉴잉글랜드 의학 저널》에 먼저 제출한 논문의 12 구절 이상이 소먼과 펠리그 박사가 쓴 논문에 그대로 포함되어 있는 것을 발견하고 충격을 받았다고 설명했다. 그리고 계속해서 '데이터의 신빙성'을 입증하기 위해서 왜 조사가 필요한가를 주장했다. 그녀는 다음과 같은 이유를 들었다.

• 행동 교정 요법 실시를 책임진 내과 의사나 정신과 의사의 이

름이 명기되어 있지 않으며 연구가 수행된 병원 이름도 명시되어 있지 않다.

• 데이터에 이상한 점이 상당수 있다. 특히, 일반적 경험과는 반대로 모든 사람이 치료 후에 월경을 다시 시작했다.

로드바드가 든 첫 번째 이유는 그것이 가정하고 있는 것보다 훨씬 더 중요하다. 두 연구가 보고한 과학적 발견은 신경성 식욕 부진증 환자들에게서는 정상인보다 더 많은 인슐린 분자들이 혈구와 결합하려는 경향이 있지만 치료 후에는 혈구가 정상적인 방식으로 행동한다는 내용이었다. 그러나 병이 다 나았을 때 내과 의사나 정신과 의사의 세심한 주의가 필요한 경우가 자주 있다. 이런 경우 일반적인 경우라면 예일 연구원들은 적어도 연구에 참여한 정신과 의사의 이름을 밝히거나 로드바드처럼 공동 집필자에 포함시켜야 했다.

또한 로드바드의 의구심에 불을 지핀 것은 소먼-펠리그 연구의 데이터 대부분이 이상할 정도로 정확하다는 점이었다. 보통 그래프에 표시된 데이터는 이상 곡선에 근접하기는 하지만 완벽하게 딱 들어맞는 경우는 거의 없다. 하지만 소먼-펠리그 연구에 실린 그래프는 거의 완벽했다. 논쟁의 여지가 있는 주관적 판단 문제였기 때문에 로드바드는 이에 대한 의구심을 벨리너에게 보낸 편지에서는 언급하지 않았다. 대신에 아무도 우습게 넘길 수 없는 사실인 표절을 강조했다. 벨리너와 예일이 단지 60여 개의 단어 문제로 평가절하했지만 두 논문은 언뜻 보아도 표절이라는 결론을 피할 수 없었다. 그러나 소먼이 로드바드의 몇 구절을 도용한 점은 로드바드의 고소가 심각하게 받아들여지게 된 주요 원인이 되었다. 이러한 명백한 위반이 논쟁의 배후에 없었다면, 로드바드의 비판은 무시되고, 예일 대학의 연구 비밀은 면밀한 조사를 받지 않는 채 광대한 지하 세계에 영원히 묻혀버렸을지 모른다.

4월 9일, 펠리그는 벌리너의 요구에 따라 환자들의 이름과 그들을 연구한 일자, 그리고 소먼이 집적해놓은 데이터 시트를 제출했다. 펠리그는 이때 그 데이터들이 기록 노트나 환자들의 차트와 정확하게 일치하는지 살펴보지 않았던 것을 값비싼 대가를 치르고 나서야 후회했다. 연구의 신뢰성을 입증하기 위해서 벌리너에게 제출한 데이터 표지 메모에 "이 시점에서 나의 주요 관심사는 우리가 앞으로 얼마나 더 괴로움을 당할지 그리고 그 일에 관해 어떤 조치가 취해질지 하는 것이다"[5]라고 펠리그는 썼다. 당시 예일 대학 직원들은 기자들에게 상황을 설명하면서 로드바드를 '신경질적인 여성'이라고 말했다. 4월 17일에 벌리너는 로드바드에게 "데이터는 1976년 11월부터 수집되었으며⋯⋯ 그들 연구 중 하나를 제외하고는 모두 당신이 《뉴잉글랜드 의학 저널》에 논문을 제출하기 전에 완료되었습니다"라고 편지를 썼다. 임상의학회에서 로드바드의 연구에 대해 언급하기로 한 로스-펠리그의 합의에 대해 언급하면서, 벌리너 자신은 그것이 '이 사안에 대한 매우 관대한 해결책'이라고 생각한다고 말했다.

그러나 로드바드는 생각이 달랐다. 그녀는 로스에게 불만을 토로하며 만약 조사가 실시되지 않으면 5월 임상의학회 연단에서 소먼-펠리그 연구에 대해 폭로하겠다고 했다. 결국 로스는 마지못해 인정하면서 학회 전에 조사를 실시하겠다고 말했다.

1979년 6월, 로스는 자신의 상관이면서 국립보건원의 연구이사인 59세의 조지프 롤(Joseph E. Rall)에게 예일 대학에 대한 감사를 맡기자는 제안을 했다. 펠리그와 로드바드 둘 다 이 제안을 수용했다. 그러나 사람들은 대부분 로드바드가 과잉 반응을 하고 있으며 사실이 밝혀지면 이 문제는 곧 잊혀질 거라고 생각하는 분위기였다. 로스는 펠리그가 제출한 데이터 시트에 만족해했다. 롤도 감사가 헛수고라고 생각했다. "펠리그가 어떠한 부정에 관계했으리라고는 믿기 어렵다는 사실을 알았을 뿐이다"라고 롤은 나중에 진술했다. "로드바드가 편지에서 말한 비판이 타당해 보이긴 했지만, 전반적인 내 느낌은 그들이 데이터를 위조하지 않았고, 표절도 하지 않았다는 것이었다."

국립보건원의 이사였던 롤은 바쁜 관계로 예일 방문을 뒤로 미뤄, 가을쯤에 감사를 실시하겠다고 말했다. 한편, 로드바드는 연구에 대한 꿈을 접고 7월에 국립보건원을 그만둔 뒤, 워싱턴의 한 병원에서 평범한 내과의로 일하기 시작했다.

조작의 전모가 밝혀지다

9월이 지나고 10월, 11월이 지났다. 12월이 지나가는데도 조사가 구체화되지 않자 로드바드는 전 상관인 로스에게 수차례 전화를 걸어 아무런 조처가 취해지지 않고 있는 데 불만을 토로했다. 결국 로스는 롤을 만났고 롤은 자신이 뉴헤이번에 갈 가능성이 희박하다고 말했다. 차라리 '그 문제에 대해 잘 아는' 사람을 찾아보는 게 좋겠다는 것이었다.

이 무렵, 펠리그는 이 모든 사건이 시야에서 사라져 잊혀지기를 바랄 만한 충분한 이유가 있었다. 일생일대 최대의 기회가 막 주어졌기 때문이다. 컬럼비아 대학의 내외과 의대의 인사위원회에서 그를 새뮤얼 바드(Samul Bard, 1742~1821, 미국의 저명한 내과의사로 의학교육, 특히 내과 분야의 교육에 힘썼다. 그는 콜롬비아 내·외과 의대에서 교수 생활을 했다.) 석좌교수직과 의학부 학장직에 추천했던 것이다. 그는 폭풍이 모두 지나갔다고 확신하면서 1980년 6월에 취임할 생각으로 그 제의를 수락했다. 그는 1980년 1월에 소먼을 데리고 컬럼비아 대학으로 가서 교직원들에게 그를 소개하고 조교수 임용을 추천했다.

그러나 펠리그가 느꼈던 고요는 훨씬 더 큰 폭풍우가 몰아치기 전의 고요에 지나지 않았다. 로드바드가 끈질기게 촉구하여 1980년 1월, 로스는 오랫동안 연기된 조사를 맡을 새로운 조사관을 찾았다. 전임자와 달리 새 조사관은 젊고 열정적이었다. 제프리 플라이어(Jeffrey S. Flier)는 31세의 젊은 나이였지만 보스턴의 베스 이스라엘 병원(Beth Israel Hospital)의 당뇨병 대사(代謝) 과장이었으며 하버드 의대의 조교수였다. 플라이어는 2월에 감사를 실시해 그 결과를 직접 로스에게 보내고 사본은 펠리그에게 보내겠다고 말했다.

그때까지도 펠리그는 폭풍우가 임박했다는 사실을 몰랐다. 그 한 예로 연구의 독자성에 관한 '정당한 의혹'이 남아 있는 한 발표하지 않겠다고 약속했음에도, 거의 1년 동안 비난받아 온 소먼-펠리그 논문을 1980년 1월에 《미국 의학 저널》에 발표했다.[6] 로드바드가 비난했던 예일 대학 일부 집단에 대한 결백이 곧 조사를 통해 증명될 거라고 기대한 사람은 펠리그 혼자만이 아니었다. 벌리너 학장은 "아무도 감사를 심각하게 받아들이지 않았으며, 따라서 게재를 중단할 이유가 없었다"고 말했다. 그러나 게재된 소먼-펠리그 연구 논문에는 의심할 여지 없는 결함이 숨어 있었다. 그 논문은 두 구절을 제외하고는 모두가 로드바드 원고에서 도용된 것이었다.

로드바드가 처음 조사를 요청한 지 1년 가까이 지난 2월 5일에 플라이어는 연구에서 매우 예외적 절차인 감사를 시행할 준비를 하고 보스턴에서 뉴헤이번행 열차를 탔다. 플라이어는 몇 년 전에 소먼을 만난 적이 있었고, 소먼의 과학 논문에서 비범하고 놀랄 만한 결과를 보았기 때문에 예일에서 기만행위를 입증할 명백한 증거를 발견하지 못할 거라고 확신했다. 뉴헤이번역 플랫폼에는 소먼이 마중을 나와 있었다. 소먼은 플라이어를 차에 태우고 자신의 사무실로 데려갔다. 사무실 책상에는 수많은 병원 기록과 데이터 시트, 노트들이 놓여 있었다. 소먼은 약간 초조해하는 듯하면서도 킬킬거리면서 "이런 일로 당신을 성가시게 하는 게 어이없지 않아요?"라는 말을 되풀이했다고 플라이어는 기자에게 전했다.[7] 플라이어는 긴장을 풀기 위해 서로 진행하고 있는 연구에 대해 간단히 이야기를 나누었다. 플라이어는 그때를 회상하며 이렇게 말했다. "30분 후, 준비가 되었다고 생각한 나는 '그럼, 소먼, 이제 일을 시작해볼까요'라고 말했습니다. 나는 먼저 환자들의 데이터를 보여줄 것을 요청했고, 우리는 병원 차트를 검토하기 시작했습니다. 차트는 여섯 부가 아니라 다섯 부만 있었고, 소먼은 한 부가 왜 누락되었는지를 말하지 않았습니다. 그러나 다섯 명의 환자들이 모두 보고서대로 신경성 식욕 부진증 진단을 받았으며 치료 과정에서 체중이 현저히 늘었다는 것을 알 수 있었습니다."

"그 다음에 나는 소먼에게 치료 전후에 이 환자들에게서 인슐린 결합이 진행된 증거를 보여달라고 요청했습니다. 그러자 소먼은 첫 환자의 데이터 시트를 건네주었습니다. 나는 깜짝 놀랐습니다. 나는 좌표에 점으로 찍힌 데이터와 그 점들을 이어 그린 곡선의 그래프를 기대했는데, 소먼이 내게 준 것은 숫자들만 적힌 시트 한 장뿐이었으니까요. '그래프는 없나요?'라고 소먼에게 물었습니다. 그러자 그는 당황해하며 '보관할 장소가 없어서 1년 뒤에 환자 개별 그래프를 폐기했습니다'라고 말하더군요. 나는 불안해지기 시작했습니다. 발표한 지 얼마 안 된 데이터의 그래프를 버린다는 것은 이해할 수 없는 일이니까요."

“그래서 나는 최초 환자의 시트를 살펴보고 그래프가 어떤 모양이 될지 그려봤습니다. 그러자 논문의 보고처럼 환자가 체중이 늘어난 뒤보다 식욕 부진증을 앓고 있을 때 인슐린 결합이 더 많다는 사실이 명백했습니다. 그러나 그 데이터 시트상의 숫자들은 우리가 항상 인슐린 수용체 연구에서 얻는 종류의 곡선과 전혀 일치하지 않는다는 것도 분명했습니다. 또한 여섯 명의 환자들에게서 수집한 모든 자료들을 나타낸다는, 소먼-펠리그 논문에 발표된 곡선과도 맞지 않았지요.”

“나는 ‘소먼, 이것은 발표한 곡선처럼 급격히 하강하지 않고 매우 밋밋해 보이는 게 이상하네요. 당신이 발표한 것이나 우리가 기대하는 것과는 닮지가 않았어요’라고 말했습니다. 그는 시트를 살펴보더니 ‘당신 말이 맞네요. 이건 부적절한 예니까 다른 경우를 보죠’라고 말했습니다. 다른 사례를 봤지만 마찬가지였습니다. 우리는 프린트물을 하나씩 검토했고 모두가 불충분하다는 것을 확인했습니다. 무언가 심각한 잘못이 있었습니다. 내가 살펴본 데이터에서는, 그들이 논문에 실었던 그 아름다운 복합 곡선이 도저히 나올 수 없었습니다.”

플라이어의 회상에 따르면, 그는 약간 당황하면서 소먼에게 물었다. “소먼, 내가 이 문제에 대해 어떻게 생각해야 하지요? 발표된 데이터와 당신이 지금 내게 보여준 데이터가 일치하지 않는 것으로 보이는데요.” 소먼은 심각하게 고민하는 듯하더니 보조 연구원의 부정확성을 탓했다. 그러나 플라이어는 “설령 이것이 보조 연구원의 실수였다 하더라도 만약 데이터가 충실하지 않다면 당신은 발표하지 말았어야 하지 않습니까?”라고 반문했다.

“대략 그 무렵에 나는 처음으로 ‘조작된’이라는 말을 사용했습니다. ‘발표된 데이터가 조작되었나요? 데이터가 훌륭하게 보이도록 손을 댔습니까?'라고 그에게 물었습니다. 소먼은 여기저기 찾아보더니 맞다고, 데이터가 날조되었다고 말하더군요. 펠리그는 이 사실을 몰랐습니다. 아무도 몰랐지요. 나는 그 밖에 삭제된 것으로 보이는 불일치 데이터에 대해 물었고 그는 그것도 조작이었다고 시인했습니다"라고 플라이어는 말했다.

플라이어는 소먼의 고백으로 '망연자실해졌지만' 간신히 정신을 가다듬고 계속 자신의 역할을 수행했다. "나는 '당신은 이게 얼마나 심각한 일인지 알지 않는가?'라고 물었고, 그는 '네'라고 답하며 자신을 변호하기 시작했습니다. 자신은 이 발견에 대한 선취권을 얻기 위해 가능한 한 빨리 논문을 발표해야 한다는 엄청난 압력에 시달렸다고 말했습니다. 그가 일하는 연구소는 생산성과 성공 지향적인 곳이라고 하더군요."

두 사람 앞에 펼쳐진 날조된 데이터를 보면서, 소먼은 자신이 그 분야의 연구를 계속할 수 없을지도 모르겠다고 말했다. 아마 임상의학 연구로 충분했을 것이다. "소먼은 연구 초기에는 자신에 대한 평판이 좋다고 느꼈지만, 바쁜 집단 속에서 무언가가 그로 하여금 조작을 하게 만들었다"고 플라이어는 회상했다.

플라이어는 자신과 동료들이 소먼이 발표한 데이터의 아름다움에 경탄했던 사실을 나중에서야 떠올렸다. 그러나 플라이어와 동료들은 자신들이 그처럼 깔끔한 결과를 얻을 수 없었을지라도 그 정교한 데이터가 고의적인 기만행위의 결과라고는 결코 의심하지 않았다. "당신이라면 머리를 절레절레 흔들면서 '이렇게 아름다운 데이터를 그들은 어떻게 얻었을까?' 하고 물었겠습니까?"

펠리그가 뉴헤이번으로 돌아와(당시 그의 모친이 별세했다) 감사 결과에 대해 들은 것은 감사가 끝난 지 일주일이 지난 2월 12일이었다. 변조된 논문은 이미 발표되었고, 펠리그가 1년 이상 간과했던 것을 플라이어는 단 세 시간 만에 간단하게 밝혀냈다. 펠리그는 40대 중반의 강건한 새뮤얼 티어(Samuel Thier) 주임교수에게 전화로 그 소식을 전했다. 두 사람은 벌리너 학장과 의논했고, 벌리너는 소먼이 학교를 그만두어야 한다고 말했다.

소먼은 펠리그의 사무실로 불려갔다. 말을 먼저 꺼낸 사람은 티어였다. 그는 당시를 이렇게 회상했다. "'소먼, 이것들이 내게 온 감사 결과네. 어떻게 된 건가?'라고 내가 묻자, 그는 심하게 떠는 듯했으며 앞뒤가 맞지 않는 부인을 수차례 계속했습니다. 그러고 나서 그가 펠리그에게 했던 이야기, 즉 플라이어 다소 편견이 있다는 그 이야기를 되풀이했습니다. 나는 '소먼, 이건 이치에 맞지가 않네. 이 사람이 여기에 와서 자네 연구에 관해 거짓 진술을 할 이유가 없어. 자, 사실을 말해주게'라고 말했습니다. 결국 '제가 데이터를 조작했습니다. 곡선을 그리고 매끄럽게 다듬었습니다'라고 말하며 울기 시작하더군요. 끔찍한 일이었습니다."[8]

두 사람은 소먼이 기만행위를 한 이유를 밝혀내려고 노력했지만, 그는 이것이 자신의 숙명이라는 말만 중얼거렸다. 잠시 뒤, 소먼은 "이제 제가 할 일이 뭐죠?"라고 물었고, 티어는 사직을 하고 연구를 포기하는 것이 최선의 선택이라고 소먼에게 말했다. 소먼은 그렇게 하기로 했고 예일 대학을 떠나는 데 동의했다.

다음 며칠 동안 펠리그는 계속해서 소먼에게 왜 데이터를 조작했는지 물었다. 플라이어와는 달리 펠리그는 소먼이 압박이라든지 연구의 살인적 속도에 대해 아무런 말도 하지 않았다고 기억한다. 이 주제가 거론될 때마다 소먼의 대답은 항상 자신의 사무실에서 중얼거리던 '숙명'이라는 말과 같았다고 펠리그는 말한다. 그러나 어느 날, 소먼은 펠리그에게 인도에 계신 자신의 부친이 엔지니어로 교육받았지만 왜 농부로 살고 있는지에 대해 이야기했다. 펠리그의 회상에 따르면, 소먼의 부친은 농사 이외의 직업에 종사하는 사람은 언젠가는 타락할 거라고 생각해서 그렇게 했다는 것이다.

감사 결과, 예일 대학은 혼란에 빠졌고 국립보건원도 소용돌이 속에 허우적거렸지만, 플라이어가 밝혀낸 주목할 만한 결과에는 주의를 기울이지 않은 것 같다. "인슐린 수용체 연구는 외래 환자가 뉴헤이번의 예일 대학병원 당뇨과를 방문할 때 실시한 것 같다. …… 인슐린 수용체 연구를 위해 채취한 혈액과 관련하여 병원 기록에는 구체적인 내용이 남아 있지 않기 때문이다"라고 플라이어는 자신이 발견한 사항을 4쪽짜리 보고서에 써놓았다. 바꿔 말해, 감사 보고서에 따르면 예일 대학병원의 환자 5명을 펠리그와 소먼이 추적 연구를 했다고 밝히고 있지만 이 연구에 대한 기록은 소먼이 제출했던 노트의 기록이 전부였고, 그 환자들이 인슐린 결합 연구의 대상이었다는 증거는 더이상 없었다.

"이 사실은 상당히 주목할 만한 일이었지만 아무도 이 점은 문제 삼지 않았다"고 플라이어는 술회했다. 이 소견은 소먼이 무(無)에서 그 모든 것을 창작해냈을지도 모른다는 사실을 함의했다. 적어도 소먼이 로드바드의 논문을 읽었을 당시에 그가 연구하던 식욕 부진증 피실험자 수가 충분하지 않은 것은 분명했다. 1978년 11월에 소먼은 환자 한 명을 연구하고 있었는데, 날조된 연구를 위해 실상 다른 조건으로 추적하고 있던 그 사람을 식욕 부진증이라고 속였던 것이다. "딸아이 체중은 항상 정상이었어요"라고 그 환자의 어머니는 말한다. 소먼이 뉴헤이번의 예일 대학에서 이 환자의 인슐린 결합 연구를 수행했다고 주장하는 기간에 환자 본인은 뉴브리튼의 센트럴 코네티컷 주립대학에서 공부하고 있었다고 한다.

소먼은 자백을 한 뒤, 몇 주 지나지 않아 예일 대학을 떠났으며 여름 무렵에 인도 푸나로 돌아갔다. 그러나 펠리그로서는 상당히 불편한 시기가 시작되었다. 소먼-펠리그 논문을 철회해야 하고(이는 차라리 사소한 스캔들에 지나지 않았다) 소먼의 나머지 데이터를 조사하기 위해서 또 다른 조사관을 요청해야 했다. 그렇게 하지 않으면 예일 대학이 은폐하려 한다는 비난을 받을 테니 말이다. 펠리그와 티어, 그리고 벌리너는 소먼의 노트와 기록, 차트를 모두 압수하기로 결정했고, 벌리너는 콜로라도 대학의 내분비학자인 37세의 제럴드 올레프스키(Jerrold M. Olefsky)에게 편지를 썼다. 그는 3월에 예일 대학을 방문하는 데 동의했다.

한편, 펠리그는 컬럼비아 내외과 의대에서 장차 자신의 상관이 될 사람에게 예일 대학에서 발생한 문제를 이야기해야 하는 민감한 과제를 안고 있었다. 상황을 보건대 학장과 솔직하게 대화해야 했다. 1980년 2월 말, 펠리그는 세미나를 진행하기 위해 컬럼비아 대학에 갔으며 그 뒤 사실을 털어놓았다.

펠리그가 컬럼비아 대학 학장인 도널드 태플리(Donald F. Tapley)의 사무실에 앉아서 사건의 자초지종에 대해 이야기하는 동안, 벽에 걸린 새뮤얼 바드 교수의 어둡고 근엄한 초상이 내려다보고 있었다. 펠리그는 자신이 컬럼비아로 데려오려고 했던 부하 연구원 비제이 소먼에 대해 언급했다. 그는 이제 그 계획이 불가능해졌고 말했다. 예일에 대한 감사로 소먼이 데이터를 날조한 것이 드러나 해고되었으며, 위조된 데이터가 담긴 소먼-펠리그 논문은 철회될 거라고 말했다. 또 다른 감사가 임박해 있으며 앞으로 논문 철회가 더 있을지도 몰랐다.

펠리그가 태플리와 컬럼비아 대학의 다른 임원들에게 언급하지 않은 사실은 선취권 다툼과 지난 1년간 경쟁 연구원이 이 사건을 문제 삼았으며, 감사가 몇 달간 지연되었고, 소먼이 표절을 시인했다는 등의 사실이었다. 그가 빠뜨린 이 사항들이 아주 중요한 문제였음이 나중에 밝혀졌다.

펠리그와 태플리의 면담이 있고 난 뒤, 3월 말 어느 비바람이 몰아치던 날, 올레프스키는 소먼의 연구와 관련된 총 14편의 논문을 모두 조사하겠다는 생각으로 뉴헤이번으로 날아왔다. 그러나 그는 생각을 잘못했다. 펠리그가 소먼의 노트를 압수했을 때 올레프스키는 필요한 자료 대부분이 이미 유실되었다는 걸 알고 당황했다. 그는 소먼에게 데이터 시트와 책이 어떻게 되었는지 물었고, 소먼은 그것들 대부분을 폐기했다고 대답했다. 그래서 올레프스키는 제출된 논문 다섯 편의 데이터를 조사하는 데 착수했다. 벌리너 학장에게 제출한 보고서에서 그는 이틀간의 조사에 대해 다음과 같이 이야기했다. 4분의 1에서 절반에 이르는 데이터가 유실되었다는 사실을 발견했으며, 남아 있는 데이터와 관련해서는 "전반적으로 데이터를 조금씩 다듬은 경향이 있다는 인상을 받았다"고 결론을 내렸다.

데이터가 유효한 세 편의 논문도 그 결론의 일부가 데이터에서 나온 것이 아니기 때문에 그 결론은 명백한 허위였다. 열네 편의 논문 중에서 올레프스키가 인정할 수 있는 것은 단 두 편이었다. 나머지 열두 편은 데이터가 없어졌거나 명백한 허위에 해당하기 때문에 의심스러웠다. 이들 중 열 편은 펠리그가 공동 집필한 것이었다.

올레프스키의 감사 소식을 들은 로드바드는 1980년 4월 17일에 콜로라도 대학으로 전화를 걸었고, 그때 처음으로 데이터가 없어졌다는 이야기를 들었다. 그녀는 4월 30일에 벌리너에게 편지를 써서 데이터가 없다는 것은 올레프스키의 감사가 '빙산의 일각'으로 제한되었음을 뜻한다고 말했다. 조사가 인정받으려면 "문헌에 발표된 데이터가 원 데이터를 충실히 따랐다는 사실을 밝혀내야 하며 그렇지 않다면 그 논문은 철회되어야 한다"는 견지에서 이뤄져야 하는 것으로 자신은 알고 있다고 말했다. 또한 벌리너에게 보낸 편지에서는 펠리그와 티어 두 사람이 며칠 전에 자신에게 전화를 걸어 최근 감사로 아무런 문제가 없음이 밝혀졌다고 말한 것에 분개하면서 그 사실을 적어 보냈다. "이것은 우리가 올레프스키 박사에게 직접 받은 정보와 아주 다르다는 걸 아실 겁니다. 이 불일치의 근거를 이해하기가 어렵습니다"라고 썼다.

로드바드가 이 편지를 보낸 지 일주일 뒤, 예일 대학 당국은 자기들 방식으로 반응을 보였다. 예일 대학은 먼저 물의를 일으킨 논문을 취소한다는 내용의 편지를 《미국 의학 저널》로 보냈다. 소먼의 표절이 있은 지 1년 반 이상이 지난 후에야 취해진 조치였다. 예일 대학은 5월 말까지 총 열두 편의 논문을 철회한다는 편지를 보냈다. 두 달 후인 8월 초에 컬럼비아 내외과 의대의 교수회의는 처음부터 사건의 전말을 제대로 밝히지 않은 책임을 물어, 펠리그에게 컬럼비아 대학에 부임해 얻은 모든 지위에서 사임할 것을 요구했다. 대학 당국은 펠리그의 입을 통해서가 아니라 떠도는 소문으로 논문 취소 사태를 접했던 것이다. 대단히 중요한 누락은 아니었을지라도 교수회의를 가장 분노케 한 것은 펠리그가 표절 인정 사실을 태플리 학장에게 말하지 않은 점이었다. 7쪽에 이르는 교수회 보고서의 모든 '결론'마다 '표절'이라는 단어가 언급되어 있었다. 교수회 인사들은 사실상 자신들이 그 원고를 읽어보지 않았음에도 "표절은 표절이다"라는 말을 되풀이했다.

생물 · 의학 연구 역사상 매우 심각한 사건 중 하나가 지나간 직후에도 그 주인공들은 때로 알려지지 않은 방식으로 일을 계속하고 있다. 인도에 간 소먼의 생활에 관해서는 과학계에 아무것도 알려지지 않았다. 필립 펠리그는 3개월 남짓 예일 의대에서 재조사를 받은 뒤 재임용되었다. 그러나 석좌교수로는 돌아오지 못했다. 또한 더 이상 《미국 의학 저널》의 편집 고문도 아니다. 국립보건원에서 나온 조사관들은 기만행위와 관련하여 펠리그가 개인적으로 책임이 있다는 사실을 찾아내지 못했기 때문에 주요 연구 지원금은 지급이 재개되었다. 미국당뇨병협회 같은 다른 연구 지원 단체들도 국립보건원의 조치를 따랐다. 펠리그는 팀 연구를 포기하지 않고 서너 편의 논문이 나올 수 있는 연구 과제와 관련해 12년 이상 스톡홀름의 카롤린스카 연구소(Karolinska Institute)의 연구원들과 연락을 계속하고 있다. 그리고 부하 연구원이 발전시킨 논문에 서명을 할 때는 더 주의를 기울이고 있다고 말하면서, 예일 대학에서 다섯 개의 팀 연구 과제에 계속 관여하고 있다. 펠리그는 고어 의회 청문회에서 이렇게 말했다. "선배 과학자가 내용을 잘 알지 못하는 경우, 후배 과학자의 원 데이터를 검토할 때 훨씬 더 주의를 기울여야 하며, 그렇지 않았을 때는 논문에 자신의 이름을 올리지 말아야 합니다. 더 나아가 논문에 선배 과학자의 이름을 올려서 발표하는 것을 승인할 경우에는 그 전에 외부 전문가에게 검토를 의뢰하는 것이 바람직하다고 생각합니다."

헬레나 바쉬리히트 로드바드는 내과 레지던트를 마치고 병원을 개업했다. 그녀는 친구들에게 말하기를, 예전만큼 연구에 매력을 느끼지 못한다고 한다.

예일 대학 사건이 말해주는 것

예일 대학 사건은 과학 교과서에 나오는 영웅적인 사례 연구보다 훨씬 더 사실적으로 과학 연구 실태를 보여준다. 날조된 데이터에 기초한 실험은 거의 없었지만, 소면의 기만행위는 일부 과학자 사회의 실제 행동 양식과 태도를 백일하에 드러내는 기제였다. 더욱

이 이것은 단지 하나의 단면에 그치지 않았다. 예일 대학과 국립보건원은 과학 엘리트 집단이었기 때문이다.

연구자들은 공식적으로는 진리 추구에 헌신한다고 하지만 연구의 일상적 활동에 박차를 가하는 것은 이러한 추상적인 이상이 아니라 외부의 경쟁자나 동료들과의 경쟁이다. 펠리그는《뉴잉글랜드 의학 저널》로부터 로드바드 원고의 심사를 의뢰받았을 때, 자기 패는 보여주지 않은 채 로드바드가 손에 든 카드 패만 보았다. 이것은 불공정한 출발이었다. 왜냐하면 펠리그와 소먼은 자신들이 경주에 참여하고 있다는 것을 알았지만 로드바드는 자신이 예일 대학팀과 싸우고 있다는 사실을 몰랐기 때문이다. 설령 그 논문의 게재 불가 판정이 전적으로 논문의 내용에 따른 것이었다 할지라도, 펠리그는 자신의 행동이 로드바드를 지연시키고 소먼에게 더 많은 시간을 벌어줄 거란 사실을 몰랐을 리 없다.

연구자 세계에 깊이 침투해 있는 엘리트주의 때문에, 저명한 과학자들의 공적이 지명도가 낮은 연구자들의 공적보다 더 많이 주목받는다. 과학철학자들과 과학사회학자들은 회의적 태도에 따라 악질적이거나 기만적인 연구를 가려내어 과학의 순수성을 유지할 수 있다고 주장한다. 그러나 회의적인 심사로부터 자신들을 비호하는 엘리트 권력은 이러한 기제가 과학 전반에 보편적으로 적용되지 않는다는 사실을 보여준다. 로드바드가 충분한 증거를 갖고 비판했음에도 불구하고, 조사가 시작되어 기만행위로 판명되기까지는 무려 1년 반이 걸렸다.

아마도 엘리트 집단의 일원이라는 의식 자체가, 다른 방식으로는 도저히 설명할 수 없는 그들의 행동을 형성했을 것이다. 가령 왜 펠리그는 소먼이 표절했다는 사실을 알고 나서도 의혹을 사고 있는 연구를 계속 진행하고 발표했을까? 왜 로드바드가 비난을 퍼부었을 때 데이터와 방법을 완벽하게 재검토하지 않았고 소먼의 데이터 시트를 대충 훑어보기만 했을까? 로드바드가 감사를 요구하고 있었기 때문에 타산적 판단 하에 모든 것이 제대로 되어 있다는 상투적 점검에 그쳤던 것인지 모른다. 펠리그와 그의 예일 대학 상사들, 그리고 국립보건원의 연구원들은 당연히 아무 일도 일어나지 않을 거라 믿었다. 로스는 증거를 보기도 전에 소먼이 독자적으로 연구를 진행했다고 확신했다. 맨 처음 감사자로 임명받은 로스의 상사인 롤은, 그가 말했듯이 "펠리그가 어떠한 부정에 개입했다는 사실을 믿기 어렵다는 것을 금방 깨달았기" 때문에 예일에 가려고도 하지 않았다. 예일 대학 당국은 자신들에게 비난이 미치지 않는다는 사실을 당연하게 생각했다.

펠리그를 비호했던 심사 면제는 그의 보호를 받는 소먼에게까지 확대되었다. 플라이어와 그의 동료들은 소먼이 발표한 다양한 데이터를 보고 기만행위라고는 생각하지 않았다. 대신 그들은 그 연구의 아름다움과 속도에 감탄했다. 심지어 소먼이 데이터를 조작하고 부정확한 결과를 내놓았을 때조차도 기만행위를 밝힌 것은 과학적 진실성의 보증인으로 여겨진 실험의 재연이 아니었다. 플라이어의 심문이라는 전례 없는 방법과 이틀에 걸친 올레프스키의 감사가 예일 대학 연구소의 비행을 밝힌 것이다.

감사가 없었다면 이 기만행위는 아무도 점검하지 않고 점검이 가능하지도 않은 과학적 결과물의 바다속에 잠겨버렸을지도 모른다. 따라서 그토록 어렵게 감사가 착수되었다는 사실은 몇 가지 점을 숙고하게 만든다. 과학은 사람과 아이디어가 모두 그 공적으로만 평가되는 능력주의가 작동하는 분야로 여겨진다. 그러나 실상은 그렇지 않다. 다른 직업과 마찬가지로 과학자들은 지위와 서열에 신경을 많이 쓴다. 로드바드는 젊은 무명의 과학자였다. 그녀의 연구소 소장이었던 로스조차도 어느 시점에 이르러서는 그녀의 고발에서 손을 뗐다. 예일 대학 당국은 그녀의 고발을 무시하려 들기까지 했다. 그녀는 자신이 옳고 그들이 틀렸음을 입증했다. 그러나 그녀의 주장이 옳다는 사실만으로는 신속한 심의를 얻어내기에 충분하지 않았다. 왜냐하면 과학에서는 지위가 중요하기 때문이다. 만약 명백한 표절이 없었다면 지위가 그녀의 진실을 압살했을지도 모른다.

다른 직업들처럼 과학도 파벌과 종파의 지배를 받는다. 그것은 놀라운 일이 아니다. 과학자들만 그렇지 않다고 부정한다. 과학적 진실의 추구는 국경, 인종, 종교, 계급의 장벽을 초월한 보편적 탐구로 여겨진다. 사실 연구자들은 서로 중복되는 여러 집단을 만들어 스스로를 그 속에 집어넣으려는 경향이 있다. 펠리그는 집단의 수혜자이며 동시에 희생자이기도 했다. 컬럼비아 대학이 펠리그의 임명을 철회한 것은, 맨 처음 소먼 문제를 자신들에게 이야기했을 때가 아니라 소문이 캠퍼스에 퍼졌을 때이다. 교수회의의 구성원들은 표절의 정도를 판단하기 위해서 두 원고를 읽어보는 수고도 하지 않은 채 표절에 대해 심하게 공격했으며, 그것을 주 원인으로 몰아 그의 사임을 요구했다. 사실 표절은 이 경우에서 큰 문제가 아니었고, 어쨌든 펠리그가 직접 저지른 것도 아니었다.

기만행위와는 별도로, 예일 대학 사건은 많은 과학 연구소에 만연해 있는 일반적인 태도와 관행을 잘 대표한다. 그것이 보여주는 연구자의 상(像)은 교과서 저자나 과학의 현상 유지를 옹호하는 사람들이 사랑하는 이상적인 초상과 전혀 닮지 않았다. 과학이 실제로 작동하는 과정을 이해하는 일은, 그것이 진공 상태에서 일어나지 않기 때문에 중요하다. 과학자들은 사회의 일원이다. 그들이 하는 일과 그들이 채택하는 방법은 어느 면에서 일반 대중에게 다른 어떤 직업보다도 더 심각한 영향을 미친다. 과학계의 당국자들이 보이는 태도와 관례는 소먼 같은 사람을 양성하는 환경을 만들었고, 소먼의 연구 결과는 신경성 식욕 부진증을 앓는 젊은 여성들의 치료에 이용되었다. 이렇듯 과학적 기만행위는 사회와 상호 작용을 하는 경우에 가장 치명적인 면모를 드러낸다.

10장 __ 압력에 의한 후퇴

정치에 이용되는 과학

지식 그 자체를 위한 지식 증대를 목적으로 하는 기초 연구는 대부분 대학들이 맡고 있다. 그곳은 정치적 · 사회적 압력에서 자유로운 공간이다. 사회로부터 과학의 독립은 여러 가지 이유로 중요한데, 그중 가장 큰 이유는 한 기관의 부패가 다른 기관에 영향을 미쳐 질서를 왜곡할 수 있다는 점이다. 이 장에서는 정치 이데올로기가 과학에 강요되었을 때 나타나는 기만적 현상을, 리센코(Lysenko) 학설의 병리 현상이 여실히 보여주고 있음을 기술하고자 한다. 11장에서 논의될 그 반대 과정은 기만적 과학에 의한 사회의 부패인데, 이는 눈에 잘 띄지 않지만 훨씬 더 심각한 증후이다.

정치적 이데올로기는 정당성을 찾기 위해서 과학에 의존할 때가 많다. 특히 생물학을 비롯해서 유전이나 진화 같은 어려운 주제들에 그러하다. 19세기에 영국과 미국의 사회진화론자들은 보수적인 자유방임 정책을 옹호하기 위해서 진화론과 자연선택 이론을 인용했다. 이들은 적자(適者)가 생존하고 약자는 도태되는 자연선택처럼 정부도 부자는 번영시키고 빈자는 흥하든 망하든 내버려둬야 한다고 주장했다. 다른 한편, 급진주의자와 자유주의자들은 다윈의 경쟁자인 라마르크의 이론이 그들 목적에 더 유용하다는 것을 발견했다. 라마르크가 제시하듯이 획득 형질이 유전된다면 교육을 통한 사회 개혁의 전망이 더 밝아지고 만민의 기회 균등 요구가 더욱 더 강해질 것이다.

산파두꺼비의 수수께끼

단순히 생물학을 끌어들이는 것으로 만족하지 못한 일부 이데올로기 주창자들은 생물학을 자신들의 주장에 더욱 적극적으로 끼워 맞추려고 했다. 유명하지만 아직도 불명확한 점이 많은 오스트리아 '생물학자 파울 카머러(Paul Kammerer)와 산파두꺼비' 사건의 경우, 카머러가 라마르크 이론을 지지하기 위해 증거를 조작한 이유는 그의 정치적 견해 때문이었을 것이다.

양서류와 동물 사육 분야에서 전설적 기술을 가진 카머러는 과학적 성공을 추구하면서도 빈에서 왕성한 정치적 · 사회적 활동을 벌였다. 그는 열렬한 평화주의자이자 사회주의자였다. 그는 작곡가 구스타프 말러(Gustav Mahler)의 미망인 알마 말러(Alma Mahler)와 사랑에 빠져 자기와 결혼해주지 않으면 권총으로 자살하겠다고 구스타프 말러의 무덤 앞에서 협박을 하기도 했다. 알마는 건축가 발터 그로피우스(Walter Gropius) 같은 저명 인사들과 수차례 결혼했고, 화가 오스카 코코슈카(Oscar Kokoschka)를 비롯한 여러 유명 인사들과도 염문을 뿌렸다. 그러나 그녀와 카머러의 관계는 그녀가 일시적으로 그의 실험실 조수 역할을 했던 것 이상으로 발전하지 않았다.

카머러는 새로 획득된 형질은 유전될 수 없다는 다윈 학설에 반대되는 라마르크 학설을 옹호했다. 1920년대까지, 반세기 이상 이 논쟁은 라마르크 지지자와 다윈 지지자 사이에서 그치지 않았다. 라마르크 학설은 구 소련에서 리센코 학설이 부각되면서 그 절정에 이르렀지만, 다른 나라에서는 곧 외면당했다. 그런데 카머러의 생애는 리센코 학설의 발전과 묘하게 얽혀 있었다.

라마르크 학설은 후퇴기에 있었지만 진지한 과학자들에게 여전히 지지를 받고 있었다. 가령 1923년에 러시아의 저명한 생리학자 이반 파블로프(Ivan P. Pavlov, 1849~1936)는 일련의 극적인 실험을 발표하고 생쥐에게 있어서 학습된 행동은 유전된다고 주장했다. 파블로프는 이 새로운 실험이 '조건반사, 즉 고도의 신경 작용은 유전된다'는 사실을 보여준다고 설명했다. 생쥐는 종소리가 나면 먹이가 있는 곳으로 달려가도록 훈련받았다. 1세대의 생쥐는 300회의 학습이 필요했으나, 그 새끼는 100번 시도한 후에 학습했고, 3세대는 30회, 4세대는 단 10회 만에 학습했다. 1923년 7월 7일, 미시간 주 배틀크리크에서 열린 강연회에서 파블로프는 말했다. "내가 페트로그라드를 떠나기 전에 본 마지막 세대는 5회 반복 후에 학습했다. 6세대는 내가 돌아간 뒤에 실험할 것이다. 언젠가 새로운 세대는 사전 훈련을 하지 않아도 종소리를 듣고 바로 먹이가 있는 곳으로 달려갈 것이다."[1]

인류를 개조하겠다는 생각에 빠져 있는 공상가들에게 학습이 유전될 수 있다는 이 발견은 대단히 중요했다. 불행히도 생쥐의 6세대에 걸친 이 실험은 잘못된 것이었다. 파블로프는 몇 년 뒤에 자신이 실험 조수에게 속았다고 고백하고 그 실험 결과를 철회했다. 파블로프가 "라마르크 학설 지지자가 아니었다면 그렇게 쉽게 속아 넘어가지 않았을 것이다. 그런 성향은 혁명 전에도 러시아 생물학자와 대부분의 지식인 사이에 일반적이었다"라고 한 관찰자는 말했다.[2] 그러나 파블로프는 라마르크 학설에 관심이 아주 많아서 파울 카머러를 러시아로 초청해 자신의 연구소와 합동으로 실험실을 만들자고 제안했다.

이런 초청을 받았을 때 카머러는 어려운 시기를 보내고 있었다. 그의 연구는 다윈 학설 신봉자들, 특히 영국의 유전학자 윌리엄 베이트슨(William Bateson)과 뉴욕에 있는 미국 자연사박물관의 킹즐리 노블(Kingsley Noble)의 맹렬한 공격을 받았다. 이들은 보통 육지에서 번식하는 종인 산파두꺼비를 대상으로 카머러가 행한 실험에 관심을 집중했다. 다른 종 두꺼비 수컷의 앞다리에는 물 속에서 짝짓기할 때 미끄러운 암컷의 등을 붙잡는 데 쓰는 까칠까칠한 '교미돌기(nuptial pad)'가 있는데, 산파두꺼비에게는 이 돌기가 없다.

카머러는 만일 여러 세대에 걸쳐서 강제로 산파두꺼비를 물 속에서 짝짓기시키면 결국 그 자손들은 다른 종의 두꺼비에서 나타나는 형질인 교미돌기를 갖고 태어난다는 것을 발견했다. 그러나 이것이야말로 획득 형질의 유전을 지지하는 결정적 실험이라고 주장한 사람은 카머러가 아니라 그의 반대자들이었다. 카머러는 라마르크 학설을 입증할 가장 확실한 증거로 우렁쉥이를 사용한 다른 실험을 고려했다. 산파두꺼비의 경우, 교미돌기라는 형질을 획득해 유전한 것일 수도 있지만 어쩌면 원래 산파두꺼비에게 있던 선천적인 형질이 다시 나타난 것일지도 모른다고 카머러는 생각했다.

1923년 무렵, 카머러에게는 교미돌기를 가진 산파두꺼비 수컷 표본이 하나밖에 남지 않았다. 영국을 방문했을 때 그는 그 표본을 베이트슨에게 보여주었다. 나중에 베이트슨은 그것을 다시 검사해보자고 요청했지만 빈에서는 거리가 너무 멀어 보낼 수 없다는 답변이 왔다. 한편, 뉴욕의 노블은 카머러가 발표한 현미경 사진에서 교미돌기의 특정 선들이 확실해 보이지 않는다고 판단했다. 1926년에 빈의 생물학실험연구소(Biological Experimental Institute)를 방문했을 때, 노블은 하나 남아 있는 표본의 돌기를 조사했다. 노블은 8월 7일자 《네이처》에 돌기에 나타나 있는 검은색은 먹물일 뿐이라고 발표했다.[3]

당시 카머러는 모스크바 대학 생물학 교수로 재직하기 위해 빈을 막 떠나려던 참이었다. 1926년 9월 22일에 카머러는 모스크바 과학학술원에 편지를 썼다. "《네이처》에 실린 비난 글을 읽은 뒤, 문제의 표본을 조사하려고 생물학실험연구소로 갔습니다. 노블 박사의 말이 완벽한 사실임을 확인했습니다. 사후에 분명히 먹물로 '수정된' 다른 것들(검은 칠이 된 도롱뇽들)도 있었습니다. 저 말고, 그런 변조를 저지르는 데 어떤 이해관계를 가진 사람이 의심을 받을 가능성은 거의 없습니다. 이로 인해 제 평생의 연구는 의혹의 눈길을 받을 게 분명합니다."

"비록 저는 표본의 변조와 아무런 관련이 없지만, 이런 상황에서 감히 제가 여러분의 요청을 수락하기에 적절한 인물이라고 생각할 수가 없습니다. 일생의 연구가 난파되는 것을 저는 견디기가 어렵습니다. 그래서 모든 용기와 힘을 내, 내일 산산이 부서진 제 생을 마감하려고 합니다."[4] 다음 날 카머러는 산 속에 들어가 머리에 총을 쏴 자살했다.

카머러의 자살은 그 사건을 어리석은 과학적 기만에 관한 구체적 교훈으로 만드는 데 있어 최후의 극적인 요소를 추가했다. 그 교훈이란 다윈의 학설에 날조한 자료를 가지고 대적하는 자는 반드시 발각되고, 양심의 가책으로 자살한다는 것이다. 그러나 후세 과학도들을 위해 끌어낸 이 명쾌한 교훈에 비해 그 진실은 모호하다. 카머러가 그 실험을 라마르크 학설의 증거로 보지 않았으며 자살 유서에서 결백함을 고백한 점은 진지하게 생각해볼 만한 일이다. 작가 아서 케스틀러(Arthur Koestler)는 카머러의 결백을 주장하기 위해 책 한 권을 썼다.[5] 케스틀러의 견해에 따르면, 그 돌기는 한때 실제로 존재했으며, 노블의 방문에 대비해 열의가 지나친 한 실험 조수가 손을 댔을지 모른다. 그리고 또 다른 가능성은 카머러의 명성에 손상을 입히기를 바라는 누군가가 고의로 서투른 위조를 했을 수 있다는 것이다.

한편, 노블의 전직 실험 조수였던 레스터 아론슨(Lester Aronson)은 케스틀러가 카머러의 의심쩍은 과학적 행위에 대한 증거를 상당히 미화했다고 믿는다.[6] 알마 말러는 카머러의 실험 조수로 일했던 자신의 경험에 대해 "나는 아주 정확하게 기록을 했다. 그런 기록에 카머러는 너무나 골치 아파했다. 덜 정확하지만 긍정적인 결과가 나온 기록에 카머러는 더 기뻐했다"고 적었다.[7] 카머러가 유죄냐 무죄냐를 지금은 입증할 수 없지만, 진실이 무엇인지를 제시하는 주목할 만한 보고서가 있다.

1949년에 캘리포니아 대학의 리처드 골드슈미트(Richard B. Goldschmidt)는 "나는 카머러가 고의로 날조했다고 믿지 않는다"라고 썼다. "그는 아주 감수성이 예민하고 퇴폐적인 면이 있었지만, 하루 종일 실험실에서 연구한 다음 밤에는 교향곡을 작곡할 정도로 재기가 넘치는 사람이었다. 그는 본래는 과학자가 아니라 독일인들이 '아쿠아리아너(Aquarianer)'라고 부르는, 하등 척추동물의 아마추어 사육사였다. 이 분야에서 그는 훌륭한 기술을 갖고 있었으며, 환경의 직접적 영향에 관해 그가 제출한 자료는 대체로 정확하다. …… 이때 그는 획득 형질의 유전을 증명할 수 있다는 생각을 품게 되었고, 그 생각에 매달려 자신의 기록을 '뜯어 고쳤다'. …… 그로부터 몇 년 뒤에 자신의 주장을 입증할 필요성에 골몰한 나머지 그는 결과를 날조하거나 '조작하기' 시작했다. 이 모든 것의 실질적인 결과가 위조되었지만, 그가 그 사실을 알고서 의도적으로 조작했는지는 확신할 수 없다. 결국에는 정신적으로 폐인이 되었는지도 모른다."[8]

골드슈미트가 카머러에게 관심을 갖게 된 것은 위의 글을 쓰기 20년 전인 1929년에 레닌그라드 거리를 걷다가 〈도롱뇽(Salamandra)〉이라는 영화 포스터를 보고 나서였다. 라마르크 학설을 열렬히 선전하는 그 영화의 주인공은 비극적인 인물인 카머러였다. 그는 실험 조수 때문에 곤경에 처하는데, 그 조수는 카머러가 획득 형질의 유전에 관해 훌륭한 강의를 하고 난 뒤에 그 강의의 결정적인 표본인 도롱뇽에게 먹물을 주사했던 위조를 폭로한다. 대학에서 쫓겨난 카머러가 막 자살하려고 할 때, 교육인민위원인 아나톨리 루나차르스키(Anatoly V. Lunacharsky)로부터 소련에 초청한다는 편지를 받는다.

이 영화는 픽션이지만 소련 과학에 임박한 대격변의 실상을 예고했다. 라마르크 학설은 러시아에서 가장 높은 평가를 받았다. 〈도롱뇽〉은 교육인민위원인 루나차르스키가 제작한 영화로, 자신이 직접 이 영화에 출연하기도 했다. 루나차르스키가 소련 과학자들에게 라마르크 학설을 강요하려 한 것은 아니지만, 그러한 분위기를 조성해준 셈이다.

소련 생물학을 몰락시킨 리센코 학설

리센코 사건은 과학의 자율성을 해쳐서는 안된다는 것을 정치가들에게 경고할 목적에서 단순화된 형태로 자주 언급된다. 요약판에서는 윤리 문제가 정확히 도출되지만, 그 복잡한 사건의 전말이 들어 있는 완전한 이야기에는 분명치 않은 또 다른 교훈이 내포되어 있다. 그것은 과학자와 그들의 조직이 정치적 개입으로부터 본질적인 원칙을 지켜낼 만한 정신적 힘을 항상 발휘하는 것은 아니라는 점이다.

트로핌 데니소비치 리센코(Trofim Denisovich Lysenko)는 1898년에 우크라이나의 한 소작농 아들로 태어났다. 그는 키에프 농업전문학교를 졸업하고 농학 박사학위를 받았다. 리센코는 1929년에 '춘화 현상(vernalization)'을 발표하면서 소련 정부로부터 처음 주목을 받았다. 그것은 겨울밀을 물에 담갔다가 냉각시켜 늦은 봄에 씨를 뿌리면 봄밀보다 더 많은 수확을 거둘 수 있다는 주장이었다. 전문가들은 그의 주장을 일축했지만 리센코는 그들이 틀렸음을 증명했다. 농부인 그의 부친은 리센코의 요청에 따라 48킬로그램의 겨울밀을 물에 담갔다가 봄밀 대신에 재배해 더 많은 수확을 거두었다.

춘화 현상은 정치가들을 사로잡았으며 러시아 농업의 악명 높은 비생산적 체계를 개선하는 방법으로 널리 장려되었다. 이 캠페인은 기술적인 시험을 거치기도 전에 시작되었다. 불과 0.5헥타르 땅에서 한 계절에 거둔 성공으로 리센코는 출세 가도를 달리기 시작했다.

그런데 춘화 현상은 리센코의 발견이 아니라 고대 농부들이 사용한 기술이었다. 또한 오늘날에는 일부 환경에서 수확이 증가하지만 리센코의 주장대로 광범위하게 적용하기에는 아무런 과학적 근거가 없음이 밝혀졌다. 레닌은 과학 문제에 대해서는 당 지도자들이 전문가의 권위를 따라야 한다고 지시했다. 그러나 정치가들은 농업 분야에서 무언가를 해내려고 서둘렀다. 과학자들이 결과물을 내놓는 데는 5년이 걸렸지만, 리센코는 바로 실행할 수 있는 계획을 가지고 있었다. 정치가들은 과학자들이 리센코의 주장을 진지하게 받아들여 어느 쪽이 옳은지에 대한 토론을 시작하기를 원했다. 그러나 소련 생물학자 대다수는 논쟁에서 빠지거나 리센코를 칭찬하는 유화적인 발언을 했다. 소련의 생리학자 조레스 메드베데프(Zhores Medvedev, 1925~)는 "리센코가 최초로 발표한 논문의 합리적 부분에 많은 과학자들이 지지를 보낸 점에 주목해야 한다. …… 당시의 과학학술원 원장 코마로프(Komarov), 리히터(Rikhter) 교수, 학술원 회원 켈러(Keller), 그리고 많은 생리학자들과 식물학자들은 그의 연구를 우호적으로 평가했다"[9]고 설명했다.

과학자 사회가 처음에 이러한 맹종과 유화적인 경향을 보인 것은 재앙으로 치닫는 잘못된 첫걸음이었다. 다른 선택이 있었을까? 사실, 1929년부터 1932년까지 당은 당과 다른 견해를 지닌 사람들을 '부르주아' 전문가로 정의하고 이들을 척결하기로 결정했다. 이러한 속박은 과학자 사회 전체에 대한 것이었지 리센코 학설과 관련된 것은 아니었다.

1930년대 초, 리센코 학설 신봉자들과 논쟁을 벌인 과학자들은 니콜라이 바빌로프(Nikolai I. Vavilov, 1887~1943)처럼 1929년 이전에 과학에서 공산주의적 관점을 발전시키려고 노력한 사람들이었다. 뛰어난 식물 육종학자이자 야심만만한 과학행정 관료였던 바빌로프는 소련 농업을 돕는 데 더 많은 일을 하지 않는다는 비판을 받았다. 처음에 그는 《이즈베스티야(*Izvestia*)》(1933년 11월 6일자)에 '소련 과학의 혁명적 발견'이라고 리센코의 방법에 환호하면서 칭찬했다. 리센코 학설의 역사를 학구적으로 신중하고 섬세하게 다룬 저자인 데이비드 조라브스키(David Joravsky)는 "그것은 쓸모없는 전술이었다"고 논평했다.[10] 리센코와 그 제자들은 칭찬은 받아들였지만 칭찬에 따른 과학적 설명을 수용하려 들지 않았다. “비록 그것이 과학을 우롱함으로써 얻는 자유일지라도 그들은 자신들만의 임시변통적인 설명을 허용하는 자유를 선호했다. 소수의 전투적인 과학자들만이 용감하게 나서서 양보나 절제 없이 격렬하게 비판했다. 과학자 사회의 대다수는 단지 침묵하며 지켜보았다”고 조라브스키는 말한다.

1935년까지 소련 정부는 리센코 같은 괴짜들보다 주류 과학자들을 더 많이 후원했다. 그러나 1935년에 갑자기 소련 정부는 리센코파를 중시했다. 그것은 노골적인 자포자기의 행동이었다. 정부 관료들은 농업이 커다란 진전을 이루지 못하고 있음을 깨달았다. 즉 자신들이 명령한 리센코파와 과학자들 사이의 논쟁은, 양측이 서로 자신들이 옳다고 주장한 이후로 어떠한 명확한 해답을 내놓지 못했다. 그래서 관료들은 관료주의적인 해결책을 선택했는데, 누군가에게 책임을 맡겨 그 사람으로 하여금 문제를 해결하게 하는 것이었다. 불행히도 그들이 선택한 사람은 리센코였다.

서구 과학자들 사이에는 리센코가 공포 정치를 제도화하여 생물학자들로 하여금 유전학을 버리든가 투옥이나 죽음을 무릅쓰게 했다는 생각이 퍼져 있었다. 그러나 사실은 훨씬 복잡하다. 리센코가 유전학자들을 직장에서 내쫓을 수 있는 집행력을 장악한 것은 1948년 이후의 일이었다. 당시 사회 여러 부문에서 스탈린이 공포 정치를 시행했지만 대부분은 무작위로 진행되고 있었다. 스탈린주의의 공포 정치가 정통 유전학자뿐 아니라 리센코파도 강타했다는 사실은 거의 언급되지 않았다. “어쨌든 공식 기록은 공포 정치 기구가 리센코파로 하여금 의식적으로 그리고 일관성 있게 자신들의 대의를 선전하도록 작용했다는 통념을 뒷받침해주지 않았다”라고 조라브스키는 말한다.[1)]

1935년부터 리센코와 그의 추종자들은 식물병리학자들의 유약한 태도에 힘입어 자신들의 힘을 공고히 했다. 그는 모든 식물병리 현상을 춘화 현상 원리에 종속시키려고 했다. 조라브스키는 이렇게 쓰고 있다. "식물병리학자들은 리센코의 압력으로부터 자신의 분야를 방어하려고 했지만, 학자들은 대개의 경우 리센코 학설의 실질적 유용성을 시인하고 상대적으로 자신들의 실용성이 부족하다고 고백했다. 몇몇 용감한 사람들만이 리센코의 실질적 성공이 과학에 공헌한 것만큼이나 겉만 번지르르한 것일지 모른다고 완곡하게 지적했다." 교과서와 기사는 대개 리센코설에 대한 터무니없는 방어론만을 실어줄 뿐이어서 정작 과학의 문제는 리센코파의 허튼소리에 파묻히고 말았다.

리센코는 제2차 세계대전 이전까지 실제로 생물학의 이론적 토대, 특히 유전학에 대한 공격을 시작하지 않았다. 자신을 비난하는 과학비평가들이 야기한 다원 학설 논쟁에 반격할 수단으로 리센코 자신이 라마르크 학설 지지자임을 선언한 것은 그후의 일이었다. 리센코의 실용적인 응급 처치에 대한 정치가들의 신뢰가 흔들리기 시작한 것도 이때였다. 농업 과학에 영향을 미치는 모든 사안에 대해 리센코에게 최고의 권력을 부여해야 한다는 1948년 7월의 결정에 대해 다시 한번 정치가들은 '토론'의 시간을 갖기를 요구했다.

---

1) 바빌로프의 사례는 이러한 모호함을 잘 나타낸다. 《과학 인명 사전(*Dictionary of Scientific Biography*)》에는 "바빌로프는 20세기의 뛰어난 유전학자 중 한 사람으로, 소련 과학의 최고 상징으로, 그리고 과학적 진리의 순교자로 여겨져 왔다"고 적혀 있다. 그러나 바빌로프는 공산당원이 아님에도 당에 절대적인 충성을 바친 정치가이기도 했다. 1940년에 그는 우크라이나로 식물 육종 원정을 가던 중에 체포되어 '영국 첩자'로 유죄 판결을 받고 투옥되어 1943년, 영양 실조로 옥사한 것으로 추정된다. 하지만 그가 소련 내의 다른 많은 지도자들처럼 정치적 활동 때문에 죽었을까, 아니면 과학적 신념 때문에 죽었을까? 실제로 그는 체포되기 전에 리센코파 두 사람으로부터 공개적으로 비판받았는데, 그 두 사람도 투옥되었다. –지은이 주

1948년에 과학아카데미(Academy of Sciences)에서 개최된 회의는 소련의 생물학이 절망적인 상태로 몰락했음을 보여주었다. 그 자리에서 발언한 사람들은 자신들의 총체적인 승리를 축하하는 리센코파들을 비롯해 자신들의 연구소를 구하기 위해 굴욕적인 자세를 취한 위선자들, 동료나 소신은 안중에도 없고 자리만 보전하려는 입신출세주의자들이었다. 과학자들이 직업적 책무로 정치적 압력에 저항할 수 있는가 하는 물음에 대해 이 경우의 답은 '아니다'였다. 이 회의의 의사록을 읽고 조라브스키는 심한 역겨움을 느껴 다음과 같이 썼다. "리센코파는 구 소련 과학자들의 창자에 억지로 소금을 집어넣었고, 그러자 일부는 대중 앞에서 배설하기 시작했다. 수치를 아는 사람들은 자신만 더럽혔지만 수치를 모르는 사람들은 다른 사람들까지 더럽히려고 했다."

식물학자들은 대체로 리센코에게 영합했다. 리센코의 무의미한 이론에 입에 발린 찬사를 늘어놓았고, 그 덕분에 평화롭게 자신의 일에 전력할 수 있도록 보장받았다. 이런 유화적 태도의 대가는 유전학 동료들에게 고스란히 떠넘겨졌고 그들은 외롭게 리센코파에 대항해야 했다. 방법론적으로 더 엄격한 분야에서 일하는 유전학자들은 타협의 여지가 없었다. 그들 가운데에는 자신의 연구를 배신한 사람이 거의 없었으며, 1948년 이후 사직을 강요받고 소련 사회에서 추방당했다. 1935년에 35명이었던 유전과학아카데미(Academy of Sciences' Institute of Genetics) 회원 중에서 네 명만이 1940년에 리센코파로 돌아섰다. 그리고 그해에 바빌로프에서 리센코로 학회장이 교체되었다. 이들 네 명이 리센코를 지지한 거의 유일한 소련 유전학자였다.

1948년은 리센코 학설이 승리한 해이기도 하지만 그의 몰락의 씨앗을 잉태한 해이기도 했다. 확실한 책임을 맡은 그해부터 그는 농업 생산성 개선 상황에 대한 책임도 지게 되었다. 그들의 행동으로 봐서는 믿기 어렵지만, 당 지도자들은 자신들이야말로 누구보다도 실용적인 사람이라고 자부했다. 그것이 이들이 상아탑 이론가들 대신 리센코를 택한 이유였다. 그가 거래하는 품목은 이론보다 실천에 중점을 두었기 때문이다.

그러나 리센코의 계획은 바닥이 드러나고 있었다. 교묘한 그의 계획은 비용도 거의 들지 않았고 아무런 해도 끼치지 않았다. 실용적인 당 지도자들이 20여 년 뒤에야 깨닫기 시작한 것은 리센코의 계획이 아무런 이득도 주지 않는다는 사실이었다. 그럼에도 스탈린의 후계자들이 마음을 바꾼 것은 스탈린 사후 11년이 지나서였다. 그렇게 오래 걸린 이유 중 하나는 소련 생물학자 사회가 비참한 수동적 상태에 빠져 있었기 때문이었다. 유전학자들은 몰락했고, 알 만한 위치에 있는 사람은 누구도 감히 그 단순한 진실, 즉 소련 생물학이 온통 사기꾼과 아첨꾼의 지배를 받고 있다는 사실을 말하려 하지 않았다.

과학아카데미는 소련에서는 몇 안 되는 반(半)자치 단체 중의 하나로, 표트르 대제 때부터 부여받은 권한으로 회원을 비밀 투표로 뽑는 소중한 특권을 유지해오고 있었다. 유난히 평이 좋지 않은 리센코파이자 네 명의 변절 유전학자 중 한 사람인 누츠딘(N. I. Nuzhdin)은 1964년 6월에 과학아카데미 회원으로 추천되었고, 과학아카데미 생물학 분과의 승인을 받았다. 그러나 총회에서 나츠딘의 후보 자격에 대해 너무 많은 문제가 제기되면서 결국 인정을 받지 못했다. 누츠딘의 선출에 맹렬하게 항의한 사람은 당시 서구에 잘 알려지지 않았던 젊은 물리학자 안드레이 사하로프(Andrei Sakharov)였다. 그의 연설은 다음과 같이 결론을 내렸다.

사하로프: 이 자리에 계신 모든 분들께 호소합니다. 누츠딘과 함께, 그리고 리센코와 함께 소련 과학의 발전에 있어 수치스러운 통한의 페이지를 장식하는 데 책임질 사람들만 '찬성표'를 던지십시오. 다행히 소련 과학은 이제 그 수치스러운 역사를 끝낼 것입니다.(박수)

켈디슈(Keldysh, 아카데미 원장): 현재 상태에서는 투표를 할 수 있을 것 같지 않습니다. 제가 볼 때, 생물학 발전 문제를 여기서 토론하는 것은 부적절합니다. 따라서 사하로프의 연설은 분별 없는 것이라 여겨집니다.

리센코: 분별 없는 것이 아니라 중상모략이오! 간부회……

켈디슈: 트로핌 데니소비치, 왜 간부회가 변호해야 합니까? 그건 간부회의 연설이 아니라 사하로프의 연설이었습니다. 지지하지 않습니다, 적어도 나는 아닙니다. ……

리센코파 시대의 오랜 정신 착란증을 영속화하는 데 일조한 것은 바로 켈디슈 같은 과학 지도자들의 나약함이었다. 5분짜리 이야깃거리밖에 되지 않는 생각을 가진 괴짜나 선동가들이 35년 가까이 최고 정치 지도자들에게 최면을 걸었던 것이다. 기본적인 잘못은 당연히 리센코가 득세한 사회의 병리 현상에서 찾아야 한다. 그러나 요점은 그런 사회의 과학계가 외부 압력 하에서 자신의 원칙이나 신념의 중심을 지킬 수 없었다는 것이다. 때로는 이 압력이 스탈린주의의 공포 정치로 더욱 강화되었지만 결코 스탈린주의 그 자체는 아니었다. 심지어 1964년, 비밀 투표라는 보호막 아래에서도 과학아카데미 회원 22명이 늙은 말 누츠딘에게 찬성 표를 던졌다. 반대는 126표였다.

리센코는 1965년 2월에 유전과학아카데미 회장직에서 해임되었다. 모스크바 북부 레닌 힐에 있는 리센코의 실험 농장을 조사하기 위해 전문가 위원회가 파견되었고, 위원회는 잘못된 보고와 과학 자료의 고의 날조 혐의로 리센코를 고발하는 보고서를 가지고 돌아왔다. 당시 리센코의 연구 계획은 우유 속의 지방을 증가시키는 방법이었다. 그러나 위원회는 리센코의 방법으로 우유 지방 비율이 증가하기는 했지만 우유와 우유 지방의 총 산출량은 떨어졌다는 것을 발견했다. 메드베데프는 이렇게 논평했다. "리센코의 자료를 따르더라도 그가 전국에 적용하도록 추천한 이 방법은 경제적으로 불확실했고, 1965년에는 심각한 손실을 가져왔다." 리센코의 권력이 마침내 무너졌다. 그 후 몇 년간 모스크바의 과학아카데미 주변에서 몹시 수척한 그의 모습을 볼 수 있었는데, 그것은 치욕의 시간을 상기시켰다. 그는 1976년에 사망했다.

이 기묘한 일화를 소련 사회 특유의 병폐로 치부하고 잊어버리기는 쉽다. 어쩌면 소련에서만 그 병폐가 그렇게 오랫동안 계속될 수 있었을지 모른다. 그러나 리센코를 권좌에 앉혀줄 많은 요인들이 다른 나라에도 존재한다. 결과적으로는 그렇게 되었지만, 소련 지도자들이 자국 내에서 멘델의 유전학 연구를 말살시키려는 의도로 일을 도모한 것은 아니다. 그들의 목적은 소련 농업을 신속히 근대화하는 것이었다. 소련 과학자들이 리센코 학설의 문제에 직면했던 것처럼, 이 일화는 비과학적 이데올로기의 침투에 저항하기에는 과학적 방법에 명백한 한계가 있음을 보여주었다.

리센코 학설의 놀랄 만한 특징은 "이 거짓된 주의와 학설이 존재했던 과학 조직이 분명히 정상적인 상태였다는 점이다. 비극은 저항할 수 없는 폭력의 위협 때문에 어쩔 수 없이 침묵하거나 자신의 사상에 반하는 말을 하도록 강요받은 소수의 사람들에게 있지 않다. 학설을 가르치는 대로 받아들이고 합리적 이성으로 시험해보지 않은 많은 사람들에게 비극은 존재한다. 자신의 이론을 믿고 다른 사람에게 그것을 강요하려고 한 설익은 지식인들을 우리는 비난할 수 없다. 그러한 미치광이 같은 개념에 사로잡히도록 허용한 전체 과학계를 문제 삼아야 한다"고 영국의 물리학자 존 자이먼(John Ziman)은 말한다.[11]

리센코 일화는 자율적이라고 생각한 과학계가 자신이 속한 사회의 의식적인 압력에 얼마나 잘 순응하는지를 보여준다. 서구 국가에서는 그러한 압력이 부당하다고 여겨지는데, 그렇다고 정치가들이 압력을 가하려 하지 않는다는 뜻은 아니다.[2)] 서구 사회는 새로운 생각에 대한 개방성과 폭넓은 수용력을 지니고 있지만 훨씬 큰 위협이 다른 방식으로 존재한다. 국가가 거짓 과학 혹은 과학으로 가장한 사회적 도그마에 감염되었는데 과학자들이 그 정체를 폭로하는 데 실패한 경우이다. 지능 테스트의 우울한 역사가 그 지독한 예이다.

2) 1953년에 미국 상무부 장관 싱클레어 위크스(Sinclair Weeks)는 국가표준국 국장 앨런 애스틴(Allen V. Astin)을 파면했다. 그 이유는 소속 과학자들이 특정 배터리 첨가물 AD-X2가 효능이 없다고 발표하겠다고 주장했기 때문인데, 그것은 사실이었다.

11장 __ 객관성의 실패

객관성으로 위장한 도그마

과학적 태도의 본질은 객관성이다. 과학자는 결과에 대한 기대나 바람을 엄격히 배제한 채 사실을 평가하고 가설을 검증한다고 여겨진다. 일반 대중의 시각에서 볼 때, 객관성은 다른 사람들과 구별되는 과학자만의 특징인데, 그것은 과학자의 시각을 도그마의 뒤틀린 영향으로부터 순수하게 지켜주고 과학자가 있는 그대로 세상을 보게 해주기 때문이다. 객관성은 쉽게 얻어지지 않으며 연구자는 객관성을 얻기 위해 오랜 훈련을 받는다.

그런데 객관성을 세상을 바라보는 진지한 태도로서가 아니라 그저 피상적으로만 받아들이는 과학자도 일부 있다. 이런 과학자들은 객관성으로 변장을 한 채 평범한 선동가들보다 훨씬 더 쉽게 세상을 속여 자신의 독단적인 믿음을 팔 수 있다. 그러나 여기에는 자신의 도그마에 갇혀버리는 과학자 개인의 문제보다 중요하고 위험한 문제가 있다.

과학은 공통의 목표에 헌신하는 지식인들의 공동체를 의미한다.

만약 한 과학자가 도그마의 희생양이 되어 과학의 이름으로 비현실적인 믿음을 선전하려 한다면 동료들이 바로 잘못을 인지하고 그것을 바로잡으려는 행동을 취하지 않을까? 하지만 역사는 오히려, 구미에 맞고 과학적인 양념이 알맞게 들어가 있기만 하면 과학자 사회는 자신들 앞에 차려진 도그마를 통째로 삼킬 만반의 채비가 되어 있음을 보여준다. 재연 실험이 잘못에 대한 확실한 방어 수단이 못 되듯이 객관성도 도그마의 침투에 저항할 수 없을 때가 많다.

이 장에서 다루는 일화에는 고의적인 기만행위와 자기기만의 사례가 모두 포함되어 있다. 과학자 사회에 관한 한 어디서 잘못이 비롯되었느냐 하는 것은 문제가 아니다. 잘못을 없애려는 시도도 마찬가지이다. 이 일화들은 과학적 객관성이라는 엄격한 검증을 가장하는 주제와 연관된다. 그것은 유전과 환경이 생물체, 특히 인간 특성을 형성하는 데 각각 어떻게 어느 정도 관련되는가 하는 문제이다. 이 문제는 사람들의 정치적 · 사회적 선입견에 영향을 주기 때문에 공정하게 다루어진 적이 거의 없다. 있는 그대로 말하자면, 지능과 여타 능력이 선천적이라고 보는 유전론자들의 견해는 보수주의자들의 지지를 받는데, 그것이 사회 현상과 자신들의 사회적 지위를 정당화해주기 때문이다. 반대로 환경론자들은 인간의 능력은 사회에 의해서만 제한받으며 특권은 자연으로부터 어떤 정당성도 부여받지 못한다고 주장한다. 지난 150년 동안 과학자 사회는, 과학자를 가장한 교조주의자들이 명예롭지 못한 다양한 명분으로 과학이라는 깃발을 흔들어대는 것을 묵인해왔다.

두개골로 인종을 서열화한 새뮤얼 모턴

새뮤얼 모턴(Samuel G. Morton)은 필라델피아의 저명한 내과 의사로 당시에 잘 알려진 과학자였다. 1830년부터 1851년 그가 사망할 때까지 그는 각기 다른 인종의 두개골을 1천 개 이상 모았다. 모턴은 두개골의 용적이 지능의 척도라고 믿었다. 두개골 용량에 따라 그가 매겨놓은 인종 서열의 최상층에는 백인, 최하층에는 흑인, 그리고 그 사이에 아메리칸 인디언이 있었다. 백인 중에서는 서구 유럽인이 유대인 위에 위치했다. 이 결과는 당시의 인종적 편견과 정확히 일치했다. 그러나 이런 것이 객관적이고 과학적인 사실에 따른 당연한 결론으로 제시되었다.

모턴 사건에서 놀라운 것은, 그가 자신의 편견이 과학 연구에 침투해 들어오도록 허용했다는 점이다. 그의 도그마는 이론뿐 아니라 이론을 이끌어낼 자료까지 만들어냈다. 그는 자기가 원하는 결론을 얻기 위해 수치마저 조작했다. 이 조작은 그의 과학 연구 보고서 첫 장에 공공연히 실려 있었다. 그는 분명히 무의식적으로 부정행위를 저지르고 있었다. 이 터무니없는 사건은 동시대 과학자들이 눈을 부릅뜨고 있었는데도 아무도 잘못을 알아차리지 못했다는 것을 역설적으로 보여준다. 1978년이 되어서야 잘못이 백일하에 드러났다. 하버드 대학의 고생물학자 스티븐 굴드는 모턴의 자료를 다시 계산해 모턴의 증거만으로 사실상 모든 인종의 두개골 용적이 거의 동일하다는 것을 보여주었다.[1] 만약 모턴이 조금이라도 객관적으로 자신의 자료를 보았다면 두개골 크기를 결정짓는 주요한 요소는 신체 크기라는 사실을 알 수 있었을 것이다.

모턴은 혼자 동떨어져서 쓸쓸히 고랑을 갈고 있었던 것이 아니다. 그는 미국 과학을 대표하는 인물이었다. 《뉴욕 타임스》에 실린 그의 부고 기사에는 “미국 내의 과학자들 중에서 전 세계 학자들로부터 모턴 박사보다 더 높은 평판을 받은 사람은 없을 것이다”라고 기술되었다. 당시 그는 추측을 객관적 사실로 대체했다고 널리 칭송받았다. 굴드에 따르면 모턴의 두개골 용량표는 “인종의 정신적 가치에 대한 반박할 수 없는 ‘확고한’ 자료로 19세기 내내 재인쇄되었다.” 이 표는 노예 제도를 정당화하는 데 사용되었다. 남부에서 저명한 의학 잡지인 《찰스턴 의학 저널(*Charleston Medical Journal*)》은 모턴의 죽음에 대해 “우리 남부 사람들은, 깜둥이에게 열등한 인종이라는 가장 걸맞은 위치를 부여하는 데 가장 크게 공헌한 그를 은인으로 여겨야 한다”고 선언했다.

돌이켜 생각해보면, 모턴이 수치를 속인 방법은 유치할 정도로 단순했다. 모턴은 한 집단의 평균을 내리고 싶으면 작은 두개골의 하위 집단을 포함했을 것이고 집단 평균을 올리고 싶으면 빼버렸을 것이다. 그래서 아메리칸 인디언을 평가할 때는 전반적으로 크기가 작은 잉카족의 두개골을 대량으로 포함시켰지만, 백인종의 평균을 잴 때는 평균을 끌어내리지 않으려고 머리가 작은 힌두족을 노골적으로 배제했다. 전반적으로 여자보다 체격이 큰 남자가 두개골도 크다는 것을 간과한 모턴은 성별의 차이에 따른 영향을 바로잡는 것도 무시했다. 그의 표는 영국인 두개골 용적이 1573입방센티미터인 데 비교하여 아프리카 호텐토트족이 1229입방센티미터라는 것을 보여주지만, 영국인은 모두 남성 표본만을, 호텐토트족은 모두 여성 표본만을 기초로 했다. 게다가 모턴은 인종 서열이라는 자신의 편견에 유리하도록 산술에서도 숱한 실수를 저질렀다.

굴드는 모턴의 자료를 다시 계산하여 오른쪽 표에 나타난 것처럼 결과를 제시했다. “인습에 사로잡힌 모턴의 서열을 정정한 결과, 모턴의 자료에 나온 인종 간에 큰 차이가 없음이 드러났다”고 굴드는

인종별 두개골 내부 용적 표

(단위: 입방센티미터)

인종	모턴의 결과	굴드의 재계산 결과
코카서스인(백인)	1426	1426(현대인) 1377(고대인)
몽골인	1360	1426
말레이인	1328	1393
아메리카 인디언	1344	1410
에티오피아인(흑인)	1278	1360

결론지었다.

모턴의 자료 조작 행위는 그의 결과를 신뢰한 과학자들에게는 결코 발견되지 않았다. 그의 표는 아무런 이의제기를 받지 않은 채 과학 문헌에 남아 있다가 두개골 용적에 따른 인종 서열화라는 주제 자체의 평판이 나빠지자 자취를 감추었다.

그러나 19세기 내내 한 집단을 다른 집단보다 상위에 두기 위해 인간에 대한 '과학적' 척도를 찾으려는 연구는 계속되었다. 연구자들은 언제나 똑같이 자신들 연구의 엄격한 객관성과 편견의 철저한 배제를 주장했다. 되풀이하여 이들이 제시한 서열은 공교롭게도 노예 제도, 여성의 종속, 유럽인의 타민족 지배 같은 당시에 쟁점이 되는 사회질서를 정당화했다. 그러나 이 서열이 기초하고 있는 매개 변수(뇌의 중량, 뇌의 특정 부위의 크기, 두개골 봉합선이 닫히는 시기)는 그 연구자들이 염두에 두었던 목적에 아무런 도움이 안 된다고 오늘날 밝혀진 척도들이었다.

《인간에 대한 잘못된 측정(*The Mismeasure of Man*)》[9]라는 책에서 굴드는 과학적 교조주의에 빠져 이러한 시도를 한 유감스러운 사례

9) 이 책은《인간에 대한 오해》(김동광 옮김, 사회평론)라는 제목으로 번역되었다.

들을 연대순으로 기록해놓았다.[2] 이들 사례의 공통된 줄거리는 편견을 과학적 의상으로 갈아입히는 것이다. 어떤 과학자가 자기 시대에 유행하는 사회적 도그마를 신봉한다고 했을 때 그는 그것을 '과학적으로', 즉 객관적 검증이라는 과학적 방법으로 입증하려고 노력할 것이다. 그러나 실제 자료를 찾는 과정에서 과학자는 대체로 처음의 가설을 뒷받침해줄 자료를 무의식적으로 선택할 것이다. 그런 다음 그 가설이 입증되었다고 주장할 것이다. 논증은 항상 자료에서 결론까지 직선으로 나타나는 데 반해, 실제 그들의 논증은 결론에서 선택된 자료로, 그리고 다시 결론에 도달하는 원형을 이룬다.

이러한 잘못된 노력에 사로잡힌 사람 중에는 괴짜들뿐 아니라 훌륭한 과학자도 있었다. 뇌의 언어 중추에 자신의 이름이 붙여질 정도로 저명한 프랑스의 해부학자 폴 브로카(Paul Broca, 1824~1880)는 뇌의 크기에 따른 서열화의 대표 주자였다. 브로카는 1861년에 "일반적으로 노인보다는 청장년이, 여성보다는 남성이, 평범한 사람보다는 우수한 사람이, 열등 인종보다는 우등 인종이 뇌가 더 크다"고 발표했다. 반대 입장의 한 평등주의자가, 프랑스인보다 분명히 지적 능력이 떨어지는 독일인의 뇌가 더 크다는 관찰 결과를 제시하자, 브로카는 실제로 뇌의 크기에 영향을 주는 신체 크기 같은 요인을 설명했다. 하지만 그런 요인은 오직 프랑스인의 대뇌 기관보다 독일인의 뇌가 더 작다고 끌어내리려는 목적에서 거론될 뿐이었다.

또 다른 예로, 그는 괴팅겐 대학의 우수한 교수 다섯 명에게 생전에 미리 동의를 받은 뒤, 그들이 사망하자 뇌의 무게를 측정했다. 그런데 당황스럽게도 그 무게가 보통 사람들의 평균에 가까운 것으로 판명되자, 브로카는 자신의 이론을 버리기보다는 오히려 그 교수들이 그리 우수한 사람이 아니었다고 주장하는 쪽을 택했다. 만약 브로카가, 자신의 뇌가 평범한 사람보다 겨우 몇 그램 정도밖에 더 나가지 않는다는 것을 알았다면 사실을 좀더 공정하게 받아들였을지도 모른다.

"이론은 수치의 해석을 토대로 정립되는데, 이를 해석하는 사람들은 자신의 수사법으로 인해 덫에 빠질 때가 많다. 이들은 자신의 객관성을 신봉한 나머지, 수치와 일치하는 여러 해석들이 있음에도 한 가지 해석으로만 몰아가려는 편견을 알아차리지 못한다. 폴 브로카는 이제 과거의 인물이다. 우리는 한 걸음 뒤로 물러나, 그가 새로운 이론을 창조하기 위해서가 아니라 기존의 결론을 설명하기 위해 수치를 사용한 사실을 보여줄 수 있게 되었다. 브로카는 전형적인 과학자였다. 꼼꼼한 주의력과 측정의 정확성이란 면에서 그를 능가한 사람은 없었다. 우리 자신의 편견과 다르다고 해서 무슨 권리로 그의 편견을 감정하고, 이제는 과학이 한 사회의 문화와 계급에서 독립적으로 작동하고 있다고 주장할 수 있겠는가?" 하고 굴드는 묻는다.

모턴이나 브로카 같은 사람들의 기만적인 어릿광대짓을 비웃기는 쉽다. 그렇지만 그것은 잘못이다. 이들은 단지 무해한 19세기 괴짜들이 아니었다. 그들은 자기 나라에서 가장 훌륭한 과학자들 중의 한 사람으로 여겨졌다. 이들의 자가당착식 논증을, 이후 많은 사람들이 똑같이 되풀이했다. 20세기 과학자들은 덫만 다를 뿐 그들과 똑같은 함정에 빠질 수 있음을 스스로 입증해왔다. 오늘날 사람들을 서열화하는 측정 수단으로 사용되는 것은 두개골 용적이나 뇌의 무게가 아니다. 그 망상은 여전히 열렬히 추구되고 있지만 모습을 달리하고 있다. 그것은 바로 지능점수(IQ score)이다.

인종적 편견을 정당화한 IQ 검사

지능검사는 알프레드 비네(Alfred Binet, 1857~1911, 심리학자)라는 프랑스인이 발명했다. 그는 이것을 사용하는 데 지켜야 할 세 가지 기본 원칙을 규정했는데, 미국 모방꾼들은 그것을 체계적으로 무시하고 왜곡했다. 비네의 원칙은 첫째, IQ점수는 선천적이거나 영구적인 규정이 아니다. 둘째, IQ점수는 학습장애 아동을 찾아내 도와주기 위한 기초 지침이지 정상 아동들을 측정하는 수단이 아니다. 셋째, 낮은 점수가 선천적 무능력을 의미하지 않는다. 비네의 지능검사는 미국 뉴저지 주의 바인랜드 정신지체아 학교의 연구부장이었던 고더드(H. H. Goddard)가 번역해 미국에 소개했다. 곧이어 고더드는 지능을 하나의 실재(實在)로 인정한다는 가정 하에서 비네의 지능점수를 이용하여 정신지체 등급을 계발했고 그럼으로써 비네의 제1 원칙을 어겼다. 게다가 그는 당연히 지능이 유전된다고 생각해 비네의 제2, 제3 원칙도 어겼다. 더 나아가 고더드는 선천적으로 우둔한 하층민들은 선천적으로 우수한 주인의 지도가 필요하기 때문에 기존 사회 계급 구조는 정당하며 불변한다고 주장했다.

고더드는 자신의 전제가 가져오는 무시무시한 진실을 기술하는 데 주저하지 않았다. 그는 1919년에 "노동자라는 대집단이 있지만 이들은 어린아이보다 조금 나을 뿐이어서 이들에게 어떻게 해야 할지 명령해야 하고, 시범을 보여주어야 한다. 지도자는 극소수이며 대부분은 그를 뒤따르는 자들이다"라고 말했다. 그는 자신의 견해가 이끌어내는 또 하나의 결론도 알고 있었다. 즉 고더드가 규정한 '정신지체자'들이 인구의 평균 지능 수준을 떨어뜨리지 않게 하려면 이들의 출산을 허용해서는 안 된다는 것이다.

이 주장을 증명하기 위해서 그는 선조가 결혼을 두 번 한 뉴저지

주 어느 가족의 가계를 추적했다. 그 조상은 처음에 정신지체 술집 여자와 결혼하고, 그 다음에 훌륭한 퀘이커교도 여성과 결혼했다. 첫 번째 결혼에서는 빈민과 저능아가 나왔으나 두 번째 결혼에서는 정직한 시민만이 나왔다. 고더드가 칼리칵가(家)라고 부른 이 집안은 수십 년 동안 혈통에 대한 고전적 연구로 우생학 운동에서 유명해졌다. "우리 주위에는 칼리칵가들이 있다. 그들은 일반 인구 비율의 2배로 증가하고 있는데, 우리가 이 사실을 깨닫고 그 기반 위에서 연구하지 않는 한 이러한 사회문제를 해결하지 못할 것이다"라고 고더드는 경고했다.[3] 칼리칵가에 관한 책에서 고더드는 정신지체자 후손들의 사진을 실었다. 그 책을 읽은 사람들은 한눈에 그들의 눈이 사악하고 악마 같은 눈빛을 하고 있으며 입은 사악하게 비뚤어져 있다는 것을 알아볼 수 있었다. 불행하게도 고더드의 책들에 실린 사진은 잉크가 흐릿한데, 이는 사진이 조작이라는 사실을 말해주었다. 칼리칵가 사람들을 정신병자로 보이게 하려고 사진의 눈과 입을 수정한 것이다.[4]

미국에 비네의 검사를 소개한 것은 고더드였지만 거의 모든 IQ 검사의 모델이 된, 스탠퍼드-비네(Stanford-Binet) 방식으로 알려진 개정판을 낸 사람은 스탠퍼드 대학의 심리학자 루이스 터먼(Lewis M. Terman, 1877~1956)이었다. 터먼은 나쁜 유전자를 확인하고 궁극적으로 그런 유전자를 가진 사람들을 사회에서 제거하기 위해서 자신의 검사를 신통력처럼 믿었다. 1916년에 터먼은 "가까운 장래에 수십만 명에 이르는 고도의 정신지체자들이 사회의 감시와 보호 아래에 놓일 것이다. 이는 궁극적으로 정신지체의 재생산을 줄이고 많은 범죄와 빈곤, 산업의 비능률을 제거하는 결과를 가져오게 된다."라고 썼다. 터먼은 정신지체자를 제거하는 수단뿐만 아니라 사회가 적정 구성원을 유지하고 그 구성원들에게 각자의 정신적 능력에 맞는 직업을 정해주는 수단으로써 모든 사람이 이 검사를 받아야 한다고 주장했다.

IQ점수가 확실히 측정한 것이 하나 있다면 IQ검사의 성과이다. IQ점수가 그것을 넘어선 어떤 것의 척도, 즉 '지능' 같은 것의 척도라는 주장은 추론일 뿐이다. 소위 지능에 기여하는 인간 정신의 많은 능력 중에는 유전되는 요소가 분명히 있다. 그러나 유전되는 것이 무엇이든 그것은 개인이 성장하는 환경 속에서 형성되고 바뀌고 다시 굳어진다. 20세기 초에 IQ검사를 주장한 사람들은 유전론의 경향이 워낙 강해서 자신들의 자료에서 환경적 영향이라는 증거가 분명히 나타나는데도 눈을 감아버렸다. 이들이 오직 볼 수 있었던 것은 새뮤얼 모턴의 경우와 똑같이 그 시대와 사회 계급적 편견을 반영한 그들 자신의 교조적인 신념이었을 뿐이다.

리센코는 자신의 도그마를 과학에 강요할 수 있었기 때문에 그의 이름은 그릇된 과학의 대명사가 되어버렸다. 유전론자들이 지능검사에 의해 정확히 편성된 사회의 수문장으로서 자신들의 자리를 잡지 못한 것은 노력 부족 때문이 아니었다. 미국이 제1차 세계대전에 참전하던 날, 미국 심리학회 회장 로버트 여키스(Robert M. Yerkes)는 동료 심리학자들에게 군 복무를 촉구했다. 당시 새롭게 떠오른 임무는 군 신병들을 대상으로 심리 검사를 하는 대규모 프로그램이었다. 다행히 군은 그 결과에 거의 관심을 기울이지 않았다. 그러나 심리학자들은 그 검사 결과를 심리 검사에 관한 자신들의 주장을 뒷받침하는 근거로 이용했다.[10)]

10) 당시 미 육군은 심리학자들의 검사 실시에 매우 비협조적이었고, 그 결과를 받아들이기를 꺼렸다. 굴드는 군 장교들이 그렇게 행동한 이유가 자신들의 영역에 민간인이 침입했다고 여겨 불쾌해했기 때문이라고 해석했다. 반면 여키스를 비롯한 심리학자들은 이 계기를 이용해서 심리학을 확실한 과학으로 만들기 위해 총력을 기울였다. 당시 심리학은 다른 과학 분야에 비해 확고한 지위에 올라 있지 않았다.

1924년, 미국 심리학회의 전임 회장이었던 터먼은 다음과 같이 선언했다. "심리학은 약 200만 명의 군인을 검사했으며, 초등학생 수백만 명의 등급을 매기는 데 이용되었고, 정신지체자와 게으름뱅이, 범죄자와 정신병자를 대상으로 하는 모든 기관에서 이용되고 있으며, 우생학 운동의 지표가 되었고, 국가 이민 정책을 검토하려는 의원들도 거기에 관심을 갖게 되었다. 오늘날 어떤 심리학자도 심리학이 경시되고 있다고 불평할 수 없을 것이다."

군 심리 검사 결과는, 로버트 여키스가 1921년에 〈미 육군에 대한 심리 검사(Psychological Examining in the United States Army)〉라는 제목의 800쪽에 이르는 방대한 논문으로 발표했다. 스티븐 굴드에 따르면 이 검사에서 도출된 '사실들'은 그 검사의 원래 목적이 잊혀진 뒤에도 오랫동안 미국 사회 정책에 영향을 미쳤다고 한다. 세 가지 주요한 결론은, 첫째, 미국 백인 성인의 평균 정신연령은 저능아보다 약간 위인 13세이며, 둘째, 유럽 이민자는 모국의 등급에 준하게 되는데, 흰 피부의 북유럽 인종이 슬라브족이나 남유럽의 피부가 짙은 인종보다 지능이 더 높다. 셋째, 흑인은 정신연령이 10.41세로 11.01세인 이탈리아인이나 10.74세인 폴란드인보다 더 낮아 최하층을 차지한다. 심리학자들은 대다수 국가의 평균 성인이 정신박약아라는 이 우스운 발견을 의심하는 대신에 유권자의 절반이 투표하기에 적합하지 않을 때 과연 민주주의가 유지될 수 있을까를 논의했다.

심리학자들이 늘상 객관적이라고 주장함에도 신병을 대상으로 한 이 검사는 어떠한 과학적 기준에서 보더라도 무의미한 것이었다. 검사 문항은 지극히 교양적인 것에 국한되었으며, 부적절한 조건 하에서 성급하게 실시되어 절차를 무시했고, 신병들은 대부분 자신들이 무엇을 하는지 이해하지도 못했다는 명백한 증거가 있다.

이러한 사실들은 검사 결과를 하찮고 쓸모없는 것으로 만들어주는 것들이다. 그럼에도 불구하고 이 엉터리 자료를 통해 환경이 지능에 미치는 영향이 어렴풋이 드러났다. 여키스가 그것을 놓친 점은 아니었다. 더 신기한 사실은, 여키스는 항상 유전론자의 주장에 유리하도록 교묘히 설명하려 했다는 점이다. 그는 평균 지능지수와 십이지장충 기생 사이의 강한 상관관계를 발견했다. 이 사실은 건강 상태, 특히 빈곤과 관련된 질병이 개인의 지능지수에 영향을 미친다는 점을 암시하는 것이 아닐까? 여키스는 우둔한 사람이 병에 걸리기 쉽다는 식으로 다르게 설명했다. "선천적으로 낮은 지능이 십이지장충 감염을 가져오는 생활 조건을 유발할지 모른다"고 그는 말했다.

여키스의 수치에 따르면 북부 출신의 흑인 평균 점수는 남부 출신 흑인의 거의 두 배에 이르며, 점수가 가장 높은 북부 네 개 주의 흑인 평균이 사실상 남부 아홉 개 주의 백인 점수를 능가했다. 어쩌면 그것은 그 당시 인종차별과 강제 격리에 처해 있던 남부에 비교해 북부 흑인이 더 나은 학교 교육을 받을 수 있었다는 사실을 반영하는 것이 아닐까? 물론 여키스는 그렇게 해석하지 않았다. 그는 학교에서 같은 시간을 보낸 흑인과 백인 중에서 흑인이 백인보다 더 낮은 점수를 기록한다는 사실을 발견했다. 사실, 백인 학교가 질적으로 좀더 나을지 모르지만 이러한 변수는 "집단 간의 명백한 지능 차이를 설명할 수 없다"고 여키스는 말했다.

아마도 환경적인 영향의 가장 명확한 증거는 외국인 신병이 미국에 거주한 기간이 길수록 검사의 평균 점수가 올라간다는 사실이었다. 이는 미국 관습에 익숙하면 익숙할수록 지능검사 결과가 더 높다는 의미가 아닐까? 여키스는 그 가능성을 인정했지만 더 이상 주목하지는 않았다. "군의 지능검사는 환경적 불리함으로 인해 수백만 명의 사람들이 개인의 지적 능력을 발달시킬 기회를 박탈당하고 있다는 사실을 입증하고 있으므로, 사회 개혁을 위한 추진력을 제공할 수도 있었을 것이다. 그 자료는 되풀이해서 검사 점수와 환경 간의 강력한 상관관계를 제시했다. 그러나 반복해서 검사를 작성하고 시행한 사람들은 자신들의 유전론적 편견을 수호하기 위해 왜곡된 설명을 꾸며냈다"고 굴드는 결론지었다.

여키스는 주변부의 과학자가 아니었다. 하버드 대학과 예일 대학의 심리학 교수였던 그는 심리학을 확립한 대들보 같은 존재였다. 그는 자신의 편견을 뒷받침하기 위해 과학을 굴절시킨 결과 결국 커다란 폐해를 남겼다. 제1차 세계대전 이후 미국의 심리학자들은 새롭게 확립된 이 학문 분야를 최대한 널리 알리기 위해 노력했다. 그들이 자신들의 전문 지식을 모두 쏟아 부어 끌어내려 한 실질적인 쟁점은 이민법 개정이었다. 군의 지능검사는 어느 국가가 바람직한 이민자를 내보내고, 어느 국가가 애당초 미국 영토에 접근하지 않는 게 나았을 부류의 사람들을 내보냈는지 규정할 과학적 근거를 제공했다.

심리학자들의 영향력이 어느 정도였는지에 대해서는 의견 차이가 있다. 의회 토론에서, "끊임없이 군의 자료가 거론되었다"고 굴드는 말한다. 한편, 캔자스 주립대학의 프란츠 새멀슨(Franz Samelson)은 심리학자들이 "결정적인 과학적 자료를 갖고 있다고 주장했음에도 입법에 미친 영향은 제한적이었다"고 말한다.[5] 심리학자들이 아무런 영향을 미치지 못했다 하더라도, 그들의 노력이 부족했던 것은 아니었다. 1924년에 제정된 이민제한법은 남부와 동부 유럽에서의 이민자 숫자를 격감시켰다. 심리학자들이 기껏해야 하찮은 역할밖에 하지 않은 사건에 대해 책임을 물을 수는 없지만, 그들은 결국 엄청난 비극으로 귀결된 잘못된 행동을 승인한 셈이다. “1930년대 내내 대학살을 예상한 유대인 망명자들이 이주하려고 애썼지만 받아들여지지 않았다. 서유럽과 북유럽 국가의 늘어난 할당량이 미달된 해조차 법적 할당과 계속되는 우생학적 선전으로 인해 유대인의 입국이 가로막혔다. 떠나고 싶지만 갈 곳이 없던 수많은 사람들에게 무슨 일이 일어났는지 우리는 알고 있다. 파괴에 이르는 길은 종종 우회적이지만, 생각(idea)은 총과 폭탄만큼 위력을 발휘할 수 있다”고 굴드는 설명한다.

이민자나 흑인, 하층 계급의 백인이 지능 면에서 열등하다는 그릇된 견해에 대해서, 지능검사자들은 단순히 국회의원과 당시의 여론이 갖고 있던 편견을 표현했을 뿐이라 말할 수도 있다. 그러나 이것은 검사자들에 대한 변명은 될지라도 그들이 대표하는 학문 분야에 대한 변명은 되지 못한다. 신뢰할 수 있는 지식을 대표하는 것이 과학이라는 주장은 객관성이라는 가정과, 과학자는 편견에 영향을 받지 않거나 적어도 자기 분야의 방법론으로 편견을 막을 수 있다는 생각에 근거한다.

과학적 방법이 편견을 막지 못할 경우, 특히 그 실패가 한 개인을 넘어서 같은 분야의 동료들에게까지 영향을 미칠 때, 그것은 대단히 혼란스런 일이다. 세계를 객관적으로 보기 위한 방법이 아니라면 과학은 도대체 무엇이란 말인가? 과학은 내용물을 결정한 뒤 포장지 위에 붙이는 상표에 지나지 않는가?

구성원 한 사람의 잘못으로 그 집단 전체를 비난해서는 안 된다. 그러나 과학자 사회가 자신들의 학문 분야가 중심이 되는 발견에서 심각하고 명백한 오류를 찾아내는 데 계속해서 실패한다면 특별한 문제가 생긴다. 새멀슨이 기술한 데 따르면, 지능검사자들이 처음에 한 발견은 “상식적 관찰과 아주 잘 들어맞았기 때문에 미국의 그러한 편견에 가치를 부여해 일반 대중 속에 뿌리 내리게 했다. 이 초기 오류의 대가는 그것을 저지른 사람들이 아니라 열등이라는 '과학적' 표시가 찍힌 피검사자들이 지불했다. 지능검사가 기회 균등과 상향적 사회 이동에 이바지해왔다는 데는 의심의 여지가 없다. …… 그렇지만 지능에 대해 좀더 진보적이고 환경론적인 접근으로 노골적인 집단 낙인이 제거된 뒤에도, 미국 내에서 지능검사의 효과는, 비판자들이 주장하듯이 기존 사회 계층을 유지하는(그리고 정당화하는) 수단으로 크게 작용했던 것 같다."

20세기 심리학의 거두가 사기꾼으로 밝혀지다

심리학자들이 객관적 진실로 가장한 도그마를 발견하는 데 실패한 사실은 시릴 버트 경(Sir Cyril Burt, 1883~1971, 영국의 심리학자)의 특이한 사례를 통해 확실히 알 수 있다. 고도의 유전 가능성을 강조한 버트의 지능 연구는 단순한 과오가 아니었다. 그것은 너무도 뻔한 통계학적 오류로 점철되어 있었는데, 이 통계는 나중에 광범위한 기만행위의 징후로 밝혀졌다. 버트의 자료는, 같은 종류의 IQ 자료로서는 최대라고 알려져 있었기 때문에 유전론적 견해를 지지하는 사람과 비판하는 사람 모두 이 자료를 거듭 인용했다. 그러나 격렬한 토론이 벌어지는 내내 버트의 자료에 의존한 과학자들은 그 뻔한 모순을 알아채지 못했다. 더 주목할 만한 일은, 버트의 견해를 비판하는 사람들도 쟁점이 된 버트의 논문에서 도드라진 빨간 깃발(위험신호)을 놓쳤다는 것이다.

영국 응용심리학의 개척자 중 한 사람인 시릴 버트는 매우 우수하고 교양이 풍부한 사람이었다. 그는 런던 유니버시티 칼리지의 교수였으며, 자신의 업적으로 기사 작위를 받은 최초의 심리학자였다. 미국 심리학회는 1971년에 그에게 손다이크(Thorndike, 1874~1949, 미국의 심리학자 · 사전편찬자. 동물의 학습실험을 통하여 시행착오 학습의 원리와 연습의 법칙을 발견하였다) 상을 수여했는데, 외국인에게 그처럼 높은 영예가 수여된 것은 처음이었다. 같은 해에 그가 사망하자 부고 기사는 그를 '영국의 가장 뛰어난 교육심리학자', 심지어 '세계 심리학자들의 수장'이라고 선언했다. 스탠퍼드 대학의 아서 젠센(Arthur Jensen)은 "그에 관한 모든 것"으로 "우아하고 강건한 외모, 활기, 세련된 매너, 연구와 분석, 비평에 대한 불요불굴의 열정, 그리고 예리한 지성과 박학다식함, 이 모두가 어우러져 걸출한 품성을 지닌 타고난 귀족이라는 총체적 인상을 풍겼다"라고 기록했다.[6]

그러나 기품 있는 지성으로 젠센을 감동시킨 그 사람에게는 통탄할 만한 지적 결함이 있었다. 그는 사기꾼이었다. 자신의 이론을 뒷받침하고 자신에 대한 비판을 뒤엎기 위해서 자료를 완전히 날조했다. 그는 전문적인 통계학 지식과 명석한 해설의 재능을 자신을 가혹하게 비판하는 사람들과 심리학자로서 자신의 위대함에 갈채를 보내는 사람들을 골탕 먹이는 데 사용했다.

더욱 주목할 만한 사실은, 버트가 IQ검사 분야에서 대단한 명성을 얻었는데, 이는 철저한 연구의 결과가 아니라 수사적 기교 덕분이며, 사실 자신의 이름에 걸맞은 연구를 한 적이 없었다는 점이다. 진실을 발견하기 위해 노력하는 사람을 진정한 과학자라고 한다면, 버트는 이미 진실을 알고 있었기 때문에 더 이상 과학자가 아니었다. 버트는 과학적 방법을 효과적으로 사용했지만 세계를 이해하는 접근 방법으로 사용하지는 않았다. 버트는 과학적 방법을 오직 수사학적 도구로, 즉 도덕적으로 우월한 위치를 가장한다든지 학식과 근면성에서 더 뛰어난 체하는 수단으로 사용했을 뿐이다.

버트의 전기를 쓴 레슬리 헌쇼(Leslie S. Hearnshaw)에 따르면, "그는 자신을 비판하는 사람들이 '새로운 증거나 새로운 연구에 기초한 것이 아니라 주로 일반적 원론에서 나온 탁상공론적인 글'에 기초하고 있다고 비난했다. 반면에 '나와 내 공동 연구자들은' 지속적으로 연구에 매진하고 있다. 이것은 환경론자들을 공격하기 위한 강력한 논법이었다. 그러나 이를 고수하려면 공동 연구자들이 있어야 했으며, 이러한 공동 연구자들은 계속 자료를 수집해야 했다."[7] 그러나 사실은 새로운 자료도 공동 연구자도 없었다. 홀로 진용을 갖춘 버트는 안락의자에 앉아 몹시 힘들게 짜낸 저 넓고 깊은 상상력에서 자료와 공동 연구자를 불러내어 과학적 논증이라는 외양으로 잘 치장했다. 그래서 그의 동료 과학자들은 30년 동안이나 그 환영에 속아 넘어갔다.

버트의 연구는 여러 방면에서 대서양을 사이에 둔 두 국가에 영향을 미쳤다. 영국에서 그는 제2차 세계대전 후에 영국의 교육제도를 개혁하려는 최고위원회의 고문으로 일했다. 이 새로운 제도의 핵심은 11세 어린이에게 적용할 검사였으며, 그 검사 결과에 따라 어린이가 수준 높은 교육을 받을지 수준 낮은 교육을 받을지를 배정했다. 소위 '11+시험'은, 어린이의 수학 능력과 장래의 가능성은 이 나이에 정확히 평가될 수 있다는 가정에 기초한 것이었다. 많은 사람들의 합의로 결정한 '11+시험'에 버트가 책임이 있다고 말할 수는 없지만, 지능의 75퍼센트 이상이 고정적이며 유전적이라는 버트의 설득력 있는 주장은 영국 교육자들 사이에 '11+시험' 탄생의 여론을 형성하는 데 분명히 영향을 미쳤다.

버트가 유니버시티 칼리지의 교수직에서 물러난 뒤인 1950년대에 '11+시험'과 그에 기초한 선택적 교육제도는 거세게 공격받기 시작했다. 버트는 자신의 이론을 방어하기 위해 유전론적인 견해를 지지할 놀라운 새 증거가 제시된 일련의 논문들을 발표하기 시작했다. 버트가 설명한 이 새로운 증거는 대부분 버트가 심리학자로서 런던의 학교 제도를 위해 일했던 1920년대와 1930년대에 모아놓은 것이었다. 공동 연구자 마거릿 하워드(Margaret Howard) 양과 콘웨이(J. Conway) 양의 도움을 받아 자료를 보강했다. 버트의 IQ 자료의 핵심은 서로 떨어져 자란 일란성 쌍생아들에게서 나온 것으로, 세계에서 가장 큰 단일 표본이었다. 유전형질은 같지만 다른 환경에서 떨어져 자란 일란성 쌍생아는 지능에 영향을 미치는 두 요소 간의 상호 작용을 검사하기에 이상적인 피실험자였다. 쌍생아와 그 혈연에 대한 버트의 자료는 "널리 인용되고 타당한 것으로 인정받았으며, 지능에 있어서 압도적인 유전적 결정력을 뒷받침하는 가장 강력한 증거가 되었다"고 헌쇼는 말한다.

1969년에 '11+시험'이 폐지되고 영국의 선택적 교육이 통합 교육 제도로 바뀐 이후, 버트는 교육 수준이 저하되었음을 주장하는 논문을 발표했다. 이 논문의 의도는 분명히 교육정책에 영향력을 행사하려는 것이었다.[8]

한편, 쌍생아에 대한 버트의 새로운 자료의 권위와 신선함은 미국 유전론 심리학자들의 열렬한 관심을 불러일으켰다. 아서 젠센은 1969년 《하버드 교육 평론(*Harvard Educational Review*)》에 실은 논문에서 버트의 발견을 많이 이용했다. 격렬한 논쟁을 불러일으킨 이 논문에서 젠센은 유전적 요소가 지능의 80퍼센트를 결정한다는 점에서 하층 계급의 흑인과 백인 어린이를 대상으로 한 보상 교육 프로그램은 소용이 없으므로 폐기되어야 한다고 주장했다.[9] 버트의 쌍생아 자료에 훨씬 더 많이 의존한 사람은 하버드 대학의 리처드 헤른슈타인(Richard Herrnstein)으로, 그는 《애틀랜틱(*The Atlantic*)》 1971년 9월호에 쓴 글에서 사회 계급은 부분적으로 지능의 유전적

차이에 기초하고 있다고 주장했다. 버트가 광범위한 영향을 미친 이 글에서 "지능 측정은 오늘날 심리학의 가장 두드러진 성과이다"라고 단언했다.[10] 버트의 쌍생아 연구가 높은 지위를 확보한 것이다.

버트가 1971년 10월에 88세의 나이로 사망했을 때, 영국의 교육 정책은 이미 버트의 이론에 등을 돌린 데 반해 미국 내에서 버트의 영향력은 절정에 있었다. 평생에 걸친 그의 연구가 산산조각이 난 것은 사후의 일이었다. 이 몰락은 아주 급작스럽게 찾아왔다. 그것은 연구라는 구조물이 학문의 허울만 쓰고 있었기 때문이다. 벌거벗은 임금님의 비정상적인 상태를 볼 수 있는 눈을 가진 사람은 프린스턴 대학의 심리학자 레온 카민(Leon Kamin)이었다. 그는 1972년에 한 학생이 버트의 논문을 가져와 읽어보기를 권하기 전까지는 IQ 분야에 전혀 관심이 없었다. "10분 동안 읽어본 뒤에 내가 도달한 결론은 버트가 사기꾼이라는 사실이었다"고 카민은 말했다.[11]

카민이 맨 먼저 주목한 것은 버트의 논문에 대체로 누가 언제 어떤 이에게 무슨 검사를 했는지 등의 세부적인 연구의 기본 형식이 없다는 것이었다. 이러한 모호성은 1943년에 발표된, IQ와 혈연 연구를 최초로 요약한 논문에서 분명히 나타났으며, 이후 논문에서도 계속 나타난다. 그러나 카민은 버트의 쌍생아 연구에서 훨씬 더 심각한 결함을 발견했다.

버트는 1955년에 서로 떨어져 자란 일란성 쌍생아의 IQ에 관한 최초의 완전한 보고서를 발표했는데, 이때 그는 21쌍의 소재를 파악했다고 주장했다.[12] 1958년의 두 번째 보고서에서는 '30쌍 이상'[13]을 언급했고, 1966년의 최종 보고서에서는 지금까지 세계 최대의 표본 집단인 53쌍을 인용했다.[14] 카민은 서로 떨어져 자란 쌍생아의 IQ점수 간의 상관관계가 세 보고서에서 모두 0.771로 나타난다는 사실에 주목했다. 두 보고서에 새로운 쌍이 추가되었음에도 상관계수가 소수점 세 자리까지 그대로 일치하는 경우는 있을 수 없는 일이다. 그러나 이뿐만이 아니었다. 함께 자란 일란성 쌍생아의 IQ 상관관계는 같은 크기의 세 표본에서 0.944로 고정되어 있었다. 60개의 상관관계 표에서 이런 우연의 일치가 20개나 있었다.

카민은 버트의 연구에 대해 검토한 내용을 1974년에 낸 책에 요약해서 실었다. 그의 평론은 신랄하고 풍자적이었으며, 반박하기 힘든 것이었다. 그는 정신측정학 역사의 한 대목을 장식할 결론을 내렸다. "버트의 보고서에서 절차상 기술의 누락은 보고서의 과학적 효용성을 완전히 떨어뜨렸다. …… 유전론자의 견해를 뒷받침하는 그의 자료에 나타난 놀라운 일관성이 신뢰도에 부담을 줄 때가 많았다. 그리고 분석 결과, 유전론자의 견해를 입증하려는 노력에 상응하여, 수용하기 어려운 결과가 담긴 자료가 발견되었다. 따라서 결론은 명백하다. 버트 교수가 남긴 수치는 현재 우리의 과학적 관심에서 일고의 가치도 없는 것이다."[15]

카민은 버트를 과학 문헌에서 지워버렸다. 버트의 추종자인 젠센도 좀더 정중한 표현을 쓰기는 했지만 같은 행동을 취했다. 1972년에 카민이 한 강의에서 그의 결론을 들은 젠센은 곧 "불변의 상관관계는 우연의 법칙을 지나치게 남용한 것이거나 일부 경우에서는 실수가 저질러졌다"는 것을 깨달았다. 따라서 젠센은 1974년 논문에 버트의 자료는 "가설 검증에 쓸모가 없다"고 썼다.[16] 그것은 여전히 잘못 들어선 길에 대한 의문을 남기고 있다. 버트 논문의 오류는 단순한 부주의 때문인가 아니면 그보다 더 나쁜 어떤 것이 원인인가?

카민은 처음부터 기만행위가 아닐까 의심했지만 책에서는 명확히 기만행위라고 버트를 비난하지 않았다. 기만행위라는 비판이 처음 나온 것은 1976년 10월 24일자 《선데이 타임스》에 의학 기자 올리버 길리(Oliver Gillie)가 쓴 기사였다.[17] 길리는 비난의 근거를 부분적으로는 카민의 발견에 두었고, 부분적으로는 자신이 아무리 노력해도 쌍생아 자료를 수집했다는 버트의 두 공동 연구자 하워드 양과 콘웨이 양의 존재를 어떤 기록에서도 찾을 수 없다는 점에 두었다.

1974년에 카민과 젠센이 발표한 의심할 바 없는 진술에도 불구하고, 기만행위라는 구체적인 비난은 대서양을 사이에 둔 두 나라의 심리학자들 사이에 엄청난 분노를 불러일으켰다. 헤른슈타인은 "너무나 터무니없어서 가만히 앉아 있기가 힘들다. 버트는 20세기 심리학의 거두였다. 한 사람의 생애에 대해 그런 의심을 품는 것은 범죄라고 생각한다"고 말했다.[18] 런던 정신의학연구소의 뛰어난 IQ 전문가 한스 아이젱크(Hans Eysenck)는 이 모든 일은 "단연코 과학적 사실을 가지고 정치적 게임을 하려는 일부 좌파 환경론자들이 벌인 짓입니다. 장차 조금의 의심도 없이 시릴 경의 신의와 성실함이 인정되리라고 확신합니다"라고 버트의 누이에게 편지를 썼다.[19]

실제로 무엇이 잘못되었는지 정확히 판단하는 것은 리버풀 대학의 심리학 교수 레슬리 헌쇼(Leslie Hearnshaw)의 몫이었다. 버트의 숭배자였던 헌쇼는 버트의 장례식에서 고인을 기리는 연설을 했고, 그 결과 버트의 누이로부터 버트의 전기를 써달라는 부탁을 받았다. 헌쇼는 조사를 진행하면서 놀랍게도 버트가 결정적 논문 여러 편에서 자료를 날조했다는 사실을 발견했다. "버트의 서한을 읽고 나는 그의 자가당착과 명백한 거짓말에 놀라고 충격을 받았다. 그 거짓말은 양성적인 것이 아니라 분명히 음성적인 것이었다"고 헌쇼는 말했다.[20] 버트가 상세히 기록해놓은 개인 일기는 그가 했다고 주장한 연구를 실제로 하지 않았다는 증거를 보여주었다. "따라서 이유야 어쨌든 분명히 세 가지 사례를 볼 때, 버트는 기만행위를 저지른 죄가 있다"라고 그의 공식적인 전기 작가는 결론내렸다.

1979년에 발표된, 버트에 대한 헌쇼의 연구는 동정적이면서 미묘하게 그려진 초상이었다.[21] 그는 위대한 재능을 지닌 사람으로 묘사되었지만 비판가들이나 경쟁자들, 심지어 학생들까지 시샘하는 병적 기질을 가진 인물로 그려졌다. 버트의 본성에 내재한 내성적이고 은둔적이면서 야심에 찬 이중성이 자신의 재능을 불명예스러운 결말로 치닫게 했다. 헌쇼는 버트의 쌍생아 자료가 적어도 일부는 가짜일 거라고 확신하는데, 그것은 버트가 1950년에 퇴직한 뒤에는 자신이 수집한 자료에 쌍생아들 자료를 더 추가할 수 없었음에도 1958년과 1966년 발표한 논문에서 그것을 수집했다고 기술했기 때문이다. 버트가 실체가 확인되지 않는 콘웨이 양과 하워드 양과 함께 한때 일한 적이 있었을지 모르지만 이 시기는 아니었다. 그는 공동 연구자도 없었고 어떠한 연구도 한 적이 없었다. 또한 1914년부터 1965년에 걸쳐 교육 수준이 저하되고 있음을 입증하는 증거라고 주장한 1969년의 논문 또한 허구이거나 부분적으로 가짜인 게 틀림없다. 헌쇼가 입증한 세 번째 기만 사례는 요인분석(factor analysis) 기법을 발명했다는 버트의 주장이다. 카민은 1909년 발표한 최초의 연구 논문을 비롯해서 버트가 했던 모든 연구가 기만행위일 것이라고 의심했지만, 헌쇼는 의심이 가는 최초의 연구는 1943년부터라고 확신한다. "1943년 이후에 나온 버트의 연구 보고서는 의심해봐야 한다"고 그는 결론지었다.

"버트를 유능한 응용심리학자로 만들어준 재능이…… 그의 과학 연구에는 반대로 작용했다. 타고난 기질로도 후천적인 훈련으로도 그는 과학자가 아니었다. 그는 지나치게 자신감이 넘쳤고 너무 성급했으며 최종 결과를 지나치게 열망해 결과를 조정하거나 뜯어 고쳤기 때문에 결국 훌륭한 과학자가 될 수 없었다. 그의 연구는 과학이라는 외양을 갖추고 있을 때가 많았지만 본질까지 항상 그랬던 것은 아니다"라고 헌쇼는 비판한다. 어떻게 해서 과학자라는 외양만 쓴 사람이 자신의 학문 세계에서 최정상, 그것도 영국 심리학계의 최고봉에 오를 수 있었을까? 만일 과학이 자기교정적이고 자기규찰적인 학문 공동체이고, 항상 엄격하고 공정한 태도로 다른 사람의 연구를 점검하고 있다면 어떻게 버트가 그렇게 높은 위치에 오를 수 있었으며 그토록 오랫동안 기만행위가 발각되지 않을 수 있었을까?

버트의 기만행위가 1943년 초부터 시작되었다면 1974년에 카민의 책이 나오기까지 31년 동안이나 발각되지 않았던 셈이다. 심리학을 하나의 학문으로 볼 때, 기만행위 자체가 발각되지 않고 넘어갔다는 점보다는 너무나 명백한 절차적 · 통계적 오류가 더 일찍 지적되지 않았다는 사실이 문제이다. 버트가 《영국 통계심리학 저널(*British Journal of Statistical Psychology*)》의 편집자로 있었던 16년 동안 가명(콘웨이 같은)으로 서명한 수많은 논문들이 나왔으며, 분명히 버트의 풍이었던 이 논문들은 버트에게는 칭송을, 버트의 반대론자에게는 비난을 보냈다. 적어도 1969년부터 죽 그의 자료는 다른 학문 못지않게 엄격하다는 분야에서 논쟁의 중심을 차지했다. 왜 학술지 편집자들과 심사위원들은 그에게 과학적 형식의 연구 결과를 요구하지 않았을까? 왜 학자들은 그의 논문을 보면서 결함을 지적하지 못했을까?

버트의 수치는 미국 심리학자들이 더 많은 정보를 요구할 만큼의 수준이 아니었던 것 같다. 고작 한 사람, 미네소타 대학의 샌드라 스카-샐러패텍(Sandra Scarr-Salapatek)만이 추가 정보를 요구했는데, 그녀의 눈에 그 자료가 '수상해 보였기' 때문이다.[22] 쌍생아에 관한 1966년의 최종 논문에서 버트는 환경론자에게 결정타를 날리기 위해 서로 떨어져 자란 쌍생아들이 사회적 배경이 전혀 다른 가정에서 양육되었다고 보고했다. 이 주장이 놀라운 까닭은, 보통 양자는 출신 배경이 비슷한 가정에 보내지기 때문이다. 당시 그 자료를 의심했던 심리학자 중에는 앨버타 주 캘거리 대학의 필립 버넌(Philip Vernon)이 있었다. 한때 버트와 함께 연구했던 버넌은 "나는 그 내용을 받아들일 수 없었고, 믿을 수도 없었다. 나는 그가 무엇을 한 건지 모르겠다"고 말했다. 왜 아무도 그 결과에 대해 공공연히 논박하지 못했는지 이유를 묻자, 그는 "분명히 중대한 의혹이 있었지만 버트의 세력이 워낙 막강했기 때문에 아무도 감히 그러한 사실을 공개할 엄두를 내지 못했다"고 답했다.[23] 버트의 힘은 후원자에게서 나오는 것이 아니라 가공할 수사학에서 나온 것으로 그는 감히 자신을 비판하는 사람들에게 수사적인 공격을 했을 것이다.

버트나 그의 연구와 밀접한 관련이 있는 사람들은 설령 의구심을 품었어도 카민이 나서기 전까지는 아무도 핵심적인 문제를 거론하지 못했다. 에든버러 대학의 심리학자 리암 허드슨(Liam Hudson)은 "명백한 사실은, 문헌에 대한 학자적인 통찰과 주요 자료에 대한 무한한 탐구가 아주 드물게 이루어진다는 점이다"라고 논평했다. "카민이 한 것처럼 누군가가 그 수치들을 조사하기 전까지는, 논쟁의 여지가 많은 중요한 영역의 문헌에 10년 이상 그러한 수치들이 존재해왔다는 사실에서 그 점을 알 수 있다. 아무도 들어본 적이 없는 콘웨이라는 누군가에게서 그 논문들이 나왔다는 것은 나를 비롯한 모든 전문가들의 명예를 크게 훼손했다. 이는 학자 사회가 작동하는 방식이 아니다."[24]

버트의 자료가 의심받지 않고 살아남을 수 있었던 것은 모든 사람이 믿고 싶어하던 것을 그 자료가 확증해주었기 때문이라고 카민은 해석했다. "모든 교수들이 중노동자의 자식보다 자기 자식이 더 총명하다고 생각하는데 무엇 때문에 이의를 제기하겠는가?" 논쟁의 여지가 있겠지만 그것이 전부는 아니다. 버트를 비판하는 사람들도 그 결함을 찾아내지 못했기 때문이다.

버트의 사례뿐 아니라 이 장에서 거론된 다른 많은 일화에 대한 가장 그럴듯한 대답은 과학자 사회가 대부분 자신들이 전제하고 있는 방식으로 움직이고 있지 않다는 것이다. 과학은 자기규찰적이지 않다. 학자들이 항상 과학 문헌을 주의 깊게 읽는 것은 아니다. 과학은 완벽하게 객관적 과정이 아니다. 적당히 치장하면, 도그마와 편견이 인간의 다른 어떤 분야만큼이나 손쉽게 과학으로 스며든다. 어쩌면 이러한 침입은 예기치 못한 것이기 때문에 더 쉬울 수 있다. 버트는 과학자라는 외양만으로 학문적 사다리 꼭대기에, 과학과 세상을 넘어선 권력과 영향력을 갖는 위치에 올랐다. 그는 자신의 교조적인 관념을 수용하도록 강제하기 위해서 과학적 방법을 순전히 수사적인 도구로 사용했다. 그를 수용한 과학자 사회는 그러한 무기에 대항하기에 무방비 상태였다. 수사와 허울에 대항하기에는 과학적 방법과 에토스는 무기력했다. 과학으로 위장한 도그마에 대항하는 데 객관성은 실패했다.

12장 _ 기만행위와 과학의 구조

전통적 과학 이념은 허구다

과학에 대한 전통적인 이념으로는 기만행위라는 현상을 만족스럽게 해명할 수 없다. 전통적 이념은 기만행위를 그다지 중요하지 않은 문제로 치부해버리거나, 일반적인 문제로 보지 않는다. 사실, 기만행위는 과학의 역사가 시작된 이래 줄곧 발생해온 중요한 현상이며 분명 지금도 계속되고 있다. 따라서 제거되어야 할 것은 기만행위가 아니라 이 전통적인 이념이다.

기만행위에 대한 분석은 과학이 실제로 어떻게 작동하는지 상당 부분 밝혀내고, 과학자 사회가 새로운 지식을 인정하고 받아들이는 과정과 개별 연구자의 동기를 분명히 해준다.

오랜 과거부터 과학은 인간이 두 가지 목표를 위해 분투해온 무대였다. 그것은 세계를 이해하고, 다른 한편 그 이해를 위해 기울이는 개인적 노력을 인정받는다는 것이다. 이러한 목적의 이중성은 과학이라는 사업의 토대에 깔려 있다. 이러한 이중적 목적을 인정할 때 비로소 과학자들의 동기와 과학자 사회의 움직임, 그리고 과학 그 자체의 과정을 제대로 이해할 수 있다.

과학자의 이 두 가지 목표는 대체로 상호 협조적으로 작용하지만 어떤 상황에서는 서로 갈등을 빚기도 한다. 실험 결과가 예상대로 정확하게 나오지 않을 때, 이론이 광범한 인정을 받지 못했을 때, 과학자는 여러 가지 방법을 써서 자료 상태를 개량하는 일부터 노골적인 기만행위에 이르기까지 온갖 유혹에 빠질 것이다. 고집 센 동료들을 설득해 자기 이론이 옳다는 것을 입증하려고 기만행위를 하는 사람도 있다. 뉴턴은 자신의 중력 이론을 비판하는 사람들을 논파하기 위해 모호한 요소들을 조작했다. 이유야 무엇이든, 멘델의 완두콩 비율 통계는 사실이라고 믿기에는 너무 완벽했다. 밀리컨은 전자의 전하를 설명하는 데 자료를 터무니없이 선택적으로 사용했다.

역사가 이와 같은 과학자들에게 관용적이라면 그것은 그들의 이론이 옳다고 판명되었기 때문이다. 하지만 윤리학자의 입장에서 볼 때, 진실을 위해 거짓말을 했고 결과적으로 그의 이론이 옳았던 뉴턴 류의 과학자와, 진실을 위해 거짓말을 했지만 그의 이론은 틀렸던 시릴 버트 같은 과학자 사이에 차이가 있을 수 없다. 뉴턴과 버트는 각기 진리라고 생각한 것을 위해 거짓말을 했다. 그들은 개인적인 정당화, 자기 이론의 타당성을 동료들에게 인정받으려는 허영심 때문에 기만행위를 저질렀을지 모른다.

확실히 대부분의 과학자들은 개인적인 명예에 대한 갈망으로 진리 추구를 왜곡하는 행동을 용인하지 않는다. 그러나 프톨레마이오스, 갈릴레오, 뉴턴, 돌턴, 밀리컨조차 굴복했던 유혹은 19세기와 20세기에 들어서 과학이 전문화됨에 따라 더 강해졌다. 엘리아스 알사브티의 괄목할 만한 경력은 명성에 대한 욕망이 정직한 진리 추구를 어떻게 무너뜨릴 수 있는지 잘 보여준다. 알사브티의 행위는 결코 일반적인 것이 아니지만, 현대 과학자들이 갖고 있는 야망과 출세주의를 극단적으로 드러냈다. 더 중요한 사실은 알사브티의 성공을 통해 과학자 사회의 메커니즘이 야망과 출세주의의 과잉을 규제하는 데 얼마나 무력한지 알 수 있다는 점이다.

과학은 대부분 이런 식으로 작동하지 않으며, 대개의 과학자들은 과학 스타 자리에 오르기 위해서가 아니라 자신이 그것을 좋아하기 때문에 연구한다. 과학의 사회적 조직은 단일하지 않으며, 평등한 동료들 사이의 이상적인 공동체에서 수직적 위계로 조직된 연구 공장에 이르기까지 그 구조는 다양한 스펙트럼을 갖는다. 아마도 기만행위가 일반화되었다는 것은 이처럼 다양한 구조들이 얼마나 잘 기능하는지를 보여주는 하나의 지표일 것이다. 아직 확실하게 일반화할 수는 없지만 분명한 패턴은, 알사브티나 버트처럼 단독으로 또는 연구 공장의 구성원들이 기만행위를 저지르는 경우가 많다는 것이다.

어쨌든 과학의 사회적 메커니즘은 출세주의를 조장하게끔 되어 있다. 수직적 위계로 조직된 연구 공장에서는 연구 책임자가, 자신의 공헌이 미미한 경우에도 부하 연구원들이 수행한 연구의 공적을 자동적으로 공유한다. 이런 구조에서는 한 과학자가 다른 사람을 희생시켜 자신의 명예를 쌓아갈 수 있다. 노력을 착취당하는 사람들은 그것이 조직의 변경 불가능한 일부라는 사실을 알기 때문에 연구를 계속해나간다. 그리고 그들 역시 자신들의 차례가 되면 이익을 챙기고 싶어한다.

실험실 책임자 체계는 출세주의뿐 아니라 냉소주의도 조장하는데, 그것은 그 구조와 조직으로 인해 과학자의 두 가지 목표인 진리 추구와 공적에 대한 갈망 사이에 분열이 생기기 때문이다. 결과와 논문 생산, 후속 연구 지원금 확보 등을 지나치게 강조하는 조직은 냉철한 진리를 추구하는 대신에 명예와 명성을 움켜쥐도록 압력을 가한다.

대체로 과학은 힘들고 어려운 작업이다. 훌륭한 아이디어나 최종적으로 실험을 완수하는 데서 오는 기쁨을 만끽하는 순간을 위해, 연구자는 실험실 의자에서 신기술을 익히고 결함을 제거하고 복잡한 자연에서 명확한 해답을 찾으려고 애쓰면서 숱한 시간을 힘겨운 노동에 쏟아 부어야 한다. 이런 어려움을 견디며 연구를 지속하려면 확고한 동기가 필요한데, 그 동기는 명예가 되기도 하고 때로는 연구비 지원 거부로 뼈아픈 자극을 받기도 한다. 그러나 젊은 연구자들이 자연에 대한 냉철한 탐구보다 과학적 명예를 좇느라 여념이 없는 선배 연구자들의 모습을 보게 되면 이러한 동기는 쉽게 냉소주의로 변할 수 있다.

사회학자들은 과학자 사회를 진리 추구라는 공통의 목표에 헌신하는 동료 집단으로 그리면서 그 점을 강조해왔다. 그러나 이것은 그림의 한 부분일 뿐이다. 과학은 경주이다. 선취권이 없는 발견은 쓰디쓴 열매이기 때문에 서로 선두에 서기 위해서 격렬하게 경쟁을 벌일 때가 많다. 경쟁이라는 압력 하에서 일부 연구자들은 자료를 손질하고 결과를 속이고 심지어 노골적인 기만행위를 저질러서라도 지름길로 가고 싶은 유혹에 무릎을 꿇는다.

과학은 어떤 의미에서는 공동체이지만 또 다른 중요한 의미에서 명성 체계이기도 하다. 과학의 사회적 구조는 명성이 연구 성과뿐 아니라 과학이라는 위계질서 속의 지위에서도 나올 수 있는 엘리트 생산을 조장하게끔 되어 있다. 과학 엘리트들은 과학의 보상 체계를 통제하며 동료 평가 제도를 통해서 과학의 자원 분배에 주요한 발언권을 갖는다.

실험실 책임자가 지휘하는 논문 공장과 마찬가지로, 명성 체계는 진리 추구보다는 개인적 명성을 선호한다. 이 체계는 연구 결과에 대한 정상적인 공동 평가 메커니즘과 상충하는데, 그것은 엘리트의 연구에 대해서는 엄격한 심사를 면제해주고 부당한 특권을 부여하기 때문이다. 과학 엘리트 기관에서 끊이지 않고 발생하는 기만행위 사건을 과학 엘리트들이 직접 책임질 수는 없지만, 이들은 출세주의를 조장하고 기만행위에 대한 유혹과 기회를 만들어내는 사회조직의 산물이자 수혜자들이다. 윌리엄 서머린, 비제이 소먼, 존 다시는 부분적으로 연구팀장의 더 큰 영광을 위해 수많은 논문을 생산해내던 연구소의 연구원들이었다. 존 롱은 무에서 연구 업적을 날조하는 과정에서 자기 연구소의 명성과 과학계 내의 제휴 관계를 활용했다.

기만행위는 과학의 사회적 구조뿐 아니라 과학의 방법론도 드러내준다. 기만행위와 자기기만은 과학의 자기교정 메커니즘, 특히 과학적 결과에 대한 검증에 도전하는 부정확한 자료를 생성한다. 이 책에서 거론된 수많은 기만행위 사건에서 보았듯이, 실험의 재연은 마지막 방책으로 선택되고, 다른 이유로 의혹을 받게 되었을 때에야 그것을 확인하기 위해 실행되는 경우가 많다. 정확한 실험 재연은 과학적 절차의 정규적인 과정이 아니다. 그 이유는 간단하다. 다른 사람의 실험을 재연한다고 해서 명성을 얻는 것은 아니기 때문이다.

재연은 과학 발전의 동력이 아니다. 과학의 중심적인 검증 방법을 좀더 자세히 기술해보면, 실제로 작동하는 조리법이 일반적 조리법으로 채택된다는 것을 알게 된다. 어떤 면에서 과학은 지나치게 실용주의적이다. 이론이 주의를 끌 수도 있지만, 과학자에게 더 중요한 것은 실험을 실제로 작동하게 만드는 능력이다. 새로운 실험이나 기술이 성공적이면, 다른 과학자들은 그들의 목적을 위해 그것은 채택할 것이다. 과학이라는 거대한 조직이 조금씩 전진하는 것은 끊임없이 기존 조리법을 조금씩 개선해나가기 때문이다. 요리사가 아니라 허풍선이의 산물로 증명된 나쁜 조리법은 아주 드물다. 대부분은 잊어도 좋거나 별로 중요하지 않거나 또는 그 밖의 수많은 잘못된 연구들과 함께 길가에 버려져서 잊혀지는 경우가 더 많다.

과학은 실용적이지만 과학자들은 다른 사람들과 마찬가지로 아첨, 수사, 선전을 비롯한 제반 설득 기술에 약하다. 출세주의자들은 자신의 생각을 관철시키는 데 도움이 되는 이런 무기들을 충분히 활용할 것이다. 과학적 방법을 순전히 수사적 무기로 휘두를 수 있다는 사실을 시릴 버트보다 더 잘 보여준 사람은 없다. 단지 적들보다 자신이 더 과학적이라는 주장만으로, 그리고 숙달된 통계학 실력과 명석한 해석 능력으로 버트는 영국과 미국의 교육심리학자들을 30년 동안이나 속였다.

과학에서 수사가 설득력을 발휘하려면 그만큼 객관성을 희생시켜야 한다. 기만행위에 대한 연구로, 과학에서 객관성이라는 이상이 버려질 때가 많다는 사실이 밝혀졌다. 객관성은 사후적 관점에서만 과학의 덕목으로 적합한 것 같다. 과학 교과서에 적혀 있는 냉정한 사실의 축적은 그것을 만들어낸 사람들과는 전혀 무관해 보인다. 철학자나 사회학자가 아무리 칭송해도, 현대 과학의 경쟁적이고 성과 지향적인 분위기에서 공평무사한 태도를 유지하기는 어렵다. 객관성이 과학자에게 필수적인 특성인지는 분명치 않다. 연구자들은 대부분 자신의 연구, 자신이 사용하는 기법, 그리고 자신이 증명하고자 하는 이론을 열정적으로 믿는다. 그처럼 감정적으로 몰입하지 않는다면 연구를 지속하기 어려울 것이다. 기술이 모호하거나 이론에 설득력이 없다고 판명되면 연구자들은 그것을 폐기하고 새롭게 시작하는 것을 배운다. 많은 과학자들은 진실을 알기를 간절히 원한다. 과학자들이 초연한 체하거나 하얀 가운을 걸치면 논리적인 자동인형처럼 행동하도록 강요하는 것은 과학 보고의 문헌적 관례 때문이다. 객관성은 철학자들이 추상화한 것으로, 연구자들에게는 혼란을 줄 뿐이다.

과학은 사회적, 역사적 과정

재연이나 객관적 분석이 아니라면 과학 지식은 어떻게 그 타당성을 인정받는가? 경제학자 애덤 스미스(Adam Smith, 1723~1790)는 그의 고전적인 저작에서 사적 탐욕이 어떻게 공익을 달성하는지 설명했다. 모든 사람이 시장에서 자신의 사익을 극대화하려고 노력해도 공익이 실현되는 것은 효율적인 시장이 최저 비용에서 수요와 공급의 균형을 맞추기 때문이라는 것이다. 과학에서도 유사한 메커니즘이 작동한다. 연구라는 광장에서 모든 과학자들은 제각기 자신의 생각이나 조리법을 인정받으려 애쓰며, 이것이 팽팽한 균형을 이루다가 시간이 지나면서 자연을 다루는 더 훌륭한 조리법이 점차 우세해지고, 그럼으로써 유용한 지식이 더 많이 축적되어 간다. 과학자들이 개인적 목표를 열심히 추구할수록 경쟁적인 주장에서 진리가 더 효율적으로 산출된다.

애덤 스미스는 경제학에서, '보이지 않는 손'을 사익에서 공익을 창출하는 기적의 메커니즘이라고 불렀다. 과학에서 작용하는 이와 유사한 메커니즘을 '보이지 않는 장화(invisible Boot)'라고 하자. 이 보이지 않는 장화가 부정확하고 무용하고 불필요한 모든 자료를 과학에서 걷어찬다. 이 장화는 모든 과학자의 연구를 송두리째 짓밟아서 진실과 거짓, 정직과 부정직, 신념을 지키는 자와 진실을 배신하는 자를 구별하지 않고 짓눌러 망각 속에 빠뜨린다. 시간이 지나면서 그 장화가 과학의 과정에서 비이성적 요소와 발견을 빚어낸 열정과 편견 같은 모든 인간적인 요소를 제거하고 말라빠진 지식의 잔해만 남겨놓는다. 결국 원래 그것을 만들어낸 인간 창시자와는 거리를 떨어뜨려 객관성이라는 실체를 얻게 되는 것이다.

철학자들은 논리적 연역, 결과의 객관적 검증, 그리고 이론의 구축을 과학적 방법의 기둥이라고 기술했다. 그러나 기만행위 사례를 분석해보면 다른 상을 얻을 수 있다. 그 분석 결과를 보면 과학은 실용적이고 경험적인 것이어서 때로는 기존 분야의 경쟁자들이 여러 가지 서로 다른 방법을 시도하지만 가장 잘 작동하는 조리법이 나오면 항상 그것으로 재빨리 전환하는 시행착오의 과정이기도 하다. 과학은 사회적 과정이기 때문에, 연구자들은 해당 분야에서 자신의 기법과 해석을 발전시키면서 동시에 인정을 받으려고 노력한다. 연구자는 과학적 권위에 호소하고, 자신의 방법이 얼마나 철저한지 강조하고, 자기 방법이 현대의 이론과 얼마나 일치하는지 혹은 그것을 얼마나 지지하는지 설명하는 등 온갖 수사적 기술과 그 밖의 담론 양식을 총동원할 것이다.

시간이 경과하면서 무용하고 부정확한 연구를 걷어차 버리는 '보이지 않는 장화'로 작동되는 과학이 조리법이나 수사에 지나지 않는다고 말하는 것은 너무 극단적일 것이다. 그러나 과학을 객관적인 타당성 검증에 의해 나아가고 오로지 진리 추구의 동기로만 움직이는 논리적 과정으로 그리는 것도 역시 극단적이다. 과학은 복합적인 과정이며, 거기에서 관찰자는 자신의 시야를 좁히기만 하면 자신이 원하는 모든 것을 볼 수 있다. 그러나 과학을 완전하게 기술하고, 그것이 실제 작동하는 과정을 이해하려면 과학에서 이상과 추상을 찾아내려는 유혹을 버려야 할 것이다.

물론 추상 과정은 철학자가 추구하는 과학적 방법이다. 어쩌면 유일한 과학적 방법은 존재하지 않는지도 모른다. 과학자들은 개별적이며 각기 다른 양식과 방법으로 진리에 접근한다. 과학 논문의 동일한 양식은 보편적인 과학 방법에서 비롯된 것처럼 보이지만, 사실 그것은 현행 '과학 보고의 관례'가 강요한 거짓된 일치이다. 만약 과학자들에게 자신의 실험과 이론을 자연스럽게 기술하도록 허용한다면 보편적인 과학 방법이란 것은 즉시 사라져버릴 것이다.

과학이 어떻게 작동하는가를 제대로 이해하기 위해서는 이 분야에 대한 철학자, 사회학자, 과학사학자들의 추상이 다면체 중의 한 면에 불과하다고 인식해야 하며, 전통적인 이데올로기가 가장하듯이 전체의 상으로 받아들여서는 안 된다. 무엇보다도 먼저, 과학은 사회적 과정이다. 우주의 비밀을 발견하고 그것을 다른 사람에게 알리지 않는 연구자는 과학에 기여한 것이 아니다. 둘째, 과학은 역사적 과정이다. 과학은 시간과 함께 움직여 나아가며 문명과 역사를 구성하는 필수적인 부분으로서, 그 맥락에서 억지로 떼어내면 과학을 제대로 이해할 수 없다. 셋째, 과학은 문화적 형식으로서, 이성적 사고를 향한 인간의 경향을 표현하는 데 더할 나위 없는 기회를 제공한다.

과학의 이 세 번째 측면은 가장 많은 오해를 낳았다. 과학에서의 강력한 합리적 요소는 마치 그것만이 과학적 사고에서 유일하게 중요한 요소인 양 받아들여져 왔다. 그러나 창의성, 상상력, 직관, 끈기, 기타 수많은 비합리적 요소들 또한 과학적 과정에서 필수불가결한 부분이며, 그다지 중요시되지 않는 야심과 시기, 기만행위 같은 성질도 일정한 역할을 한다. 과학 기만행위의 존재는 자료를 조작한 개인과 그것을 용인한 과학계 모두에 비합리적 요소가 작용하고 있음을 증명하는 것이다.

과학의 명백한 합리성은 과학이 사회 내에 유일한 지성의 합리적 실천이라거나 적어도 가장 합리적이고 믿을 만하다는 의미로 오해되기도 했다. 과학자들 중에는 대중 앞에 자신의 모습을 드러낼 때 과학의 이러한 역할에 맞장구를 치면서 마치 자신이 비합리적 대중에게 구원을 제시하는 이성의 대리자인 양 가장하는 사람도 있다. 과학이 인간 지성의 다른 실천들과 본질적으로 다르다고 생각하는 것은 잘못된 인식일 것이다. 적어도 그것을 증명하는 부담은 과학이 특별하다고 주장한 사람들이 져야 하며 철학자들이 과학에 대해 말한 것만을 토대로 한 모든 주장은 거부해야 한다.

또한 과학자들은 자신들을 사회 내에서 유일한 합리성의 수호자로 간주하는 사람들 때문에 잘못된 위치에 놓여 있다. 사회적 · 물질적 진보나 암흑과 무지의 세력들에 대한 이성의 승리라는 공적을 모두 과학에 돌리려 했던 역사학자들은 마찬가지로 현대 사회의 모든 모순에 대한 책임을 과학에 돌리려고 한다. 부적절하게도 과학은 현대 세계에서 진리와 가치의 기본적인 원천으로서 종교를 대신해왔다.

과학의 역할을 이렇게 인식한 데서 비롯한 경직성은 기만행위에 대한 과학 제도의 전형적인 반응에서 분명해진다. 기존 제도의 대변인들은 다른 분야와 마찬가지로 과학에도 기만행위에 대한 어떤 배경이 존재한다는 것을 인정하기 힘들어한다. 또한 기만행위에 대한 책임을 과학의 관례나 제도가 어느 정도 짊어져야 한다는 것을 마지못해 시인한다. 전통적인 과학관을 폐기해야만, 기만행위가 과학이라는 사업에서 작지만 결코 무시할 수 없는 고질적인 풍토병이라는 사실을 인정할 수 있다.

기만행위를 중대한 문제로 받아들이기 거부하는 것은 과학을 위태로운 상태에 방치하는 일이다. 특히 기만행위가 순수한 연구 세계를 넘어서 공공 정책 영역과 관련될 때 기만행위는 중요하고도 현실적인 당면 과제가 될 수 있다. 약품과 식품 성분에 대한 검사가 적절한 예인데, 그동안 과학 제도가 아닌 정부기관이 생물학 검사에서 발생하는 광범위한 기만행위의 감독권을 쥐고 있었다.

불행하게도, 중요하고 충격적인 기만행위가 인간의 능력을 측정하는 분야에서도 발생했다. 기만행위와 자기기만은 계급과 인종 문제에 대한 대중의 태도에 영향을 미치는 연구, 그리고 이민과 교육 같은 이슈에 대한 공공 정책을 결정하는 데 주요한 역할을 해왔다. 이러한 맥락에서 행해진 과학자의 기만은 자신은 물론 타인까지 속이는 것이 되며 그들의 기만에 대해 더 일반적인 원칙을 제시한다. 즉 사회적 이슈를 둘러싼 논쟁에 과학자들이 뛰어들면 대체로 제일 먼저 희생되는 것이 객관성이라는 사실이다.

일부 과학 기만행위로 입은 실질적 피해 외에도 실험실에서 기만행위가 발각될 때마다 과학에 대한 대중의 신뢰는 훼손된다. 과학자 측에서 이 문제를 적극적으로 제기하지 않는다면, 의회는 식품의약청의 감사 체계를 본 딴 연구소 규찰대를 제도화하는 것 같은 조치를 취하라는 압력을 받을 것이다.

의회는 과학 연구와 대학이 정부로부터 자율적이어야 한다는 강한 신념 때문에 마지못해 미약한 조치를 취할 것이다. 그러나 정부의 다른 모든 부처에서 낭비와 기만행위를 없애려는 노력이 이루어지는 시기에는 의회도 더 이상 과학을 기만행위가 일상적으로 벌어질 수 있는 성역으로 방치하지 않을 것이다.

기만행위를 방지하는 길

정치적 고려와 상관없이, 기만행위의 동기를 밝혀내는 일은 과학의 관심사에 속한다. 과학이라는 전체 기구들을 정지시키지 않는 한 기만행위에 대항할 절대적인 방어책은 없다. 그러나 기만행위 적발보다 훨씬 더 중요한 것은 예방이다. 무엇보다 먼저 기만행위의 유혹을 줄이는 조치가 필요하다.

대체로 과학이라는 사회 조직은 출세주의를 조장하고 거기서 보상을 얻는데, 그런 조직의 특징들이 기만행위의 원인이 된다. 지나친 출세 지향적 체계는 젊은 과학자들 사이에 냉소주의를 불러일으키고, 그들은 때때로 선배들의 행동 중에서 나쁜 면만을 모방해서 압력에 대항하기도 한다. 자료 조작이나 결과의 완전 날조가 발생하는 것은 필경 이러한 분위기 때문일 것이다. 과학자들은 엘리트주의에 대해 좀더 의심해 보아야 하며, 특히 너무 빨리, 너무 많은 것을 하는 엘리트 연구기관의 젊은 슈퍼스타들에 대해서는 더 의심해보아야 한다. 보편적이라고 주장하는 지식 분야는 내적 검증이 공평하게 적용되었는지 확인해야 한다.

과학의 공적 배분, 특히 과학 논문에서 결정적으로 중요한 부분인 저자 표기에 대해 보다 공식적인 지침을 정하는 일은 간단하면서도 의미 있는 개혁일 것이다. 여기에서 두 가지 원칙이 성립할 수 있다. 첫째, 저자로 이름을 올리는 모든 사람은 연구에 구체적으로 주요한 공헌을 했어야 한다. 이보다 공헌도가 낮은 사람에 대해서는 논문 본문에서 분명하게 사의를 표시해야 한다. 둘째, 논문의 모든 저자는 공적을 취한 만큼 그 내용에 대해 모든 책임을 질 준비가 되어 있어야 한다.

이런 두 가지 원칙이 일반화된다면, 주변적인 일에만 관여한 연구에 자신의 이름을 올리는 연구 책임자들의 부정직한 관행을 줄일 수 있다. 또한 유망한 모든 연구의 공적은 독식하면서도 정작 기만행위가 발각나면 책임을 회피하는 책임자들의 구차한 모습도 사라질 것이다. 실험실 책임자가 자료가 조작되었는지 알 정도로 연구 과제에 깊숙이 관여하지 않는다면 논문에 자신의 이름을 올리지 말아야 한다. 그리고 서명한 논문에 대해서는 전적으로 책임을 져야 한다. 과학자가 아닌 대부분의 사람들에게 이러한 원칙은 너무나 당연한 것이어서 거론할 필요조차 없다.

개혁이 특히 시급한 분야는 의학 연구 부문이다. 의대 본과에 들어가려는 학생들은 과도한 압박으로 경쟁에서 이기기 위해 종종 속임수를 사용하고 승리에 대한 보상을 받는다. "의예과 학생들 사이에서 시험 시 부정행위는 일반화되어 있으며, 의대 본과 진학을 보장받기 위해서 고학년들 사이에 벌어지는 경쟁은 도덕적, 인도적인 행동을 촉구하기 어려운 상황이다"라고 하버드 의대 학장이었던 로버트 에버트(Robert H. Ebert)는 말한다. 연구 수행에 뒤따르는 명성과 그 과정에 수반되는 의학계의 극심한 경쟁과 부정행위에 익숙한 사람들은 자료를 수정하고 실험을 조작하는 것을 자연스럽게 생각하게 된다. 의학 연구에서 기만행위를 저지르는 '썩은 사과'는 이 체계가 낳은 특수한 결과이다. 하나의 해결책은 의학 연구와 의학 교육을 확실히 분리시키는 것이다.

일반적으로 연구에 영향을 미치는 문제는 과학 논문의 과잉 생산이다. 오늘날 너무 많은 과학 논문이 발표되고, 그중 대다수는 가치가 없다. 더욱이 이 가치 없는 논문들이 과학의 의사소통 체계를 혼란시켜서 훌륭한 연구가 주목받는 것을 방해하고 형편없는 연구가 철저한 조사를 받는 것도 막고 있다. 알사브티와 그의 동료들은 과학 문헌의 대다수인 읽히지 않거나 읽을 가치도 없는 논문의 바다가 제공하는 피난처 덕분에 표절에 성공할 수 있었다.

현재의 제도가 지속되면 연구자들은 하나의 연구에서 별개의 여러 논문들을 최대한 뽑아내 발표 논문 숫자를 부풀릴 수 있다. 이러한 잘못된 관행 때문에 논문 검토가 거의 불가능해진다. 연구 결과를 조각내서 마치 많은 연구를 한 것처럼 부풀리는 과학자는 보상이 아닌 비난을 받아야 한다.

이러한 논문 발표 문제의 뿌리는 시장 법칙으로부터 철저하게 보호되는 이 체계의 구조적인 문제이다. 아무도 읽을 필요가 없는 논문을 발표하는 학술 잡지들은 납세자로부터 이중의 지원을 받는다. 학술 잡지사는 인쇄비를 충당하기 위해서 저자들에게 게재료를 부과한다. 또한 이 잡지를 구입하는 과학 도서관에서도 지원금을 받는다. 논문 게재료와 도서관 지원금은 해당 연구자에 대한 정부 보조금에서 나온다. 이러한 지원금 덕에 아무리 형편없는 과학 논문일지라도 대부분 쉽게 활자화될 수 있는 것이다.

심사 절차를 엄격히 하려는 시도는 성공하기가 어려운데, 왜냐하면 한 잡지에서 거부된 논문도 결국 다른 잡지에 발표되기 때문이다. 현재 필요한 방안은 특히 의학과 생물학 분야의 잡지 수를 과감히 줄여서 경쟁을 격화시키는 것이다. 이러한 잡지들 대부분은 자비 출판물과 다를 바 없으며, 납세자들이 연구자에게 주는 보조금을 통해 이런 무익한 일이 지원되고 있다. 게재료 관행은 줄이고, 수요와 공급이라는 시장 기능이 논문 발간 영역에 도입되어야 한다.

논문 발표와 관련하여 양보다 질을 강조함과 동시에 겉만 번지르한 긴 논문 목록을 바탕으로 승진이나 연구 지원금을 결정하는 관행도 사라져야 한다. 심사위원들은 연구 기록을 읽고 평가하는 정교한 방법을 개발해야 한다. 예를 들어 다른 연구자 논문에 인용되는 횟수로 그 과학자의 영향력을 평가하는 인용 빈도 분석이 있을 수 있다. 이러한 방법이 이력서에 적혀 있는 긴 논문 목록보다도 한 과학자의 진가를 더 많이 말해준다.

과학 논문 수의 감소는 당연히 과학자 수의 감소를 시사한다. 과학 발전에 기여한 대부분의 연구는 소수 엘리트 과학자에 의해 이루어졌다. 이들 소수의 엘리트는 다수의 연구에 의지하는 것이 아니라 그 엘리트 집단 내 다른 연구자들의 연구에 압도적으로 의지한다. 다수의 연구자 과학 발전의 속도는 느려지지 않을 것이다. 과학 공동체의 규모가 지금보다 더 작고 자격 있는 사람들로 이루어졌다면, 과학은 훨씬 더 진전되었을지 모른다. 과학자의 숫자가 너무 많은 듯하다. 경제학자 밀턴 프리드먼(Milton Friedman)이 제안한 것처럼 기초 과학 연구는 정부가 아니라 민간의 후원이 더 적절할지도 모른다.

철학자 오스발트 슈펭글러(Oswald Spengler)는 그의 저서 《서구의 몰락(*The Decline of the West*)》에서 퇴폐하는 문명의 징조 중 하나로 학자들의 기만행위를 들었다. 과학 내에 끊임없이 일어나는 기만행위에 놀라 슈펭글러의 논의를 믿을 필요는 없다. 진보라는 개념은 서구 사회를 지탱하는 가치이며 과학 연구는 그 목적을 위한 중요한 수단이다. 과학자들은 사회를 대신해 진리를 확인하는 임무를 전문적으로 위임받았다. 과학자가 개인적인 목적을 위해 진리를 배신할 때, 원칙이 심각하게 부식되고 있음을 알리는 신호를 무시하지 말아야 한다.

대중이 과학의 본질을 더 잘 이해하게 되면, 과학자에 대한 경외심은 줄고 과학자를 보다 회의적으로 볼 것이다. 좀더 현실적인 태도가 대중과 과학자 모두에게 바람직하다. 그러나 과학에 대한 적절한 이해는 과학자 자신부터 시작해야 하며 지적 창조에서 과학과 기타 활동이 단절되어 있지 않다는 생각을 받아들여야 한다. 기만행위라는 현상은 과학의 인간적 측면의 중요성을 뒷받침해준다. 이는 과학 지식의 논리적 구조를 이유로 그것을 여타의 지적 활동과 다른 범주로 분류할 수 없다는 사실을 말해준다. 과학은 예술이나 시의 원천에서 배제될 수 없으며, 그렇다고 과학이 유일한 합리성의 문화적 표현도 아니다.

과학은 지식의 추상체가 아니라 자연에 대한 인간의 이해이다. 과학은 진리를 헌신적으로 따르는 충복이 자연에 대해 이상화된 질문을 던지는 것이 아니라, 과학자의 미덕으로 찬미되는 온갖 성질뿐만 아니라 야심, 긍지, 욕심 같은 평범한 인간의 열정에 좌우되는 인간적 과정이다. 하지만 욕심에서 기만행위로 이어지는 한 걸음은 인생의 다른 여정에서처럼 과학에서도 그리 크지 않다. 대부분의 속임수는 자료를 고치는 정도에 지나지 않고 노골적인 기만행위도 그다지 많지 않다.

베이컨은 "진리는 권위가 아니라 시간의 딸(시녀)이다"라고 말했다. 진리는 과학자들에 의해 무의식적으로, 혹은 자신의 목적을 위해, 진리라는 미명 하에 계속 배신당해왔다. 과학 권력자들은 기만행위가 과학의 얼굴에 일시적인 상처 이상을 남긴다는 점을 부정한다. 그러나 기만행위가 과학의 고유한 특성이라는 사실을 인정할 때만이 과학과 과학자의 진정한 본성을 완전히 이해할 수 있다.

옮긴이 후기

부정한 과학의 정치경제학

오늘날 과학 기술은 우리 사회를 지탱하는 중요한 사회적 제도이자 많은 사람들이 그 속에서 숨쉬고 살아가는 중요한 문화가 되었다. 우리의 일상생활이나 사회 체계에서 과학은 따로 분리시켜 사고하는 것이 불가능할 정도로 핵심적인 요소로 자리 잡았다. 그래서 어떤 과학사회학자는 오늘날 과학의 지위가 중세 시대의 종교와 맞먹거나 오히려 그것을 능가한다고 말하기도 한다. 다시 말해서 과학은 권력이 된 것이다.

윌리엄 브로드와 니콜라스 웨이드가 쓴 《진실을 배반한 과학자들》은 바로 이 지점에서 논의를 시작한다. 두 저자는 '과학이 실제로 어떻게 작동하는가' 하는 물음을 던지면서 흔히 과학의 실제 본질이 사람들 사이에서 크게 오해되고 있다는 사실을 지적한다. 다시 말해서 과학이 객관적인 진리 추구이고, 과학은 엄밀한 자기규찰 체계를 갖추고 있기 때문에 어떤 오류든 스스로 찾아내서 추방할 수 있다는 잘못된 생각이 통용되고 있다는 것이다. 《뉴욕 타임스》 과학기자로 활동했던 두 사람은 과학 사기, 즉 과학에서 벌어지는 기만행위와 부정이 나타나는 것은 희귀하거나 예외적인 일이 아니라는 주장에서부터 이야기를 시작한다. 오히려 과학에 대한 오해가 과학에서 일상적으로 벌어지는 부정행위를 보지 못하도록 은폐하는 역할을 한다는 것이다.

최근 우리 사회는 황우석 사건이라는 전대미문의 과학사기극을 겪었고, 그 과정에서 순수한 동기에서 난자를 기증한 여성들을 비롯해서 많은 사람들이 측량할 수 없을 정도로 엄청난 피해를 입었다. 당시 많은 사람들은 '어떻게 과학에서 이런 일이 일어날 수 있는가' 하는 의문을 품었다. 이 책의 저자들은 이러한 생각이 과학에 대한 잘못된 환상에서 비롯된 것임을 분명하게 밝혀준다. 이 책은 독자들에게 과학이 다른 제도와 마찬가지로 부정과 기만이 벌어질 수 있는 영역이라는, 일견 당연하지만 지금까지 전통적인 과학관에 의해 가려졌던 사실을 받아들일 것을 요구한다.

황우석 사건이 마무리되면서 서점가에는 과학 사기와 관련된 많은 책들이 나왔다. 한편으로는 지금까지 도외시되었던 과학의 이면에 관심을 기울이려는 바람직한 경향이지만, 다른 한편으로는 '왜 과학에서 부정행위들이 그치지 않는가' 하는 구조적인 문제에 대한 깊이 있는 천착으로 이어지지 못한다는 점에서 아쉬움을 남겼다. 이미 국내에서 10년 전에 박익수 선생님이 번역하여 《배신의 과학자들》이라는 제목으로 출간되었던 이 책은 오늘날 과학이 처한 상황을 구조적으로 분석했다는 점에서 다른 책들과 차별성을 지닌다. 브로드와 웨이드는 과학의 부정행위가 벌어질 때면 과학자들은 사과 상자에는 으레 썩은 사과가 있기 마련이라는 '썩은 사과 이론'을 제기한다고 말한다. 즉 부정이란 일상적이거나 구조적인 문제가 아니라 정신 나간 과학자의 개인적인 일탈 행위에 불과하다는 것이다. 이러한 관점은 과학에서 나타난 기만행위나 부정행위를 통해 과학이라는 실천(practice) 전반에 대한 성찰로 이어지는 것을 막고, 부정을 일회적인 것으로 간주하게 만든다는 점에서 부정의 구조적 고리를 온존시키는 역할을 한다.

이 책의 주장은 최근 황우석 사건을 겪은 후에도 아무런 반성을 하지 않는 정부와 충분한 자기성찰을 거치지 않은 채 다시 연구를 재개하려는 과학계에 대한 많은 시사점을 던진다. 인터넷 과학신문 《사이언스 타임스》 4월 26일자는 MRI(자기공명단층촬영장치)를 개발한 공로로 노벨 화학상을 수상(1991년)한 리처드 언스트 교수의 '21세기 사회상과 과학자'에 대한 의미심장한 강연 내용을 소개했다. 그는 오늘날 사회와 과학이 공통으로 처한 상황을 '무제한(unlimited)'이라는 한마디로 요약하고 있다. 즉 개인의 자유, 자유시장 경제에 대한 신뢰, 부자와 빈자 간의 격차 등이 무제한으로 벌어지는 반면, 협력은 사라지고 무한 경쟁이 횡행하고 윤리적 토대가 무한정 무너져가고 있다는 것이다.

언스트 교수는 이러한 사회상이 곧바로 과학자의 환경으로 이어진다고 지적한다. 21세기는 과학에 무한한 신뢰를 보내고, 부자들은 과학에 무제한의 지원을 하고, 그로 인해 과학자들의 격차는 무한정으로 벌어지고 과학자들 사이의 협력이 사라져, 그 자리를 과학자들 사이의 무한 경쟁이 채우게 된다는 것이다.

이처럼 무한 경쟁에 떠밀려 힘겨운 부담을 지고 있는 과학자들은 심한 스트레스에 시달려서 거짓말이나 부정행위에 무감각해지고 이른바 '부정한 과학(unjust science)'을 양산하게 된다. 그는 21세기 과학자들이 해야 할 일은 속도 경쟁에 휩쓸리는 것이 아니라 부정한 과학을 몰락시키는 일이라고 역설했다. 황우석 사건에 대한 검찰 수사 결과가 나오기 전 당시, 이 노(老) 과학자는 우리가 겪고 있던 사건의 본질, 그리고 이 사건을 둘러싼 좀더 넓은 정치경제적 맥락을 정확하게 짚어주었다.

언스트 교수의 주장은 브로드와 웨이드의 관점과 일맥상통한다. 《진실을 배반한 과학자들》은 논문의 질보다 양을 높이 평가하고,

'누구를 위한 연구인가' 하는 물음보다는 당장의 성과를 중시하는 오늘날의 상황이 과학자들로 하여금 부정행위를 하도록 유혹한다고 말한다. 데이터나 실험 결과를 거짓으로 지어내는 날조(fabrication), 원 데이터나 실험 과정을 조작하거나 생략하는 변조(falsification), 그리고 다른 사람의 연구를 적절한 표시 없이 가져다 쓰는 표절(plasiarism)로 대표되는 기만행위는 빙산의 일각에 불과하다. 그 밑에는 과학자들 사이에서 이른바 '데이터 마사지'라고 불리는 자기기만의 광범위한 부정행위들의 바다가 숨어 있다. 자신이 원하는 결과를 얻기 위해서 원 데이터를 다듬고 손질하는 행위는 하루라도 빨리 논문을 발표하고 연구 성과를 제출해야 하는 성과주의, 그리고 출세를 위해서는 자신의 경력에 긴 논문 목록을 줄줄이 열거해야 하는 현실의 압박 하에서 어쩔 수 없이 자행되는 경향이 있다.

과학의 부정행위가 적발되기 힘든 이유 중 하나는 실험실의 비민주적 구조이다. 황우석 사건은 하급 연구자들이 연구 책임자의 부당한 지시에 항거하지 못할 때, 부정이 숨겨지고, 걷잡을 수 없이 더 큰 속임수로 이어진다는 것을 잘 보여주었다.

그런 만큼 브로드와 웨이드는 우리에게 이 책을 통해서 많은 것을 다시금 생각하게 해준다. 황우석 사건은 표면적으로 일단락되었지만, 그 사건을 통해 드러난 과학자 사회를 비롯한 우리 사회 전반의 문제점은 아직도 진정한 반성이 이루어지지 않기 때문이다. 이 책은 현대 사회의 과학의 성격에 대한 깊이 있는 성찰이 없는 한 과학을 둘러싼 기만행위는 근절될 수 없다는 것을 말해준다.

끝으로, 아직 이런 주제가 낯설었던 10년 전에 일찍이 이 책을 번역해서 많은 사람들을 일깨워주셨고, 내가 이 책을 다시금 번역할 수 있는 계기를 마련해주신 박익수 선생님께 감사드린다.

| 부록 |

확인되었거나 의혹을 받은 과학 기만행위 사건

"기이하게도 학문적인 과학의 세계에서 고의적이거나 의식적인 기만행위는 극히 드물다. …… 유명한 사건은 '필트다운 인' 사건뿐이다." — J. M. 자이먼(J. M. Ziman), *Nature*, 227, 996, 1970년.

"마치 과학의 과정에서 상습적으로 일어나는 거짓 행태를 폭로하려는 듯이 수많은 과거 이야기들이 발굴되어 재연되고 있다. …… 과학을 기록함에 있어서 이런 사례들을 끊임없이 번지는 얼룩의 한 부분으로 볼 수도 있다. 그렇게 생각하고 싶다면(나도 바라는 바지만) 마음의 평정을 잃은 연구자의 작업이나 아니면 뉴턴이나 멘델 사례처럼 탁월한 과학자들도 저지를 수 있는 오류를 과장되게 떠든 것이라고 볼 수도 있다." — 루이스 토머스(Lewis Thomas), *Discover*, 1981년 6월.

다음은 고대 그리스에서 현재에 이르기까지 이미 밝혀졌거나 강하게 의심받았던 과학 기만행위 사례들이다. 이것은 우리의 관심을 끌었던 사건만 포함시킨 것이며, 철저한 조사 결과는 아니다. 각 사례는 개요 형식으로 기록했으며, 독자들이 더 상세한 정보를 얻을 수 있도록 참고문헌을 하나씩 소개했다.

사례 1: 히파르코스(Hipparchus: 그리스 천문학자)

- 시기: 기원전 2세기
- 내용: 바빌로니아 문서에서 찾아낸 별에 관한 목록을 마치 자신의 관찰 결과인 것처럼 발표했다.
- 참고문헌: G. J. Toomer, "Ptolemy", *Dictionary of Scientific Biography* (Charles Scribner's Sons, New York, 1975), p. 191.

사례 2: 프톨레마이오스(Claudius Ptolemaeus: 1,500년간이나 영향력을 발휘한 태양계 이론을 주창한 이집트 천문학자)

- 시기: 2세기
- 내용: 실제 수행하지 않은 천문학 측정을 했다고 주장했다.
- 참고문헌: Robert R. Newton, *The Crime of Claudius Ptolemy*(Johns Hopkins University Press, Baltimore, 1977).

사례 3: 갈릴레오 갈릴레이(Galileo Galilei: 물리학자, 과학적 방법의 창시자)

- 시기: 17세기 초
- 내용: 실험 결과를 과장했다.
- 참고문헌: Alexandre Koyré, *Metaphysics and Measurement: Essays in Scientific Revolution*(Harvard University Press, Cambridge, 1968).

사례 4: 아이작 뉴턴(Isaac Newton: 최초의 근대 물리학자)

- 시기: 1687~1713년
- 내용: 《프린키피아》에서 예언 능력을 높이려고 날조한 요소를 삽입했다.
- 참고문헌: Richard S. Westfall, "Newton and the Fudge Factor," *Science*, 179, 751~758, 1973.

사례 5: 요한 베링거(Johann Beringer: 독일 예술 애호가이자 화석 수집가)

- 시기: 1726년
- 내용: 경쟁자들에게 속아 가짜 화석 책을 출판했다.
- 참고문헌: Melvin E. Jahn and Daniel J. Woolf, *The Lying Stones of Dr.*

Johann Bartholomew Adam Beringer(University of California Press, Berkeley, 1963).

사례 6: **요한 베르누이**(Johann Bernoulli: 미적분학을 정리한 수학자)

- 시기: 1738년
- 내용: 아들이 발견한 '베르누이의 정리'를 도용해 아들보다 먼저 발견된 것처럼 하려고 자신의 책 출간 일자를 속였다.
- 참고문헌: C. Truesdell, in introduction to Euler's *Opera Omnia*, Ser. II, Vol. II, p.xxxv.

사례 7: **존 돌턴**(John Dalton: 근대 원자론의 시조)

- 시기: 1804~1805년
- 내용: 현재로서는 재연할 수도 없고 기술한 것과 같은 결과가 나올 수도 없는 실험 결과를 보고했다.
- 참고문헌: Leonard K. Nash, "The Origin of Dalton's Chemical Atomic Theory," *Isis*, 47, 101~116, 1956.

사례 8: **오르괴유 운석**(Orgueil: 프랑스에 떨어진 운석)

- 시기: 1864년
- 내용: 무명의 사기꾼이 외계 생명체의 존재를 암시하는 유기물이 들어 있는 것처럼 운석 조각을 위조했다.
- 참고문헌: Edward Anders et al., "Contaminated Meteorite," *Science*, 146, 1157~1161, 1964.

사례 9: **그레고르 멘델**(Gregor Mendel: 유전학의 시조)

- 시기: 1865년
- 내용: 진짜라기에는 너무 정확한 통계 결과를 발표했다.
- 참고문헌: Curt Stern and Eva R. Sherwood, *The Origin of Genetics: A Mendel Source Book*(W. H. Freeman and Co., San Francisco, 1966).

사례 10: 피어리 대장(Admiral Peary: 미국 탐험가)

- 시기: 1909년
- 내용: 북극점에서 수백 마일 떨어져 있다는 사실을 알면서도 북극점에 도달했다고 주장했다.
- 참고문헌: Dennis Rawlins, *Peary at the North Pole: Fact or Fiction?* (Robert B. Luce, Washington–New York, 1973).

사례 11: 로버트 밀리컨(Robert Millikan: 미국 물리학자이며 노벨상 수상자)

- 시기: 1910~1913년
- 내용: 공식적으로는 모든 것을 보고한 것처럼 가장했지만 부적합한 결과를 발표 논문에서 빼버렸다.
- 참고문헌: Gerald Holton, "Subelectrons, Presuppositions, and the Millikan-Ehrenhaft Dispute," *Historical Studies in the Physical Sciences*, 9, 166~224, 1978.

사례 12: 필트다운(Piltdown) **사건**

- 시기: 1912년
- 내용: 영국을 인류의 발상지로 만들기 위해 사기꾼이 가짜 화석을 자갈 구멍에 묻은 것으로 추정된다.
- 참고문헌: J. S. Weiner, *The Piltdown Forgery*(Oxford University Press, London, 1955).

사례 13: 아드리안 반 마넨(Adriaan van Maanen: 미국 마운트 윌슨 관측소의 천문학자)

- 시기: 1916년
- 내용: 핵심 천문 관측 사항의 신뢰성을 거짓 보고했다.
- 참고문헌: Norriss S. Hetherington, *Beyond the Edge of Objectivity*, unpublished book MS.

사례 14: 파울 카머러(Paul Kammerer: 빈의 생물학자)

- 시기: 1926년
- 내용: 카머러 또는 그의 조수가 두꺼비의 번식 결과를 조작했다.
- 참고문헌: Arthur Koestler, *The Case of the Midwife Toad*(Hutchinson, London, 1971)

사례 15: 시릴 버트(Cyril Burt: 영국 심리학자)

- 시기: 1943(?)~1966년
- 내용: 인간 지능의 75퍼센트가 유전된다는 이론을 뒷받침하기 위해 자료를 날조했다.
- 참고문헌: L. S. Hearnshaw, *Cyril Burt, Psychologist*, Hodder and Stoughton, London, 1979, p. 370

사례 16: 제임스 맥크로클린(James H. McCroklin: 1964년부터 1969년까지 사우스웨스트 텍사스 주립대학 학장 역임)

- 시기: 1954년
- 내용: 박사학위 논문에 예전 논문의 일부를 표절했다.
- 참고문헌: *Texas Observer*, March 7, 1969, pp. 6~8.

사례 17: "트랙션(Traction, 가명)**"**

- 시기: 1960~1961년
- 내용: 한 젊은 연구원이 예일 대학에서 연구를 날조해 록펠러 재단의 프리츠 리프먼(Fritz Lipmann)에게 고용되고, 거기서 리프먼과 함께 날조된 연구를 발표했지만 결국 발각되었다.
- 참고문헌: William J. Broad, "Fraud and Structure of Science," *Science*, 212, 137~141, 1981.

사례 18: 판드, 슈클라, 세카리아(P. G. Pande, R. R. Shukla, P. C. Sekariah: 인도 수의학 연구소에 재직)

- 시기: 1961년

• 내용: 계란에서 기생충을 발견했다고 주장했지만 현미경 사진은 다른 책에서 표절한 것이었다.
• 참고문헌: The editorial board of *Science*, "An Unfortunate Event," *Science*, 134, 945~946, 1961.

사례 19: '프레리(Fraley, 가명)**'**
• 시기: 1964년
• 내용: 위스콘신 대학의 데이비드 그린(David E. Green)의 연구소에 근무하던 한 객원 교수가 중요한 몇 가지 실험을 날조해 결국 그린이 전국 회의에서 철회 성명을 발표하기에 이르렀다.
• 참고문헌: Joseph Hixson, *The Patchwork Mouse*(Doubleday, New York, 1976), pp. 146~148. 힉슨은 이 기만행위의 범법자를 프레리라고 불렀다.

사례 20: 로버트 걸리스(Robert Gullis: 버밍엄 대학의 생화학자)
• 시기: 1971~1976년
• 내용: 뇌에서 작용하는 화학 전달 물질에 관한 일련의 실험을 날조했다.
• 참고문헌: Mike Muller, "Why Scientists Don't Cheat," *New Scientist*, June 2, 1977, pp. 522~523.

사례 21: 월터 레비(Walter J. Levy: 초심리학자이며 초심리학의 시조 라인J. B. Rhine의 제자)
• 시기: 1974년
• 내용: 염력이라고 알려진 현상인 뇌의 힘으로 쥐들이 실험 도구에 영향을 주었다고 실험 결과를 날조했다.
• 참고문헌: J. B. Rhine, "A New Case of Experimenter Unreliability," *Journal of Parapsychology*, 38, 215~255, 1974.

사례 22: 윌리엄 서머린(William Summerlin: 면역학자)
• 시기: 1974년
• 내용: 비난받고 있던 연구를 지원하려고 생쥐를 대상으로 한 피부 이식 실험

결과를 조작했다.

- 참고문헌: Joseph Hixson, *The Patchwork Mouse*(Doubleday, New York: 1976).

사례 23: 스티븐 로젠펠드(Stephen S. Rosenfeld: 하버드 대학의 학부 연구생)

- 시기: 1974년
- 내용: 추천서를 위조하고 일련의 생화학 실험 결과를 날조했다.
- 참고문헌: Robert Reinhold, "When Methods Are Not So Scientific," *The New York Times*, December 29, 1974, p. E7.

사례 24: 졸탄 루카스(Zoltan Lucas: 스탠퍼드 대학의 외과 의사)

- 시기: 1975년
- 내용: 자신의 논문에 존재하지 않는 인용문을 날조해 넣었다. 날조의 일부는 국립보건원 연구 지원금 획득이 목적이었다.
- 참고문헌: 스탠퍼드 대학 통신이 제공한 일련의 보도자료, 1981년 8월.

사례 25: 윌슨 크룩 3세(Wilson Crook III: 미시간 대학 지질학과 대학원생)

- 시기: 1977년
- 내용: 1980년에 대학 평의원은 크룩의 학위를 취소했는데, 그 이유는 크룩이 발견했다고 주장한 텍사시트(texasite)라는 천연 광물이 실제로는 인공 합성물이었기 때문이다. 크룩은 이 혐의를 부인했다.
- 참고문헌: Max Gates, "Regents Rescind Student's Degree, Charging Fraud," *The Ann Arbor News*, October 18, 1980, p. A9.

사례 26: 마르크 슈트라우스(Marc J. Straus: 보스턴 대학의 암 연구원)

- 시기: 1977~1978년
- 내용: 슈트라우스 연구팀의 연구원들과 간호사들이 임상 실험 자료를 조작했음을 시인하며 그중 일부는 슈트라우스의 지시로 이루어진 것이라고 고발했다. 슈트라우스는 어떠한 부정행위도 하지 않았다고 부인했다.
- 참고문헌: Nils J. Bruzelius and Stephen A. Kurkjian, "Cancer Research

Data Falsified; Boston Project Collapses," *Boston Globe*, five-part series starting June 29, 1980, p. 1.

사례 27: **엘리아스 알사브티**(Elias A. K. Alsabti: 미국 내 여러 연구소에서 근무한 이라크 의과대학생).

- 시기: 1977~1980년
- 내용: 모두 약 60편의 과학 논문을 표절했다.
- 참고문헌: William J. Broad, "Would-be Academician Pirates Papers," *Science*, 208, 1438~1440, 1980.

사례 28: **스티븐 크로그 데르**(Stephen Krogh Derr: 미시간 주 홀랜드에 있는 호프 대학의 방사선 화학자)

- 시기: 1978년
- 내용: 오염된 작업자의 신체에서 플루토늄을 제거했다는 획기적인 치료법 결과를 날조해 발표했다.
- 참고문헌: Lawrence McGinty, "Researcher Retracts Claims on Plutonium Treatment," *New Scientist*, October 4, 1979, pp. 3~4.

사례 29: **존 롱**(John Long: 매사추세츠 종합병원의 연구 병리학자)

- 시기: 1978~1980년
- 내용: 사람이 아니라 컬럼비아산 올빼미원숭이에서 나온 것으로 판명된 세포주를 연구하는 과정에서 자료를 조작했다.
- 참고문헌: Nicholas Wade, "A Diversion of the Quest for Truth," *Science*, 211, 1022~1025, 1981.

사례 30: **비제이 소먼**(Vijay R. Soman: 예일 대학의 생물의학 연구원)

- 시기: 1978~1980년
- 내용: 세 편의 논문에서 실험 결과를 조작하고 나머지 논문의 원 데이터를 폐기해 12편의 논문이 모두 철회되었다.
- 참고문헌: Morton Hunt, "A Fraud That Shook the World of Science," *The*

New York Times Magazine, November 1, 1981, pp. 42~75.

사례 31: 마크 스펙터(Mark Spector: 코넬 대학의 촉망받던 신진 생화학자)

- 시기: 1980~1981년
- 내용: 암의 원인에 대한 통일된 이론 정립을 목표로 스펙터가 수행한 일련의 실험들이 조작되었음이 드러났다. 스펙터는 다른 누군가가 검사 튜브에 대못을 박았다고 주장하면서 자신은 어떠한 부정행위도 하지 않았다고 주장했다.
- 참고문헌: Nicholas Wade, "The Rise and Fall of a Scientific Superstar," *New Scientist*, September 24, 1981, pp. 781~782.

사례 32: 퍼브스(M. J. Purves: 브리스톨 대학의 생리학자)

- 시기: 1981년
- 내용: 국제 생리학 회의에 제출한 논문의 연구를 날조했다. 논문은 철회되고 대학 당국의 조사 후 사직했다.
- 참고문헌: "Scientific Fraud: In Bristol Now," *Nature*, 294, 509, 1981.

사례 33: 존 다시(John R. Darsee: 하버드 의대의 심장학자)

- 시기: 1981년
- 내용: 한 건의 실험 조작했음을 시인했으며, 특별위원회는 매우 의심스러운 두 건의 실험을 발견했다.
- 참고문헌: William J. Broad, "Report Absolves Harvard in Case of Fakery," *Science*, 215, 874~876, 1982.

사례 34: 아서 헤일(Arthur Hale: 웨이크 포레스트 대학 보먼 그레이 의과대학의 면역학자)

- 시기: 1981년
- 내용: 웨이크 포레스트 대학 당국의 조사로 헤일이 한 건의 실험을 조작하고 다른 20개의 실험에 적합한 원 데이터가 없다는 것이 밝혀졌다. 헤일은 부정행위를 부인하면서 사직했다.
- 참고문헌: Winston Cavin, *Greensboro News & Record*, January 31, 1982.

| 주석 |

1장_ 잘못된 이상

1. "생물 의학 연구에서의 기만행위(Fraud in Biomedical Research)." 1981년 3월 31일~4월 1일 제97대 미 하원 과학기술위원회 산하 조사 및 감독 소위원회에서 열린 청문회. March 31~April 1, 1981(U.S. Government Printing Office, No. 77~661, Washington, 1981), pp. 1~380.

2. Nicholas Wade, "A Diversion of the Quest for Truth," *Science*, 211, 1022~1025, 1981.

3. William J. Broad, "Harvard Delays in Reporting Fraud," *Science*, 215, 478~482, 1982.

4. William J. Broad, "Report Absolves Harvard in Case of Fakery," *Science*, 215, 874~876, 1982. "A Case of Fraud at Harvard," *Newsweek*, February 8, 1982, p. 89.

2장_ 역사 속의 기만행위 사례들

1. C. Kittel, W. D. Knight, M. A. Ruderman, *The Berkeley Physics Course*, Vol. 1, *Mechanics*(McGraw-Hill, New York, 1965). 이 구절은 과학 교과서 저자들이 역사를 이용한 사례에 대한 재미있는 분석과 함께 다음 논문에서 인용되고 있다. Stephen G. Brush, "Should the History of Science Be Rated X?" *Science*, 183, 1164~1172, 1974.

2. Dennis Rawlins, "The Unexpurgated Almajest: The Secret Life of the Greatest

Astronomer of Antiquity," *Journal for the History of Astronomy*, in press.

3. Robert R. Newton, *The Crime of Claudius Ptolomy*(Johns Hopkins University Press, Baltimore, 1977). 이 논쟁에 관한 개요는 다음 책을 참조. Nicolas Wade, "Scandal in the Heavens: Renowned Astronomer Accused of Fraud," *Science*, 198, 707~709, 1977.

4. Owen Gingerich, "On Ptolomy As the Greatest Astronomer of Antiquity," *Science*, 193, 476~477, 1976, and "Was Ptolomy a Fraud?" preprint No. 751, Center for Astrophysics, Harvard College Observatory, Cambridge, 1977. 프톨레마이오스의 책임을 면제해주려는 시도를 요약한 다음 신문기사도 참조. *Scientific American*, 3, 90~93, 1979.

5. Cecil J. Schneer, *The Evolution of Physical Science*(Grove Press, New York, 1960), 65.

6. I. Bernard Cohen, *Lives in Science*(Simon & Schuster, New York, 1957), p. 14.

7. 갈릴레오가 특정 실험들을 안이하게 수행했으며, 그 실험들이 모두 상상에서 나왔다고 주장하는 역사학자들은 이 사건을 과장되게 말하고 있는 것이라고 제시한 연구도 있다. Thomas B. Settle, "An Experiment in the History of Science," *Science*, 133, 19~23, 1961 참조. Stillman Drake, "Galileo's Experimental Confirmation of Horizontal Inertia: Unpublished Manuscripts," *Isis*, 64, 291~305, 1973 참조. James MacLachlan, "A Test of an Imaginary Experiment of Galileo's," *Isis*, 64, 374~379, 1973 참조.

8. Alexandre Koyré, "Traduttore-Traditore. A Propos de Copernic et de Galilée," *Isis*, 34, 209~210, 1943.

9. Alexandre Koyré, *Études Galiléennes*(Hermann, Paris, 1966). 1935~1939년에 발행된 세 편의 논문을 재발행한 것.

10. Richard S. Westfall. "Newton and the Fudge Factor," *Science*, 179, 751~758, 1973.

11. William J. Broad, "Priority War: Discord in Pursuit of Glory," *Science*, 211, 465~467, 1981.

12. J. R. Partington, *A Short History of Chemistry*(Harper & Brothers, New York, 1960), p. 170. Leonard K. Nash, "The Origin of Dalton's Chemical Atomic Theory," *Isis*, 47, 101~116, 1956 참조.

13. J. R. Partington, "The Origins of the Atomic Theory," *Annals of Science*, 4,

278, 1939.
14. Charles Babbage, *Reflections on the Decline in England*(Augustus M. Kelly, New York, 1970), pp. 174~183.
15. Loren Eiseley, *Darwin and the Mysterious Mr. X*(E. P. Dutton, New York, 1979).
16. Stephen J. Gould, "Darwin Vindicated," *The New York Review of Books*, August 16, 1979, p. 36.
17. Francis Darwin, *The Life and Letters of Charles Darwin*(John Murray, London, 1887), p. 220.
18. L. Huxley, *Life and Letters of Thomas Henry Huxley*(Macmillan, London, 1900), p. 97.
19. Robert K. Merton, *The Sociology of Science: Theoretical and Empirical Investigations*(University of Chicago Press, 1973), pp. 305~307 참조.
20. R. A. Fisher, "Has Mendel's Work Been Rediscovered?" *Annals of Science*, 1, 115~137, 1936. 멘델에 관한 이 논문과 다른 논문들의 발췌는 다음 책을 참조. Curt Stern and Eva R. Sherwood, *The Origin of Genetics: A Mendel Source Book*(W. H. Freeman and Co., San Francisco, 1966), pp. 1~175.
21. L. C. Dunn, *A Short History of Genetics*(McGraw-Hill, New York, 1965), p. 13.
22. Curt Stern and Eva R. Sherwood, *The Origin of Genetics: A Mendel Source Book*(W. H. Freeman and Co., San Francisco, 1966), pp. 173~175.
23. B. L. van der Waerden, "Mendel's Experiments," *Centaures*, 12, 275~288, 1968.
24. Anonymous, "Peas on Earth," *Hort Science*, 7, 5, 1972.
25. Peter B. Medawar, *The Art of the Soluble*(Barnes & Nobble, New York, 1968), p. 7.
26. Gerald Holton, "Subelectrones, Presuppositions, and the Millikan-Ehrenhaft Dispute," *Historical Studies in the Physical Sciences*, 9, 166~224, 1978.
27. Allan D. Franklin, "Millikan's Published and Unpublished Data on Oil Drops," *Historical Studies in the Physical Sciences*, 11, 185~201, 1981.
28. 스탠퍼드 발견에 관한 설명은 "Fractional Charge," *Science* 81, April 1981, p. 6을 참조.

3장_ 출세주의자들의 득세

1. 알사브티 사례에 대한 개관은 다음을 참조. William J. Broad, "Would-Be Academician Pirates Papers," *Science*, 208, 1438~1440, 1980; and Susan V. Lawrence, "Let No One Else's Work Evade Your Eyes……," *Forum on Medicine*, September 1980, pp. 582~587.

2. E. A. K. Alsabti, "Tumor Dormancy(A Review)," *Neoplasma*, 26, 351~361, 1979. 이것은 실제로 횔록의 연구지원금 신청서와 원고를 토대로 한 알사브티의 똑같은 논문 세 편 중 하나일 뿐이다. "Tumor Dormancy: A Review," *Tumor Research*(Sapporo), 13, 1~13, 1978, and "Tumor Dormancy," *Journal of Cancer Research and Clinical Oncology*, 95, 209~220, 1979 참조.

3. Daniel Wierda and Thomas L. Pazdernik, "Suppression of Spleen Lymphocyte Mitogenesis in Mice Injected with Platinum Compounds," *European Journal of Cancer*, 15, 1013~1023, 1979. 이 논문을 베낀 알사브티의 논문은 다음을 참조. Elias A. K. Alsabti et al., "Effect of Platinum Compounds on Murine Lymphocyte Mitogenesis," *Japaneses Journal of Medical Science and Biology*, 32, 53~65, 1979.

4. Elias A. K. Albsati, "Tumor Dormancy: A Review," *Tumor Research*, 13, 1~13, 1978; "Carcinoembryonic Antigen(CEA) in Plasma of Patients with Malignant and Non-Malignant Diseases," *Tumor Research*, 13, 57-63, 1978; "Serum Immunoglobulins in Acute Myelogenous Leukemia," *Tumor Research*, 13, 64~69, 1978.

5. Takanobu Yoshida et al., "Diagnostic Evaluation of Serum Lipids in Patients with Hepatocellular," *Japanese Journal of Clinical Oncology*, 7, 15~20, 1977. 이 논문의 알사브티 판은 Elias A. K. Alsabti, "Serum Lipids in Hepatoma," *Oncology*, 36, 11~14, 1979.

6. William J. Broad, "Would-be Academician Pirates Papers," *Science*, 208, 1438~1440, 1980; "An Outbreak of Piracy in the Literature," *Nature*, 285, 429~430, 1980; William J. Broad, "Jordanian Denies He Pirated Papers," *Science*, 209, 249, 1980; William J. Broad, "Jordanian Accused of Plagiarism Quits Job," *Science*, 209, 886, 1980; William J. Broad, "Charges of Piracy Follow Alsabti," *Science*, 210, 291, 1980; "One Journal Disowns Plagiarism," *Nature*, 286, 437, 1980.

7. "Must Plagiarism Thrive?" *British Medical Journal*, July 5, 1980, pp. 41~42.
8. "Plagiarism Strikes Again," *Nature*, 286, 433, 1980.
9. Lawrence, 앞의 책.
10. Stephen M. Lawani, unpublished letter, *Science*.
11. Jonathan R. Cole and Stephen Cole, "The Ortega Hypothesis," *Science*, 178, 368~375, 1972.
12. William J. Broad, "The Publishing Game: Getting More for Less," *Science*, 211, 1137~1139, 1981.
13. Roy Reed, "Plagiarism Charge Is Stirring Political Fight At Texas College," *The New York Times*, March 10, 1969; "McCrocklin Attempts Defense," *Texas Observer*, March 7, 1969, pp. 6~8; "The McCrocklin Resignation," *Texas Observer*, May 9, 1969, p. 17.
14. Philip M. Boffey, "W. D. McElroy: An Old Incident Embarrasses New NSF Director," *Science*, 165, 379~380, 1969.
15. Morton Mintz, "Top U.S. Alcohol Expert Hit on Book Similarities," *Washington Post*, April 10, 1971, p. 1.
16. Daniel S. Greenberg, "Alcoholism Post Stirs Conflict," *Science & Government Report*, May 15, 1971, p. 3.
17. "Plagiarism Strikes Again," *Nature*, 286, 433, 1980.

4장_ 재연의 한계

1. Lewis Thomas, "Falsity and Failure," *Discover*, June 1981, pp. 38~39.
2. "생물 의학 연구에서의 기만행위." 1981년 3월 31일~4월 1일 제97대 미 하원 과학기술위원회 산하 조사 및 감독 소위원회에서 열린 청문회(U.S. Government Printing Office, No. 77~661, Washington, 1981), p. 12.
3. Address by Charles P. Snow to the annual meeting of the American Association for the Advancement of Science. *Science*, 133, 256~259, 1961.
4. Robert K. Merton, "The Normative Structure of Science," in *The Sociology of Science*, Norman W. Storer, ed.(University of Chicago Press, 1973), pp. 267~278. 머튼의 견해는 몇 해에 걸쳐서 초기의 좀더 이상주의적인 공식에서부터 발전해나갔다. Robert K. Merton, "Priorites in Scientific Discovery," in *The Sociology*

of Science, Norman V. Storer, ed.(Chicago: University of Chicago Press, 1973), pp. 308~316 참조. 또한 머튼 학파의 기만행위에 관해 포괄적으로 검토하려면 다음을 참조. Harriet Zuckerman, "Deviant Behavior and Social Control in Science," in *Deviance and Social Change*, Edward Sagarin, ed.(Beverly Hills: Sage Publications, 1977) pp. 87~138.

5. June Goodfield, *Cancer Under Siege*(Hutchinson, London, 1975), p. 218.

6. 스펙터 사건에 관한 최초의 공식적 기술은 다음과 같다. Jeffrey L. Fox, "Theory Explaining Cancer Partly Retracted," *Chemical and Engineering News*, September 7, 1981, pp. 35~36. 다음 두 논문은 이보다 늦게 나왔지만 더 일반적인 설명을 하고 있다. Nicholas Wade, "The Rise and Fall of a Scientific Superstar," *New Scientist*, September 24, 1981, pp. 781~782; and Kevin McKean, "A Scandal in the Laboratory," *Discover*, November 1981, pp. 18~23. 이 이야기의 일부는 *New Scientist* 논문에서 처음 나왔다.ⓒ 1981, *New Scientist*.

7. Efraim Racker and Mark Spector, "The Warburg Effect Revisited: Merger of Biochemistry and Molecular Biology," *Science*, 213, 303~307, 1981.

8. 위의 책.

9. Judith Horstman, "Famed Cornell Scientist Retracts Major Cancer Discovery," *Ithaca Journal*, September 9, 1981.

10. Mark Spector, Robert B. Pepinsky, Volker M. Vogt, and Efraim Racker, "A Mouse Homolog to the Avian Sarcoma Virus src Protein Is a Member of a Protein Kinase Cascade," *Cell*, 25, 9~21, July 1981.

11. William J. Broad, "Fraud and the Structure of Science," *Science*, 212, 137~141, 1981.

12. Leroy Wolins, "Responsibility for Raw Data," *American Psychologist*, 17 657~658, 1962.

13. James R. Criag and Sandra C. Reese, "Retention of Raw Data: A Problem Revisited," *American Psychologist*, 28, 723, 1973.

14. Jonathan R. Cole and Stephen Cole, "The Ortega Hypothesis," *Science*, 178, 368~375, 1972.

15. Franz Samelson, "J. B. Watson's Little Albert, Cyril Burt's Twins, and the Need for a Critical Science," *American Psychologist*, 35, 619~625, July 1980.

16. Nicolas Wade, "Physicians Who Falsify Drug Data," *Science*, 180, 1038, 1973.

17. *Pharmaceutical Manufacturers Association Newsletter*, June 1, 1981, p. 4.
18. Constance Holden, "FDA Tells Senators of Doctors Who Fake Data in Clinical Drug Trials," *Science*, 206, 432~433, 1979.
19. R. Jeffrey Smith, "Creative Penmanship in Animal Testing Prompts FDA Controls," *Science*, 198, 1227~1229, 1977.
20. Joann S. Lublin, "A Lab's Troubles Raise Doubts About the Quality of Drug Tests in U.S.," *The Wall Street Journal*, February 21, 1978.
21. Hank Klibanoff, "A Major Lab Faces Big Test of Its Own," *Boston Globe*, May 11, 1981; "U.S. Charging 4 Falsified Reports on Drugs in Lab," *The New York Times*, June 23, 1981. 그 사건은 이 책이 인쇄에 들어갔을 시기에 재판에 들어가지 않았다.
22. Linda Garmon, "Since the Giant Fell," *Science News*, July 4, 1981, p. 11.
23. Smith, 앞의 책.
24. Howie Kurtz, "Agencies Re-examining Hundreds of Products," *Washington Star*, July 5, 1981.
25. Joann S. Lublin, "FDA Is Tightening Control over Drug Studies on Indications Some Doctors Have Faked Them," *The Wall Street Journal*, May 15, 1980.
26. John Ziman, "Some Pathologies of the Scientific Life," *Nature*, 227, 996, 1970.
27. Joseph Hixson, *The Patchwork Mouse*(Doubleday, New York, 1976), p. 147 인용.
28. Susan Lawrence, "Watching the Watchers," *Science News*, 119, 331~333, 1981.
29. William Broad, "Harvard Delays in Reporting Fraud," *Science*, 215, 478~482, 1982.
30. Theodore Xenophon Barber, *Pitfalls in Human Research*(Pergamon Press, New York, 1973), p. 45.
31. Stephen J. Gould, "Morton's Ranking of Races by Cranial Capacity," *Science*, 200, 503~509, 1978.
32. Ian St. James-Roberts, "Are Researchers Trustworthy?" *New Scientist*, 71, 481~483, 1976.

33. Ian St. James-Roberts, "Cheating in Science," *New Scientist*, 72, 466~469, 1976.
34. R. V. Hughson and P. M. Cohn, "Ethics," *Chemical Engineering*, September 22, 1980.
35. Deena Weistein, "Fraud in Science," *Social Science Quarterly*, 59, 639~652, 1979.

5장_ 엘리트 파워

1. Robert Merton, "The Normative Structure of Science," in *The Sociology of Science*, Norman W. Storer, ed.(University of Chicago Press, 1973), pp. 267~280.
2. 존 롱 관련 일화의 일부는 다음에서 처음 나왔다. Nicholas Wade, "A Diversion of the Quest for Truth," *Science*, 211, 1022~1025, 1981, ⓒ 1981, American Association for the Advancement of Science.
3. John C. Long, Ann M. Dvorak, Steven C. Quay, Cathryn Stamatos, and Shu-Yuan Chi, "Reaction of Immune Complexes with Hodgkin's Disease Tissue Cultures: Radioimmune Assay and Immunoferritin Electron Microscopy," *Journal of the National Cancer Institute*, 62, 787~795, 1979.
4. Nancy Harris, David L. Gang, Steven C. Quay, Sibrand Poppema, Paul C. Zamecnik, Walter A. Nelson-Rees, and Stephen J. O'Brien, "Contamination of Hodgkin's Disease Cell Cultures," *Nature*, 289, 228~230, 1981.
5. Paul C. Zamecnik and John C. Long, "Growth of Cultured Cells from Patients with Hodgkin's Disease and Transplantation into Nude Mice," *Proceedings of the National Academy of Sciences*, 74, 754~758, 1977.
6. Letter from Ronald W. Lamont-Havers, Director for Research Administration, Massachusetts General Hospital, to Ronald Lieberman, National Cancer Institute, May 5, 1980.
7. Zamecnik and Long, 앞의 책.
8. John C. Long, Paul C. Zamecnik, Alan C. Aisenberg, and Leonard Atkins, "Tissue Culture Studies in Hodgkin's Disease," *Journal of Experimental Medicine*, 145, 1484~1500, 1977.

9. "생물 의학 연구에서의 기만행위." 1981년 3월 31일~4월 1일 제97대 미 하원 과학기술위원회 산하 조사 및 감독 소위원회에서 열린 청문회(U.S. Government Printing Office, No. 77~661, Washington, 1981), pp. 65~66.
10. Robert H. Ebert, "A Fierce Race Called Medical Education," *The New York Times*, July 9, 1980.
11. Isabel R. Plesset, *Noguchi and His Patrons*(Fairleigh Dickinson University Press, Rutherford, N.J., 1980).
12. Hugh H. Smith, "A Microbiologist Once Famous," *Science* 212, 434~435, 1981.
13. Jonathan R. Cole and Stephen Cole, "The Ortega Hypothesis," *Science*, 178, 368~374, 1972.
14. Robert Merton, "The Matthew Effect in Science," in *The Sociology of Science*, Norman W. Storer, ed.(University of Chicago Press, 1973), pp. 439~459.
15. Stephen Cole, Leonard Rubin, and Jonathan R. Cole, "Peer Review and the Support of Science," *Scientific American*, 237, 34~41, 1977.
16. Stephen Cole, Jonathan R. Cole and Gary A. Simon, "Chance and Consensus in peer Review," *Science*, 214, 881~886, 1981.
17. Bernard Barber, "Resistance by Scientist to Scientific Discovery," *Science*, 134, 596~602, 1961에서 인용.
18. 위의 책.
19. Robert K. Merton and Harriet Zuckerman, "Institutionalized Patterns of Evaluation in Science," in *The Sociology of Science*, Norman W. Storer, ed.(University of Chicago Press, 1973), pp. 460~496.
20. Douglas P. Peters and Stephen J. Ceci, "A Manuscript Masquerade," *The Sciences*, September 1980, 16~19, 35.
21. Michael J. Mahoney, "Publication Prejudices: An Experimental Study of Confirmatory Bias in the Peter Review System," *Cognitive Therapy and Research*, 1, 161~175, 1977.
22. P. G. Pande, R, R, Shukla, and P. C. Sekariah, "Toxoplasma from the Eggs of the Domestic Fowl(Gallus gallus)," *Science*, 133, 648, 1961.
23. Editorial Board of *Science*, "An Unfortunate Event," *Science*, 134, 945~946, 1961.

24. Joseph Hanlon, "Top Food Scientist Published False Data," *New Scientist*, November 7, 1974, pp. 436~437.
25. Michael T. Kaufman, "India Stepping Up Money for Science," *The New York Times*, January 17, 1982.

6장_ 자기기만과 우매함

1. 재미있는 사실은 전통적인 과학 이념에 빠져 있는 역사학자들이 후크와 플램스티드가 항성 광행차(stellar aberration)로 알려진 다른 현상을 관측하다가 이를 항성 시차로 악의 없이 오인한 것이라고 가정하여 체면을 세우려 했다는 점이다. 이 설명으로 의혹이 해소되지는 않을 것이다. 달리는 차에서 바라본 빗방울이 똑바로 떨어지는 것이 아니라 비스듬히 떨어지는 것처럼 보이듯이 항성 광행차는 확실히 변위 현상이다. 이는 1725년에 제임스 브래들리(James Bradley)가 후크의 항성 시차 관측을 재연하려고 시도하던 와중에 발견했다. 브래들리는 후크의 자료가 항성 광행차 측정일 수 없다고 구체적으로 언급했다. 후크의 관측은 "정확성이나 이 현상과의 적합성에서 완전히 동떨어져 있었다"고 브래들리는 보고했다. 캘리포니아 버클리 대학의 노리스 헤세링턴(Norriss Hetherington)은 이 일화를 설명하면서 "후크는 자신이 발견하고 싶었던 것을 발견한 것처럼 보인다"고 적고 있다("Questions About the Purported Objectivity of Science," Unpublished MS).
2. Robert Rosenthal, *Experimenter Effects in Behavioral Research*(Appleton-Century-Crofts, New York, 1966), pp. 158~179.
3. 위의 책, pp. 411~413.
4. Jean Umiker-Sebeok and Thomas A. Sebeok, "Clever Hans and Smart Simians," *Anthropos*, 76, 89~166, 1981.
5. Nicholas Wade, "Does Man Alone Have Language? Apes Reply in Riddles, and a Horse Says Neigh," *Science*, 208, 1349~1351, 1980.
6. Mary Jo Nye, "N-rays: An Episode in the History and Psychology of Science," *Historical Studies in the Physical Sciences*, 11:1, 125~156, 1980.
7. Jean Rostand, *Error and Deception in Science*(Basic Books, New York, 1960), p. 28.
8. Nye, 앞의 책, p. 155.
9. Rosenthal, 앞의 책, pp. 3~26.

10. Theodore Xenophon Barber, *Pitfalls in Human Research*(Pergamon Press, New York, 1973), p. 88.
11. Richard Berendzen and Carol Shamieh, "Maanen, Adriann van," *Dictionary of Scientific Biography*(Charles Scribner's Sons, New York, 1973), pp. 582~583.
12. Norriss S. Hetherington, "Questions About the Purported Objectivity of Science," unpublished MS.
13. Melvin E. Jahn and Daniel J. Woolf, *The Lying Stones of Dr. Johann Bartholomew Adam Beringer*(University of California Press, Berkeley, 1963).
14. 위의 책.
15. Charls Babbage, *Reflections on the Decline of Science in England*(Augustus M. Kelly, New York, 1970).
16. Edward Anders et al., "Contaminated Meteorite," *Science*, 146, 1157~1161, 1964.
17. J. S. Weiner, *The Piltdown Forgery*(Oxford University Press, London, 1955).
18. Charles Dawson and Arthur Smith Woodward, "On a Bone Implement from Piltdown," *Quarterly Journal of the Geological Society*, 71, 144~149, 1915.
19. L. Harrison Matthews, "Piltdown Man: The Missing Links," *New Scientist*, a ten-part series, beginning April 30, 1981, pp. 280~282.
20. Stephen J. Gould, *The Panda's Thumb*(W. W. Norton, New York, 1980), p. 112에서 인용.
21. J. B. Rhine, "Security Versus Deception in Parapsychology," *Journal of Parapsychology*, 38, 99~121, 1974.
22. J. B. Rhine, "A New Case of Experimenter Unreliability," *Journal of Parapsychology*, 38, 215~225, 1974.
23. Russell Targ and Harold Puthoff, "Information Transmission Under Conditions of Sensory Shielding," *Nature*, 251, 602~607, 1974.
24. Martin Gardner, "Magic and Paraphysics," *Technology Review*, June 1976, pp. 43~51.
25. Umiker-Sebeok and Sebeok, 앞의 책.
26. Cullen Murphy, "Shreds of Evidence," *Harper's*, November 1981, pp. 42~65.
27. Walter C. McCrone, "Microscopical Study of the Turin 'Shroud,'" *The Microscope*, 29, 1, 1981.

7장_ 논리의 신화

1. Thomas S. Kuhn, *The Structure of Scientific Revolutions*, 2nd ed.(University of Chicago Press, 1970).
2. 위의 책. 쿤(Kuhn) 연구에 대한 이 설명 중 일부는 다음 글에서 발췌해온 것이다. Nicholas Wade, "Thomas S. Kuhn: Revolutionary Theorist of Science," *Science*, 197, 143~145, © 1977, American Association for the Advancement of Science.
3. Paul Feyerabend, *Against Method*(Verso, London, 1975; distributed in U.S. by Schocken Books, New York).
4. Bernard Barber, "Resistance by Scientists to Scientific Discovery," *Science*, 134, 596~602, 1961.
5. 위의 Barber의 글에서 인용.
6. Max Planck, *The Philosophy of Physics*(George Allen & Unwin, London, 1936), p. 90.
7. Frank G. Slaughter, *Immortal Magyar*(Collier, New York, 1950).
8. Michael Polanyi, *Personal Knowledge*(University of Chicago Press, 1958), p. 13.
9. Stephen G. Brush, "Should the History of Science Be Rated X?" *Science*, 183, 1164~1172, 1974.

8장_ 지도교수와 제자

1. 이 일화의 일부는 다음 글에서 처음 나왔다. Nicholas Wade, "Discovery of Pulsars: A Graduate Student's Story," *Science*, 189, 358~364, © 1975, American Association for the Advancement of Science.
최근에 도제 관계의 붕괴가 가속화되고 있지만 이 문제의 근원은 오래되었다. 자료 선택의 예로 2장에서 언급된 로버트 밀리컨 사건도 상관이 공적을 얻기 위해 압력을 행사한 사례를 잘 그리고 있다. 밀리컨은 하비 플레처라는 대학원생을 조수로 두고 있었는데, 플레처는 빨리 증발하는 물방울 대신에 기름 방울을 사용하자는 의견을 제시했다. 플레처는 많은 주요 실험을 수행하는 데 도움이 되는 장비를 만들기도 했다. 밀리컨이 노벨상 수상에 일조한 중요한 논문들 대부분을 플레처가 썼으며 공동 저자가 될 것으로 굳게 믿었지만 밀리컨은 모든 공적을 독식했다. 이에 관한 설명은 다음 글을 참조. Harvey Fletcher, "My Work with Milikan on the Oil-Drop Experiment," *Physics Today*, 35, 43~47, 1982.
2. Julius A. Roth, "Hired Hand Research," *The American Sociologist*, August 1966, pp. 190~196.
3. Mike Muller, "Why Scientists Don't Cheat," *New Scientist*, June 2, 1977, pp. 522~523.
4. Robert J. Gullis, "Statement," *Nature*, 265, 764, 1977.
5. 위의 책. 다음 글도 참조. Charles E. Rowe, "Net Activity of Phospholipase A2 in Brain and the Lack of Stimulation of the Phospholipase A2-Acylation System," *Biochemical Journal*, 164, 287~288, 1977.
6. Eugene Garfield, "The 1000 Contemporary Scientists Most-Cited 1965~1978," *Current Contents*, No. 41, October 12, 1981, pp. 5~14.
7. Barbara J. Culliton, "The Sloan-Kettering Affair: A Story Without a Hero," *Science*, 184, 644~650, 1974; and "The Sloan-Kettering Affair(II): An Uneasy Resolution," *Science*, 184, 1154~1157, 1974.
8. Peter B. Medawar, "The Strange Case of the Spotted Mice," *The New York Review of Books*, April 15, 1976, p. 8. 서머린 사건에 대한 개관은 다음 책도 참조. Joseph Hixon, *The Patchwork Mouse*(New York: Doubleday, 1976).
9. Lois Wingerson, "William Summerlin: Was He Right All Along?" *New Scientists*, February 26, 1981, pp. 527~529.
10. 이 특별한 구절은 다음의 책에서 볼 수 있다. June Goodfield, *Cancer Under Siege*(Hutchinson, London, 1975), p. 232.
11. Culliton, 앞의 책, p. 1155.
12. William J. Broad, "Harvard Delays in Reporting Fraud," *Science*, 215, 478~482, 1982.
13. William J. Broad, "Report Absolves Harvard in Case of Fakery," *Science*, 215, 874~876, 1982.
14. Nils J. Bruzelius and Stephen A. Kurkjian, "Cancer Research Data Falsified; Boston Project Collapses," *Boston Globe*, five-part series starting June 29, 1980, p. 1.
15. 스트라우스의 첫 번째 공식적인 변명에 대한 종합적인 견해는 다음을 참조.

William J. Broad, "…… But Straus Defends Himself in Boston," *Science*, 212, 1367~1369, 1981, 남다른 이 인용문을 보려면 다음을 참조. "Team Research: Responsibility at the Top," *Science*, 213, 114~115, 1981.

9장_ 엄격한 심사의 면제

1. 이 설명의 일부는 다음에서 발췌했다. William J. Broad, "Imbroglio at Yale(I): Emergence of a Fraud," *Science*, 210, 38~41, 1980; "Imbroglio at Yale(II): A Top Job Lost," *Science*, 210, 171~173, © 1980, American Association for the Advancement of Science.
2. Helena Wachslicht-Rodbard et al., "Increased Insulin Binding to Erythrocytes in Anorexia Nervosa," *New England Journal of Medicine*, 300, 882~887, 1979.
3. Helena Wachslicht-Rodbard, letter to Robert W. Berliner, Dean, Yale University School of Medicine, March 27, 1979, p. 2.
4. "생물 의학 연구에서의 기만행위." 1981년 3월 31일~4월 1일 제97대 미 하원 과학기술위원회 산하 조사 및 감독 소위원회에서 열린 청문회.(U.S. Government Printing Office, No. 77~661, Washington, 1981), p. 103.
5. Philip Felig, handwritten memo to Robert W. Berliner, Dean, Yale University School of Medicine, April 9, 1979.
6. Vijay R. Soman and Philip Felig, "Insulin Binding to Monocytes and Insulin Sensitivity in Anorexia Nervosa," *American Journal of Medicine*, 68, 66~72, 1980.
7. 확대 해석된 이 인용문들을 보려면 다음을 참조. Morton Hunt, "A Fraud That Shook the World of Science," *The New York Times Magazine*, November 1, 1981, pp. 42~75, © 1981, the New York Times Company.
8. 위의 책, p. 58.

10장_ 압력에 의한 후퇴

1. I. P. Pavlov, "New Researches on Conditioned Reflexes," *Science*, 58, 359~361, 1923.
2. Gregory Razran, "Pavlov the Empiricist," *Science*, 130, 916~917, 1959.

3. G. K. Noble, "Kammerer's Alytes," *Nature*, 118, 209~210, 1926.
4. Paul Mammerer, "Paul Kammerer's Letter to the Moscow Academy," *Science*, 64, 493~494, 1926.
5. Arthur Koestler, *The Case of the Midwife Toad*(Hutchinson, London, 1971).
6. Lester R. Aronson, "The Case of The Case of the Midwife Toad," *Behavior Genetics*, 5, 115~125, 1975.
7. Alma Mahler Werfel, *And the Bridge Is Love*(Harcourt Brace, New York, 1958).
8. Richard B. Goldschmidt, "Research and Politics," *Science*, 109, 219~227, 1949.
9. Zhores A. Medvedev, *The Rise and Fall of T. D. Lysenko*(Columbia University press, New York, 1969).
10. David Joravsky, *The Lysenko Affair*(Harvard University Press, Cambridge, 1970).
11. J. M. Ziman, "Some Pathologies of the Scientific Life," *Nature*, 227, 996~997, 1970.

11장_ 객관성의 실패

1. Stephen J. Gould, "Morton's Ranking of Races by Cranial Capacity," *Science*, 200, 503~509, 1976.
2. Stephen J. Gould, *The Mismeasure of Man*(Norton, New York, 1981).
3. Allan Chase, *The Legacy of Malthus*(Knopf, New York, 1976).
4. Gould, *The Mismeasure of Man*.
5. Franz Samelson, "Putting Psychology on the Map," in *Psychology in Social Context*, Allan R. Buss, ed.(Irvington Publishers, New York, 1979), pp. 103~165.
6. Arthur R. Jensen, "Sir Cyril Burt," *Psychometrika*, 37, 115~117, 1972.
7. L. S. Hearnshaw, Cyril Burt, *Psychologist*(Hodder and Stoughton, London, 1979).
8. Cyril L. Burt, "Intelligence and Heredity: Some Common Misconceptions," *Irish Journal of Education*, 3, 75~94, 1969.

9. Arthur R. Jensen, "How Much Can We Boost IQ and Scholastic Achievement?" *Harvard Educational Review*, 39, 1~123, 1969.

10. Richard Herrnstein, "I.Q.," *The Atlantic*, September 1971, pp. 43~64.

11. Nicholas Wade, "IQ and Heredity: Suspicion of Fraud Beclouds Classic Experiment," *Science*, 194, 916~919, 1976.

12. Cyril L. Burt, "The Evidence of the Concept of Intelligence," *British Journal of Educational Psychology*, 25, 158~177, 1955.

13. Cyril L. Burt, "The Inheritance of Mental Ability," *American Psychologist*, 13, 1~15, 1958.

14. Cyril L. Burt, "The Genetic Determination of Differences in Intelligence: A Study of Monozygotic Twins Reared Together and Apart," *British Journal of Psychology*, 57, 137~153, 1966.

15. Leon J. Kamin, *The Science and Politics of I.Q.*(Lawrence Erlbaum, Potomac, Md., 1974).

16. Arthur R. Jensen, "Kinship Correlations Reported by Sir Cyril Burt," *Behavior Genetics*, 4, 1~28, 1974.

17. Oliver Gillie, "Crucial Data Was Faked by Eminent Psychologist," *Sunday Times*(London), October 24, 1976.

18. Wade, 앞의 책.

19. Hearnshaw, *Cyril Burt, Psychologist*.

20. Leslie S. Hearnshaw, "Balance Sheet on Burt," *Supplement to the Bulletin of the British Psychological Society*, 33, 1~8, 1980.

21. Hearnshaw, *Cyril Burt, Psychologist*.

22. Wade. 앞의 책.

23. Wade. 앞의 책.

24. Wade. 앞의 책.

| 찾아보기 |

인명

ㄱ

ㄴ

ㄷ

ㄹ

ㅁ

ㅂ

ㅅ

ㅇ

ㅈ

ㅊ

ㅋ

ㅌ

ㅍ

ㅎ

문헌

기타

ㄱ

ㄴ